建筑信息模型（BIM）技术应用系列新形态教材

BIM技术应用
——机电管线综合与项目管理

李　享　汤燕飞　贺　嘉　主编

清华大学出版社
北　京

内 容 简 介

本书设计对接“1+X”建筑信息模型（BIM）职业技能等级考试—建设工程管理类专业 BIM 专业应用考评大纲，以 BIM 机电管线综合、BIM 计量计价、BIM 工程项目施工与管理等能力为核心，以典型工程项目为载体，以工作过程为主线组织教学内容，将工程项目从数据集成、工艺优化、计量计价、协同管理等全过程贯穿。本书以 BIM 岗位职业成长规律，设计技能训练项目，改革教学方法和手段，从而将 BIM 专业知识组织序化、达到 BIM 专业能力系统训练，BIM 技能由简单到复杂、由单一到综合的递进式培养目标。

本书既可作为高等院校和高等职业院校建筑、土木、工程管理等专业教学用书，也可作为建筑行业管理人员和技术人员的参考用书。

图书在版编目（CIP）数据

BIM 技术应用．机电管线综合与项目管理 / 李享，汤燕飞，贺嘉主编．—北京：清华大学出版社，2022.1

建筑信息模型（BIM）技术应用系列新形态教材

ISBN 978-7-302-59754-4

Ⅰ．①B…　Ⅱ．①李…　②汤…　③贺…　Ⅲ．①建筑设计－计算机辅助设计－应用软件－高等学校－教材　Ⅳ．①TU201.4

中国版本图书馆 CIP 数据核字（2022）第 001252 号

责任编辑： 杜　晓
封面设计： 曹　来
责任校对： 赵琳爽
责任印制： 杨　艳

出版发行： 清华大学出版社
网　　址：http://www.tup.com.cn，http://www.wqbook.com
地　　址：北京清华大学学研大厦A座　　邮　　编：100084
社 总 机：010-62770175　　邮　　购：010-62786544
投稿与读者服务：010-62776969，c-service@tup.tsinghua.edu.cn
质量反馈：010-62772015，zhiliang@tup.tsinghua.edu.cn
课件下载：http://www.tup.com.cn，010-83470410

印 装 者：三河市龙大印装有限公司
经　　销：全国新华书店
开　　本：185mm×260mm　　印　张：12.75　　字　　数：300千字
版　　次：2022年3月第1版　　印　　次：2022年3月第1次印刷
定　　价：49.00元

产品编号：092202-01

丛书编写指导委员会名单

序

BIM（Building Information Modeling，建筑信息模型）源于欧美国家，21世纪初进入中国。它通过参数模型整合项目的各种相关信息，在项目策划、设计、施工、运行和维护的全生命周期过程中进行共享和传递，为各方建设主体提供协同工作的基础，在提高生产效率、节约成本和缩短工期方面发挥着重要的作用，在设计、施工、运维方面很大程度上改变了传统模式和方法。目前，我国已成为全球BIM技术发展最快的国家之一。

建筑业信息化是建筑业发展战略的重要组成部分，也是建筑业转变发展方式、提质增效、节能减排的必然要求。为了增强建筑业信息化的发展能力，优化建筑信息化的发展环境，加快推动信息技术与建筑工程管理发展的深度融合，2016年9月，住房和城乡建设部发布了《2016—2020年建筑业信息化发展纲要》，提出："建筑企业应积极探索'互联网+'形势下管理、生产的新模式，深入研究BIM、物联网等技术的创新应用，创新商业模式，增强核心竞争力，实现跨越式发展。"可见，BIM技术被上升到了国家发展战略层面，这必将带来建筑行业广泛而深刻的变革。BIM技术对建筑全生命周期的运营管理是实现建筑业跨越式发展的必然趋势，同时，也是实现项目精细化管理、企业集约化经营的最有效途径。

然而，人才缺乏已经成为制约BIM技术进一步推广应用的瓶颈，培养大批掌握BIM技术的高素质技术技能人才成为工程管理类专业的使命和机遇，这对工程管理类专业教学改革特别是教学内容改革提出了迫切要求。

教材是体现教学内容和教学要求的载体，在人才培养中起着重要的基础性作用，优秀的教材更是提高教学质量、培养优秀人才的重要保证。为了满足土建大类专业教学改革和人才培养的需求，清华大学出版社借助清华大学一流的学科优势，聚集全国优秀师资，启动基于BIM技术应用的专业信息化教材建设工作。该系列教材由胡兴福担任丛书主编，统筹作者团队，确定教材编写原则，并负责审稿等工作。该系列教材具有以下特点。

（1）规范性。本系列教材以专业目录和专业教学标准为依据，同时参照各院校的教学实践。

（2）科学性。教材建设遵循教育的教学规律，开发理实一体化教材，内容选取、结构安排体现职业性和实践性特色。

（3）灵活性。鉴于我国地域辽阔，自然条件和经济发展水平差异很大，本系列教材编写了不同课程体系的教材，以满足各院校的个性化需求。

（4）先进性。教材建设体现新规范、新技术、新方法，以及最新法律、法规及行业相关规定，不仅突出了 BIM 技术的应用，而且反映了装配式建筑、PPP、营改增等内容。同时，配套开发数字资源（包括但不限于课件、视频、图片、习题库等），80% 的图书配套有富媒体素材，通过二维码的形式链接到出版社平台，供学生学习使用。

教材建设是一项浩大而复杂的千秋工程，为培养建筑行业转型升级所需的合格人才贡献力量是我们的夙愿。BIM 技术在我国的应用尚处于起步阶段，在教材建设中有许多课题需要探索，本系列教材难免存在不足，恳请专家和读者批评、指正，希望更多的同人与我们共同努力！

丛书主任　胡兴福

2018 年 1 月

前　　言

随着国家连续出台多项 BIM 相关政策，以及越来越多的企业认识到 BIM 技术带来的价值，该技术已得到广泛应用，由此带动了建筑行业技术升级。土建类专业也开始对人才培养目标进行升级调整，融入了培养建筑信息模型建模及应用高素质技术技能人才的目标，BIM 技术应用已成为专业培养岗位必备的提升技能。

本书包含 7 个项目。

项目 1：BIM 技术应用案例解析。通过 BIM 招投标、管线综合、施工工艺模拟、项目协同管理等实际 BIM 应用项目案例的介绍，学习和了解当前 BIM 技术较为成熟的应用点，为后期进一步学习打下基础。

项目 2：BIM 漫游与全景交付。借助于 BIM 漫游与全景交付可以三维查看设计问题、进行可视化技术交底等，从而提高沟通效率。

项目 3：BIM 机电管线综合。学习机电建模规则及建模流程，并通过识读专业工程图，对水、暖、电专业管线、机械设备等实体进行创建与编辑；同时学习和掌握管线综合相关知识，完成对机电专业的深化设计。

项目 4：BIM 施工现场布置。学习施工现场布置的依据、原则、内容、步骤及 BIM 施工现场布置的技术要点，使学生掌握应用施工现场布置软件建立施工现场模型的方法，具备对现场布置进行合理性分析及方案调整的能力。

项目 5：BIM 施工模拟。在已有模型基础上，通过动画制作软件对模型进行处理和整理、制作动画、后期渲染等环节，完成三维动画视频，实现施工方案、施工工序、施工工艺三维可视化模拟，从而达到指导施工、技术交底等目的。

项目 6：BIM 计量与计价。在完成模型基础上，完成模型工程量提取、工程量清单的导出等操作，进一步对相应工程量进行计价工作，并完成计量计价报告的编写，为建设项目的工程造价管理提供依据。

项目 7：BIM 协同管理。在 BIM 施工管理软件上能将模型与安全、质量、进度、成本等因素进行关联，对项目进行施工动态管理，项目各参与方运用 BIM 模型对项目进行协同管理，从而实现施工的动态管理，并能完成管理文件数据的分析及导出，最终实现基于 BIM 技术的竣工验收。

本书由成都航空职业技术学院李享、汤燕飞、贺嘉主编，上海鲁班软件股份有限公司林俊参编。其中李享编写了项目 1、项目 2 和项目 6；汤燕飞编写了项目 3；贺嘉编写了项目 4 和项目 7；林俊编写了项目 5。全书由李享统稿。本书编者在多年的工程实践中积累了丰富工程案例，在多次教学实践中提升了对工程案例的教学加工能力。在教学任务载体的选择上具有实践性和适用性。

由于编者水平有限，书中难免有疏漏之处，还请广大读者谅解并指正，以便编者及时修订与完善。

编　者

2021年5月

目　录

项目 1　BIM 技术应用案例解析

学习目标

1. 了解 BIM 在工程建设各阶段的主要应用内容。
2. 了解实现各阶段应用内容的方法。

项目导入

随着越来越多的企业或政府部门认识到 BIM 的应用价值及 BIM 技术的不断发展，BIM 应用变得更加广泛。本项目通过案例解析，使读者了解 BIM 在工程建设各阶段的主要应用内容及实现这些应用内容所采取的方法。

学习任务

本项目的学习任务是了解 BIM 在工程建设各阶段的主要应用内容及实现这些应用内容所采取的方法。

案例 1.1　BIM 招投标

工程名称：某数据中心制冷站机电及建筑配套安装工程。

建筑性质：工业厂房。

总建筑面积：20000m^2。

项目特点：本项目为工业厂房，专业设备及管线较多，且不同专业由各个专业分包完成，项目协调难度大，业主方希望应用 BIM 技术来指导后期的施工；施工单位很看重本次投标的成败，对模型及视频的质量要求高；投标周期短，对 BIM 的时间要求严格。

项目 BIM 应用专项内容：BIM 实施方案、BIM 模型、图纸问题报告、净高分析报告、碰撞检查报告、管综调整前后对比报告、基于模型的安装主要设备和材料工程量清单、3D 漫游视频，如图 1-1~图 1-13 所示。

BIM模型与应用	1. 机电全专业BIM实施方案(此项最高得 1.5 分) (1)方案内容完整，项目组织结构、任务分工、职能分工、工作流程完整、清晰，有利于项目开展得 0.5 分，反之得 0 分。 (2)配备驻场专业工程师深化图纸服务得 0.5 分，反之得 0 分。 (3)与业主、土建总包单位、设计院工作界面划分清晰、合理，有利于项目开展得 0.5 分，反之得 0 分。 2. BIM 建模范围（此项最高得 2 分） (1)专业包含建筑、结构、给排水、暖通、电气，充分反映施工图各专业设计内容。专业齐全得 1 分，少一项扣 0.5 分。 (2)重要部位（1 分）：机房、公共通道设备管道、空间复杂部位等，包括但不限于上述部位。内容齐全得 1 分，少一项扣 0.5 分。

图　1-1

其中，BIM 模型是基于 Revit 软件创建；净高分析报告是在完成管综后在模型中查看各个区域管线最低点高度（考虑支吊架），按区域整理成的记录空间净高的文档；碰撞报告是基于 Navisworks 软件生成；管综调整前后对比报告是对比管综调整前后模型总结得到；基于模型安装的主要设备和材料工程量清单是由 Revit 导出明细表后，转成 Excel 的；3D 漫游视频是将 BIM 模型导入 Lumion 软件赋予材质后渲染生成。

第 X 章　机电全专业 BIM 实施方案

一、编制依据

《GB / T 51212－2016 建筑信息模型应用统一标准》《GB / T 51235－2017 建筑信息模型施工应用标准》《成都市民用建筑信息模型设计技术规定》。

二、现场 BIM 技术应用组织机构

1．人员配置

建立以项目 BIM 负责人为首的 BIM 人员管理体系，配备具有相关专业知识及多年经验的 BIM 顾问人员组成项目 BIM 小组，保证每个专业有相关 BIM 顾问人员负责。依据本工程需求，在本项目中配置一名 BIM 工程师并常驻项目，负责本项目 BIM 日常工作。并拟培养大部分项目技术人员熟练操作软件，就项目 BIM 应用点的实施进行探索及应用研究。

2．BIM 组织机构及任务分工

公司指派项目 BIM 负责人对现场总负责，包括组建 BIM 深化设计团队、BIM 现场管理团队、BIM 驻场服务人员。

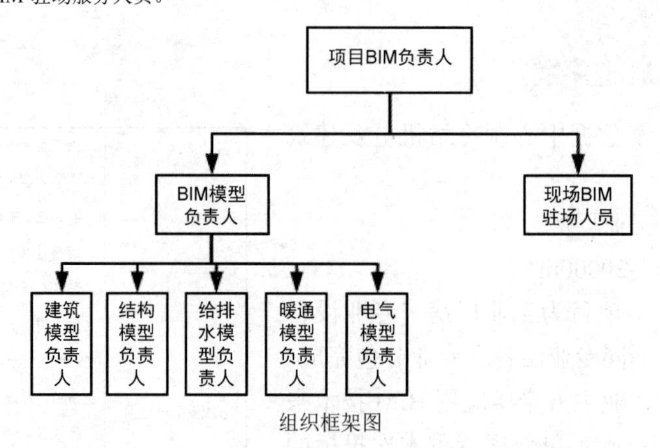

组织框架图

项目 BIM 负责人：

①负责与甲方、设计、施工及监理单位的BIM协调工作及会议。

②处理 BIM 应用中的各项事宜。

③制订 BIM 应用具体实施方案和计划，合理分配 BIM 实施任务。

④主导 BIM 小组成员按实施方案进行 BIM 应用，并取得阶段性成果。

图　1-2

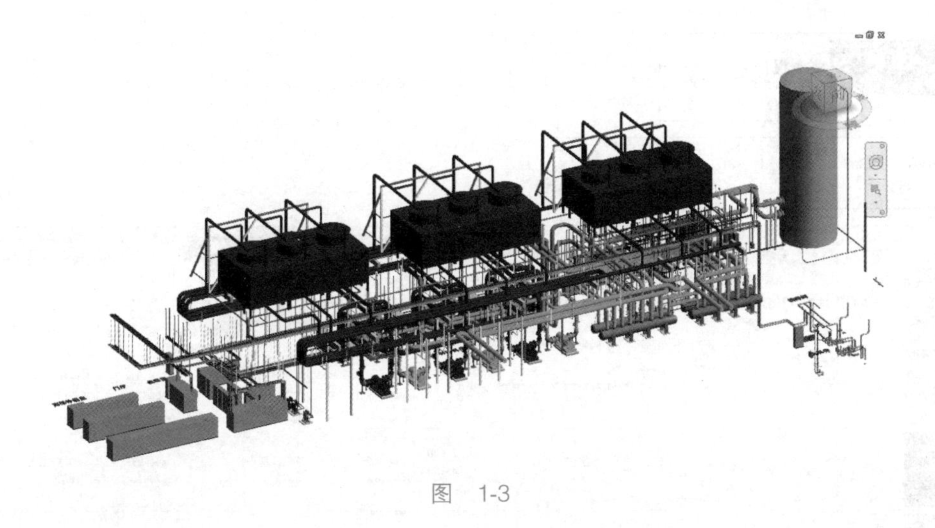

图　1-3

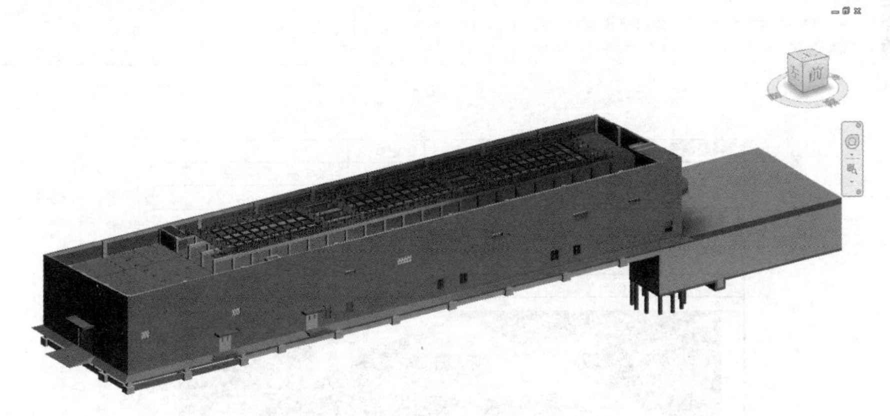

图　1-4

中国移动（四川成都）数据中心B01机房-C01制冷站
机电及建筑配套安装工程

C01制冷站
BIM净高分析报告

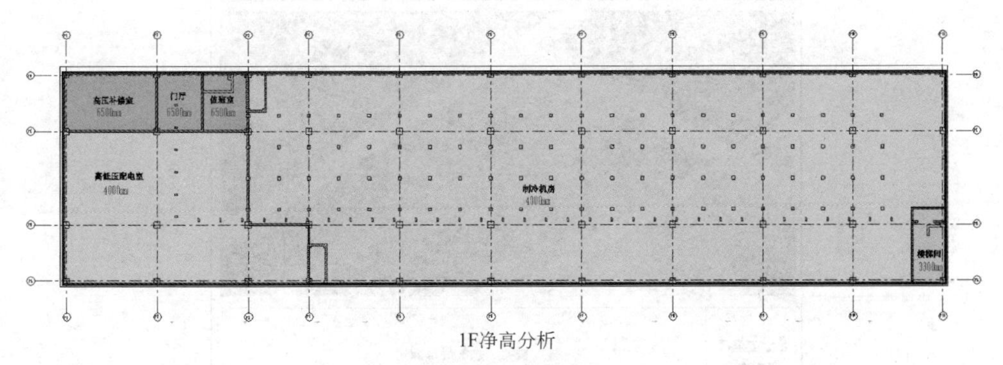

1F净高分析

制冷机房：4000mm；
高低压配电室：4000mm；
高压补偿室：6500mm；
门厅：6500mm；
值班室：6500mm；
楼梯间：3300mm。

图　1-5

Autodesk Navisworks 碰撞报告

<table>
<tr><td rowspan="2">数据中心 C01 碰撞检查</td><td>公差</td><td>碰撞</td><td>新建</td><td>活动的</td><td>已审阅</td><td>已核准</td><td>已解决</td><td>类型</td><td>状态</td></tr>
<tr><td>0.001m</td><td>71</td><td>71</td><td>0</td><td>0</td><td>0</td><td>0</td><td>硬碰撞</td><td>确定</td></tr>
</table>

<table>
<tr><td colspan="8"></td><td colspan="4">项目 1</td><td colspan="4">项目 2</td></tr>
<tr><td>图像</td><td>碰撞名称</td><td>状态</td><td>距离</td><td>网格位置</td><td>说明</td><td>找到日期</td><td>碰撞点</td><td>项目 ID</td><td>图层</td><td>项目 名称</td><td>项目 类型</td><td>项目 ID</td><td>图层</td><td>项目 名称</td><td>项目 类型</td></tr>
<tr><td></td><td>碰撞 1</td><td>新建</td><td>-1.244</td><td>1-3-1-B : 1F</td><td>硬碰撞</td><td>2019/7/23 07:29.08</td><td>x:19.250、y:5.300、z:4.228</td><td>*元素 ID*: 1923085</td><td>1F</td><td>带配件的电缆桥架</td><td>线</td><td>*元素 ID*: 1164010</td><td>1F</td><td>砌体-立砌砖层</td><td>实体</td></tr>
<tr><td></td><td>碰撞 2</td><td>新建</td><td>-1.020</td><td>1-3-1-B : 1F</td><td>硬碰撞</td><td>2019/7/23 07:29.08</td><td>x:19.227、y:5.550、z:4.228</td><td>*元素 ID*: 1923085</td><td>1F</td><td>带配件的电缆桥架</td><td>线</td><td>*元素 ID*: 1308408</td><td>1F</td><td>砌体-立砌砖层</td><td>实体</td></tr>
<tr><td></td><td>碰撞 3</td><td>新建</td><td>-0.990</td><td>1-3-1-C : 1F</td><td>硬碰撞</td><td>2019/7/23 07:29.08</td><td>x:17.900、y:13.108、z:4.510</td><td>*元素 ID*: 1697107</td><td>1F</td><td>带配件的电缆桥架</td><td>线</td><td>*元素 ID*: 1170015</td><td>1F</td><td>砌体-立砌砖层</td><td>实体</td></tr>
<tr><td></td><td>碰撞 4</td><td>新建</td><td>-0.883</td><td>1-3-1-C : 1F</td><td>硬碰撞</td><td>2019/7/23 07:29.08</td><td>x:18.100、y:13.108、z:4.512</td><td>*元素 ID*: 1697107</td><td>1F</td><td>带配件的电缆桥架</td><td>线</td><td>*元素 ID*: 1308595</td><td>1F</td><td>砌体-立砌砖层</td><td>实体</td></tr>
</table>

图 1-6

<table>
<tr><td>问题编号</td><td>数据中心 B01-01</td><td>登记日期</td><td colspan="2"></td></tr>
<tr><td>图纸编号</td><td></td><td>位置</td><td colspan="2">E/F 轴 交 7/8 轴（一层）</td></tr>
<tr><td>问题类型</td><td>碰撞问题</td><td>登记人</td><td colspan="2"></td></tr>
<tr><td>涉及专业</td><td colspan="4">机电</td></tr>
<tr><td>问题描述</td><td colspan="4">桥架、水管互相碰撞</td></tr>
<tr><td colspan="5">调整前</td></tr>
<tr><td colspan="5"></td></tr>
<tr><td colspan="5">调整后</td></tr>
<tr><td colspan="5">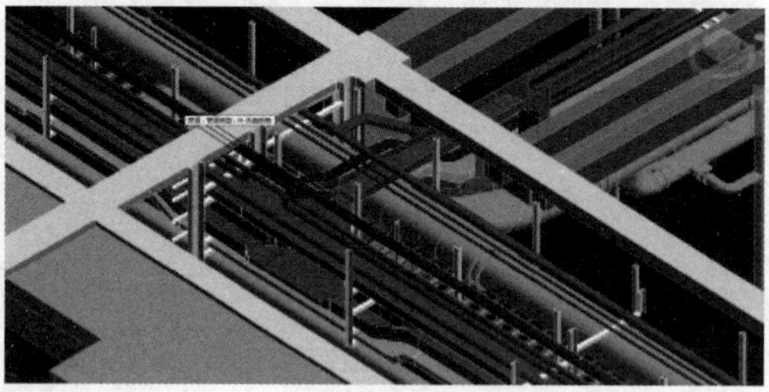</td></tr>
<tr><td>BIM 工程师调整建议</td><td colspan="4">桥架、水管局部翻弯</td></tr>
<tr><td>施工单位相关专业回复</td><td colspan="2"></td><td>签字</td><td></td></tr>
<tr><td>其他意见</td><td colspan="4"></td></tr>
</table>

图 1-7

<table>
<tr><td>问题编号</td><td>005</td><td>登记日期</td><td>20190727</td></tr>
<tr><td>图纸编号</td><td>第二册建筑配套增补工程 第三分册 电气</td><td>位置</td><td>1-M 轴与 1-3 轴、1-4 轴交点中间和 1-M 轴与 1-9 轴交点处</td></tr>
<tr><td>问题类型</td><td>图纸问题</td><td>登记人</td><td></td></tr>
<tr><td>涉及专业</td><td colspan="3">电气</td></tr>
<tr><td>问题</td><td colspan="3">B01：平面图中桥架未标注尺寸</td></tr>
<tr><td colspan="4">平面</td></tr>
<tr><td colspan="4"></td></tr>
<tr><td colspan="4">处理建议</td></tr>
<tr><td colspan="4"></td></tr>
<tr><td>BIM 工程师调整建议</td><td colspan="3"></td></tr>
<tr><td>施工单位相关专业回复</td><td></td><td>签字</td><td></td></tr>
<tr><td>其他意见</td><td colspan="3"></td></tr>
</table>

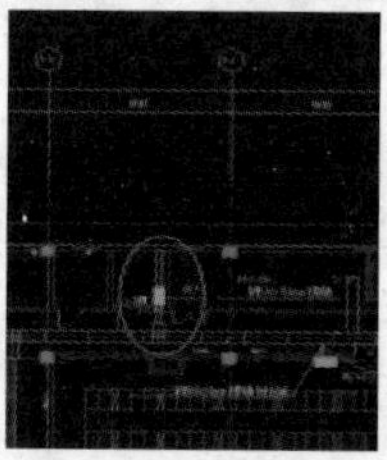

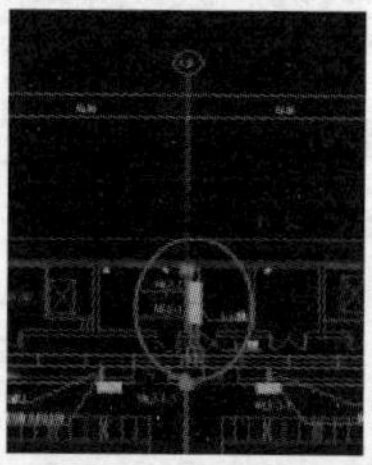

图　1-8

	基于模型的安装主要设备和材料工程量清单				
2	基于模型的安装主要设备和材料工程量清单				
3	族与类型	设备类型	宽度	高度	长度
4					
5	带配件的电缆桥架: 热镀锌钢制电缆线槽	弱电桥架	300 mm	150 mm	6492
6	带配件的电缆桥架: 热镀锌钢制电缆线槽	弱电桥架	300 mm	150 mm	6691
7	带配件的电缆桥架: 热镀锌钢制电缆线槽	弱电桥架	200 mm	150 mm	35
8	带配件的电缆桥架: 热镀锌钢制电缆线槽	弱电桥架	200 mm	150 mm	4408
9	带配件的电缆桥架: 热镀锌钢制电缆线槽	弱电桥架	400 mm	150 mm	2781
10	带配件的电缆桥架: 热镀锌钢制电缆线槽	弱电桥架	200 mm	150 mm	13247
11	带配件的电缆桥架: 热镀锌钢制电缆线槽	弱电桥架	200 mm	150 mm	68631
12	带配件的电缆桥架: 热镀锌钢制电缆线槽	弱电桥架	400 mm	150 mm	47830
13	带配件的电缆桥架: 热镀锌钢制电缆线槽	弱电桥架	400 mm	150 mm	199
14	带配件的电缆桥架: 热镀锌钢制电缆线槽	弱电桥架	400 mm	150 mm	14471
15	带配件的电缆桥架: 热镀锌钢制电缆线槽	弱电桥架	400 mm	150 mm	788
16	带配件的电缆桥架: 热镀锌钢制电缆线槽	弱电桥架	400 mm	150 mm	43
17	带配件的电缆桥架: 热镀锌钢制电缆线槽	弱电桥架	400 mm	150 mm	43
18	带配件的电缆桥架: 热镀锌钢制电缆线槽	普通强电桥架	200 mm	100 mm	14657
19	带配件的电缆桥架: 热镀锌钢制电缆线槽	普通强电桥架	200 mm	100 mm	1770
20	带配件的电缆桥架: 热镀锌钢制电缆线槽	普通强电桥架	400 mm	150 mm	1669
21	带配件的电缆桥架: 热镀锌钢制电缆线槽	普通强电桥架	400 mm	150 mm	2060
22	带配件的电缆桥架: 热镀锌钢制电缆线槽	普通强电桥架	400 mm	150 mm	7091
23	带配件的电缆桥架: 热镀锌钢制电缆线槽	普通强电桥架	400 mm	150 mm	2327
24	带配件的电缆桥架: 热镀锌钢制电缆线槽	普通强电桥架	300 mm	150 mm	12747
25	带配件的电缆桥架: 热镀锌钢制电缆线槽	普通强电桥架	300 mm	150 mm	20052
26	带配件的电缆桥架: 热镀锌钢制电缆线槽	普通强电桥架	300 mm	150 mm	9323
27	带配件的电缆桥架: 热镀锌钢制电缆线槽	普通强电桥架	300 mm	150 mm	20150
28	带配件的电缆桥架: 热镀锌钢制电缆线槽	普通强电桥架	300 mm	150 mm	15881
29	带配件的电缆桥架: 热镀锌钢制电缆线槽	普通强电桥架	400 mm	150 mm	1417
30	带配件的电缆桥架: 热镀锌钢制电缆线槽	普通强电桥架	200 mm	100 mm	18
31	带配件的电缆桥架: 热镀锌钢制电缆线槽	普通强电桥架	150 mm	75 mm	5113

C01电缆桥架明细表　+

求和=0　平均值=0　计数=0

图　1-9

图 1-10

图 1-11

图 1-12

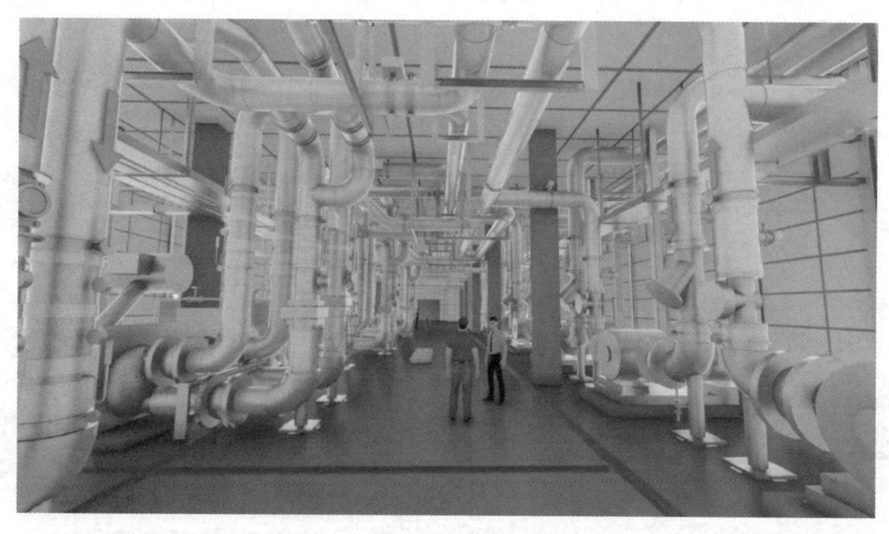

图　1-13

案例 1.2　BIM 管线综合

工程名称：某商业综合体地下室。

建筑性质：大型住宅建筑。

总建筑面积：70000m^2。

项目特点：本项目为商业综合体，包含商业和住宅，因此，地下室设备机房多、管线错综复杂，且净高要求严格、施工要求高。重点工作为地下室 BIM 建模及管线综合调整，并在本项目上开展 BIM 应用指导工作。

项目 BIM 应用专项内容：土建、机电模型（地下室）建立，管线综合，基于 BIM 的图纸问题报告、漫游动画、出管线综合图等专项内容，如图 1-14 ~ 图 1-23 所示。

其中，BIM 模型是基于 Revit 软件创建；管线综合是将机电模型与土建模型整合后，按照一定原则进行管线的重新排布；漫游动画是利用 Fuzor 软件录制而成的。

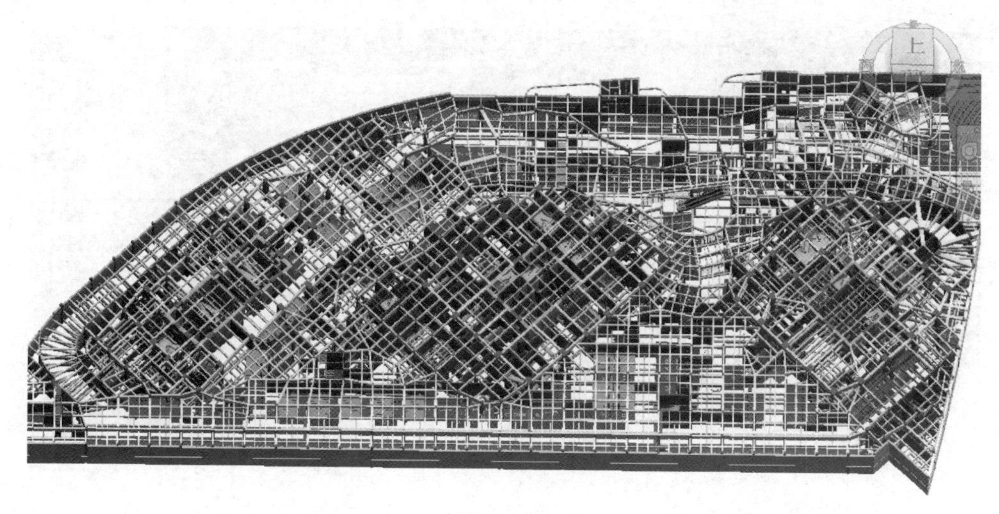

图　1-14

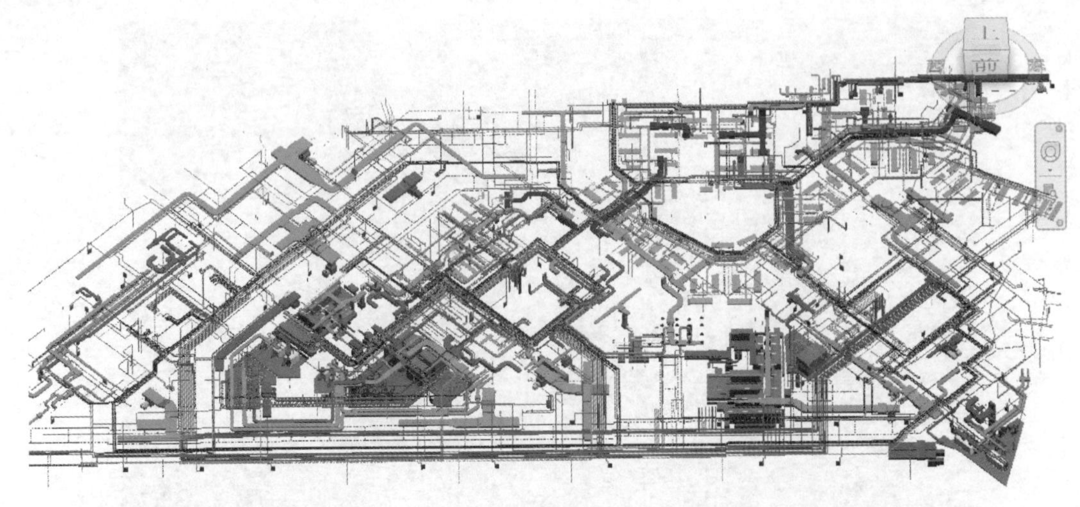

图 1-15

图 1-16

图 1-17

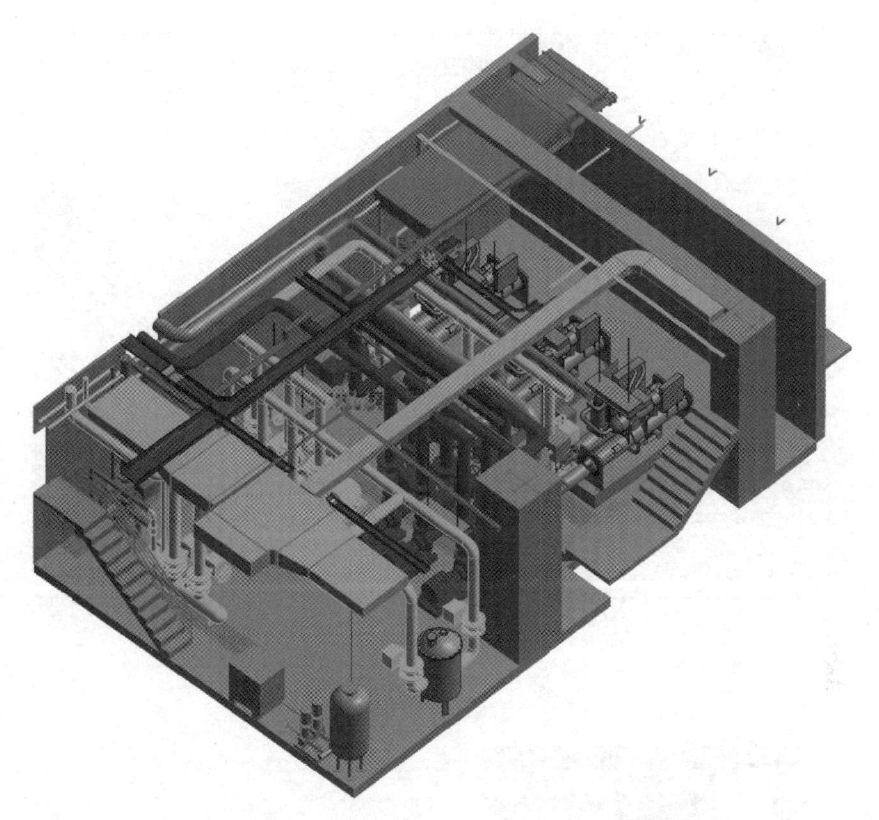

图　1-18

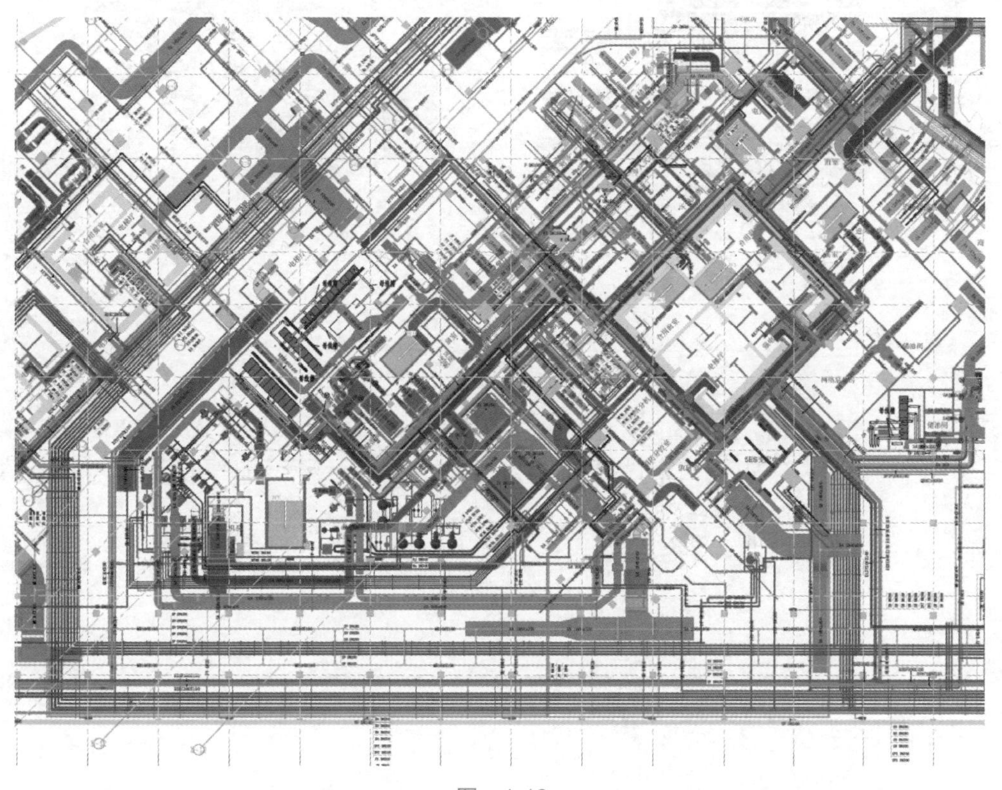

图　1-19

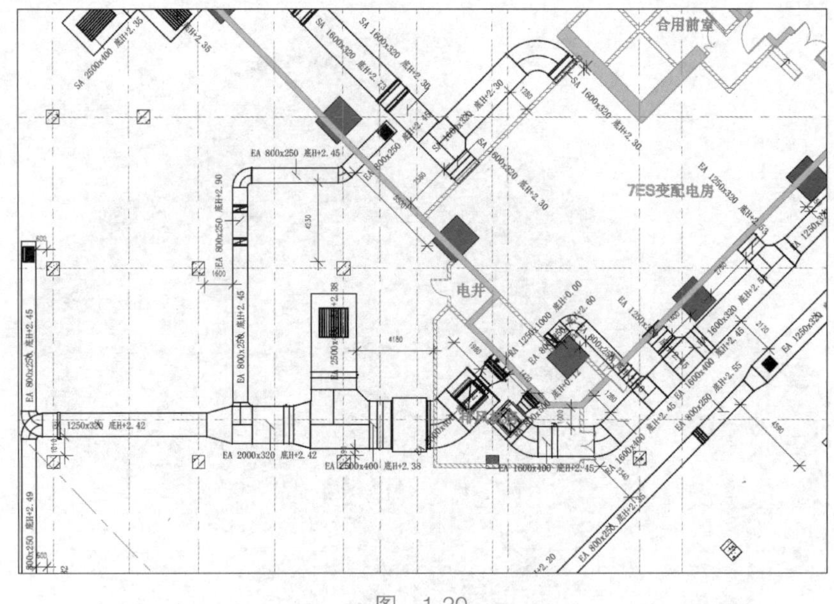
合用前室
7ES变配电房
电井
SA 2500x400
SA 1600x320 底H+2.30
EA 800x250 底H+2.45
EA 800x250 底H+2.90
EA 2500x400 底H+2.38
EA 1250x320 底H+2.42
EA 2000x320 底H+2.42
EA 1600x400 底H+2.45
EA 800x250 底H+2.55
EA 800x250 底H+2.49

图 1-20

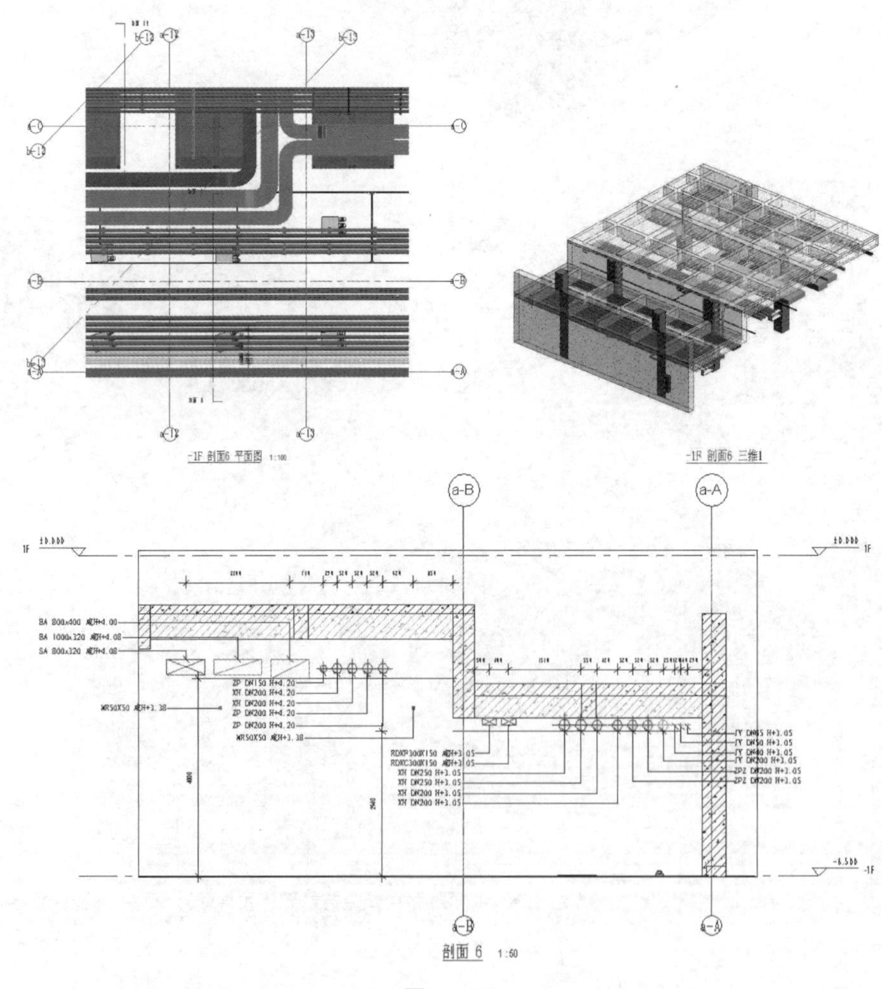
-1F 剖面6 平面图 1:100
-1F 剖面6 三维1
a-B
a-A
BA 800x400 底H+4.00
BA 1000x320 底H+4.08
SA 800x320 底H+4.08
ZP DN150 H+4.20
XH DN200 H+4.20
XH DN200 H+4.20
ZP DN200 H+4.20
ZP DN200 H+4.20
WR50X50 底H+3.38
XH DN250 H+3.05
XH DN250 H+3.05
XH DN200 H+3.05
XH DN200 H+3.05
ZPZ DN200 H+3.05
ZPZ DN200 H+3.05
剖面 6 1:60

图 1-21

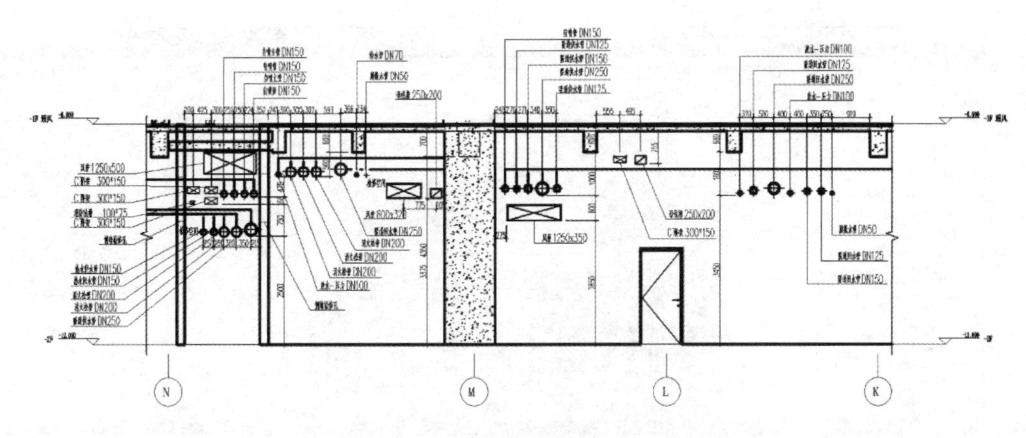

地下二层6-6剖面图 1:50

图　1-22

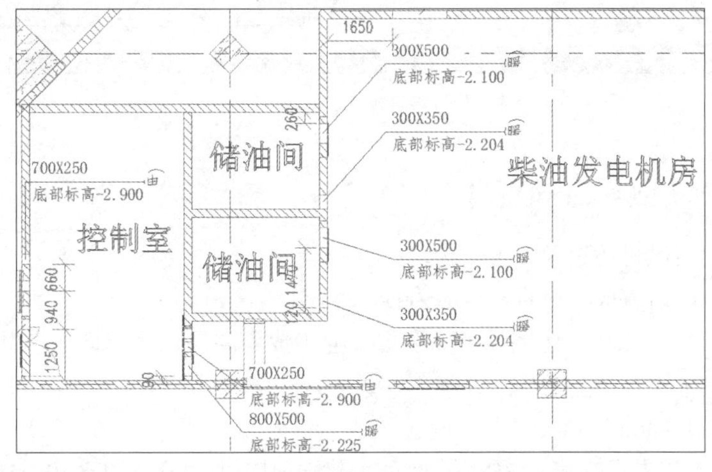

图　1-23

案例 1.3　BIM 施工工艺模拟

工程名称：恒大望江华府。

建设地点：四川省成都市锦江区。

结构类型：剪力墙结构。

工程概况：本工程为望江华府工程主楼 2 号楼 1 单元及 3 号楼主体钢结构夹层施工，2 号楼 1 单元主体结构 33 层，房屋总高度 149.385m。3 号楼主体结构 33 层，房屋总高度 147.935m。主体设计混凝土标准层为 9m，在 9 m 标准层内首次施工钢结构夹层标高为 4.200m 处，待结构竣工验收后进行二次改造，主体部分将每 9 m 混凝土标准层原 2 层钢结构夹层拆分为 3 层结构，更改为 H+3.2 及 H+6 两层钢结构夹层体系。地上部分采用剪力墙体系，在墙、梁设置钢结构预埋件与夹层钢结构梁连接。结构设计使用年限为 50 年，抗震烈度为 7 度。

项目 BIM 应用专项内容：利用 Navisworks 软件进行土建结构 2 层改 3 层施工方案模拟，如图 1-24 所示。

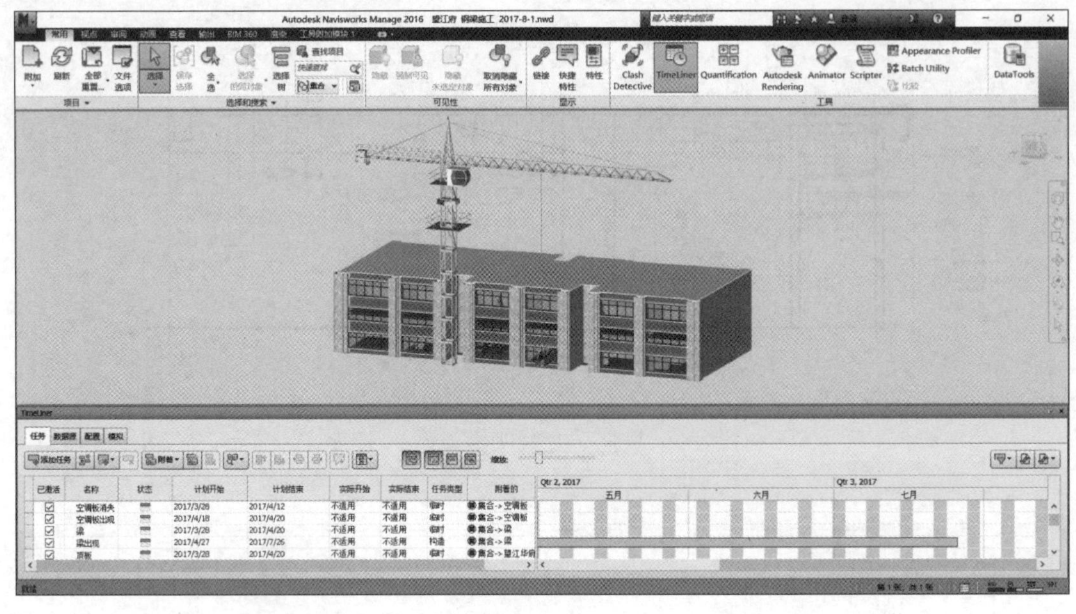

图 1-24

案例 1.4 BIM 项目协同管理

工程名称：培风村还建项目。

建设地点：四川省成都市青羊区万寿四路。

结构类型：由 6 栋高层住宅和 1 栋多层商业组成，高层住宅与商业楼共用 2 层大底盘地下室，剪力墙结构。

建筑面积：91966m^2。

项目 BIM 应用专项内容：BIM 模型（土建、MEP）建立，基于 BIM 的图纸问题报告、碰撞检查、管线综合、漫游动画、施工场地模拟、移动端质量、安全监控、进度管理、材料及结算流程优化、成本分析控制、资料管理、洞梁间距查找、大体积混凝土和高大支模查找、砌体排布、项目协同平台搭建与应用等专项内容，如图 1-25 ~ 图 1-31 所示。

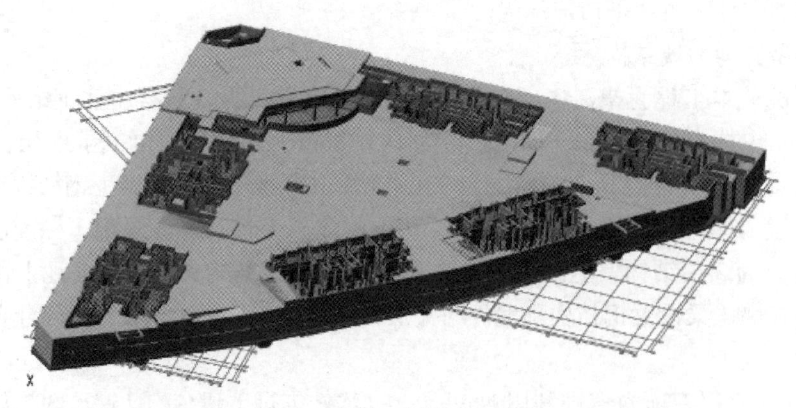

图 1-25

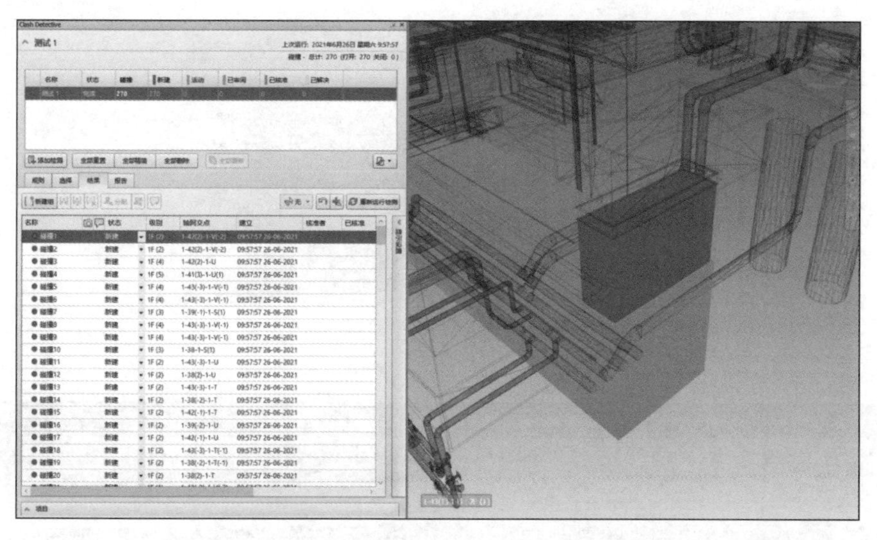

图　1-26

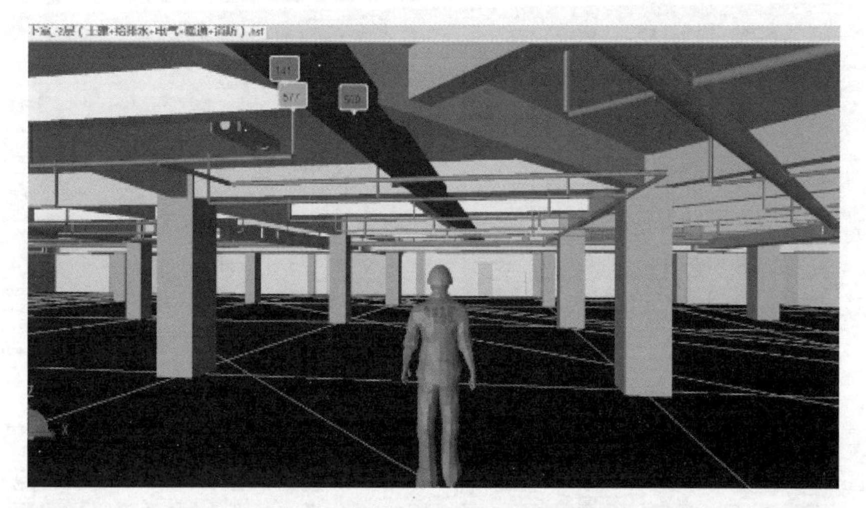

图　1-27

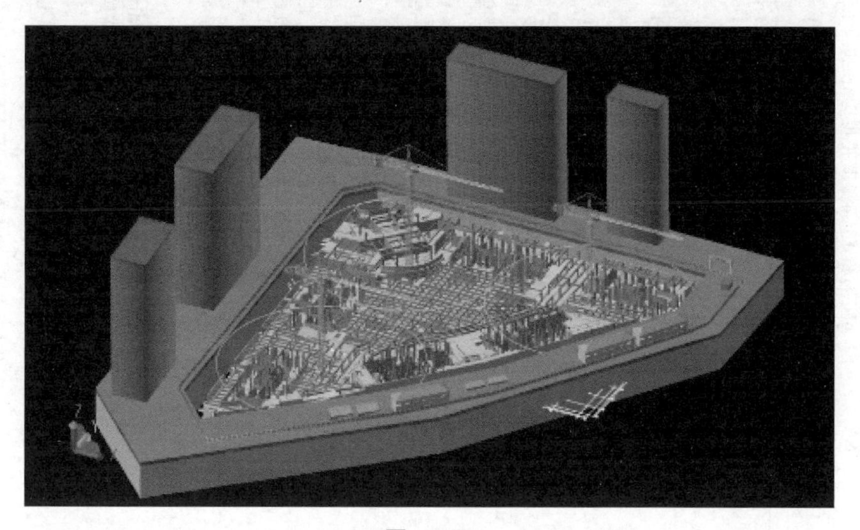

图　1-28

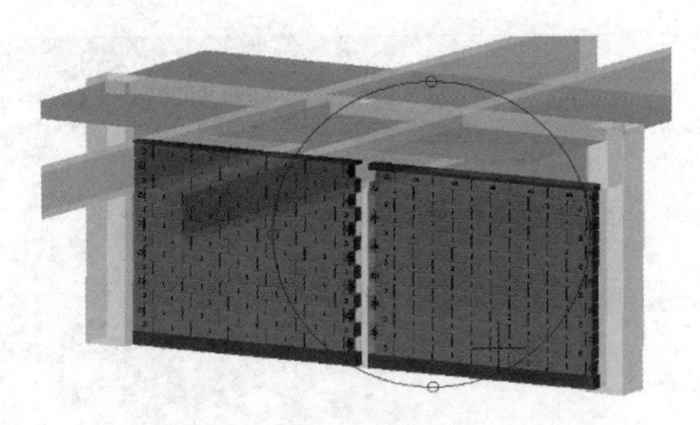

图 1-29

贵州建工培风村1组±0以下、垫层以上混凝土三算对比分析表												
序号	砼标号	单位	招标工程量	BIM模型理论用量	钢筋体积	砼钢筋含量	BIM模型计划用量（扣钢筋体积）	现场实际用量	混凝土损耗	签取信息价	效益分析	原因及增加成本分析
1	C30P6	m³	3978.79	2793.29	81.00	2.90%	2712.29	2404	−308.29	356	−109750	
2	C30P8	m³	12282.87	9408.40	151.64	1.61%	9256.76	9626.7	369.94	363	134287	
3	C30	m³	4590.02	4300.67	94.13	2.19%	4206.54	4214	7.46	333	2486	
4	C40	m³	2536.35	2509.59	55.00	2.19%	2454.58	2541	86.42	363	31369	
5	C35P6 膨纤	m³	0	55.89	1.62	2.90%	54.27	194	139.73	371	51840	
6	C35P8 膨纤	m³	0	429.54	6.92	1.61%	422.62	192	−230.62	378	−87173	
7	C35	m³	1089.24	72.18	1.12	1.55%	71.06	0	−71.06	353	−25084	
	总计		23388.03	19569.557	391.4407		19178.12	19171.7	−6.42		−2026	

图 1-30

资料管理

全部 | 土建 | 搜索 | 上传资料

序号	资料名称	更新人	更新时间	大小	标签	相关性	查看	下载
1	劳务分包合同1.pdf	杜青	2015-10-16 11:54	1.24MB	土建 装饰	工程相关		
2	劳务分包合同：地下室.pdf	杜青	2015-10-16 11:54	2.42MB	土建 装饰	工程相关		
3	劳务分包合同3.pdf	杜青	2015-10-16 11:54	2.46MB	土建 装饰	工程相关		
4	劳务分包合同2.pdf	杜青	2015-10-16 11:54	2.42MB	土建 装饰	工程相关		
5	工程机械租赁合同：建筑施工...	杜青	2015-10-16 11:54	384.27KB	土建 装饰	工程相关		
6	劳务派遣合同.pdf	杜青	2015-10-16 11:38	394.06KB	土建	工程相关		
7	商品混凝土供应应急方案.pdf	杜青	2015-10-16 11:36	123.34KB	土建	工程相关		
8	聘请常年法律顾问合同.pdf	杜青	2015-10-16 11:36	231.38KB	土建	工程相关		
9	工程分包协议：钢结构工程1.pdf	杜青	2015-10-16 11:35	663.21KB	土建	工程相关		
10	工程分包协议：钢结构2.pdf	杜青	2015-10-16 11:35	655.56KB	土建	工程相关		
11	工程分包合同：石膏砌块（改...	杜青	2015-10-16 11:33	704.16KB	土建	工程相关		
12	工程分包合同：石膏砌块（改...	杜青	2015-10-16 11:33	670.22KB	土建	工程相关		
13	工程分包合同：石膏砌块（改...	杜青	2015-10-16 11:33	695.13KB	土建	工程相关		
14	保安服务合同.pdf	杜青	2015-10-16 11:28	530.16KB	土建 装饰	工程相关		
15	产品购销合同：翠微蒸压加气...	杜青	2015-10-16 11:18	489.27KB	土建	工程相关		
16	供应合同：预拌混凝土.pdf	杜青	2015-10-16 10:45	645.58KB	土建	工程相关		
17	建材产品订货合同：页岩标配...	杜青	2015-10-16 10:44	190.17KB	土建	工程相关		
18	补充协议：钢材购销协议1.pdf	杜青	2015-10-16 10:24	146.61KB	土建	工程相关		
19	补充协议：钢材购销合同2.pdf	杜青	2015-10-16 10:24	141.82KB	土建	工程相关		

图 1-31

项目 2　BIM 漫游与全景交付

1. 掌握漫游文件的输出与导入。
2. 掌握漫游的方法。
3. 掌握利用 BIM 软件进行测量与视频录制的方法。
4. 掌握全景交付的方法。

项目导入

BIM 漫游与全景交付是比较成熟的 BIM 应用之一。借助于 BIM 漫游与全景交付可以三维查看设计问题、进行可视化技术交底等，提高沟通效率。

本项目的学习任务为基于已有的 BIM 模型进行漫游与全景交付。

项目实施

输出文件→导入 BIM 应用软件→漫游→测量与视频录制→输出全景图片→全景制作。

2.1　BIM 漫游

2.1.1　输出 Fuzor 软件格式文件

（1）以软件自带的样例项目为例。打开项目，切换至 3D 模式，如图 2-1 所示。

教学视频：输出 Fuzor 软件格式文件

提示

在三维显示状态下，对模型的显示进行调整。如有剖面框，应在导出前去掉，并通过可见性设置对构件进行显示或隐藏设置。

（2）选择“Fuzor Plugin”下的“Launch Fuzor”命令，如图 2-2 所示。在弹出的对话框中确保需要导出的视图为当前设置的视图（此处为“3D”），单击 OK 按钮，如图 2-3 所示。自动打开 Fuzor 软件并导出。

图 2-1

图 2-2

（3）切换至 Fuzor 软件，单击“Fuzor 项目文件面板”命令，如图 2-4 所示。在弹出的对话框中单击“保存”按钮，如图 2-5 所示。软件提示“是否要删除或保留剖切面所隐藏的对象？”，选择“保留”，如图 2-6 所示。将文件命名为“别墅漫游 -320313- 张三 -20210118”，如图 2-7 所示。

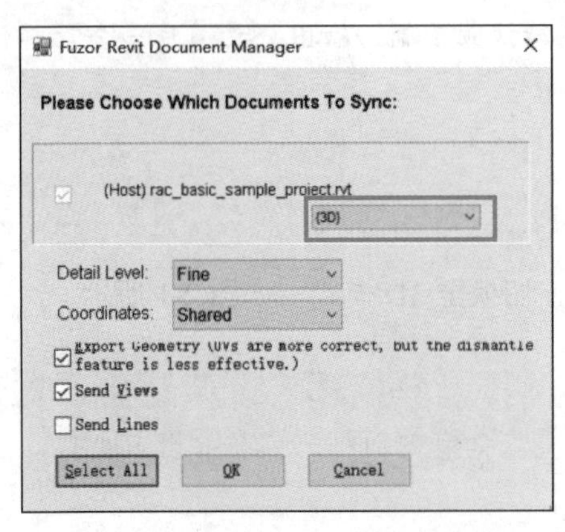

图 2-3

图 2-4

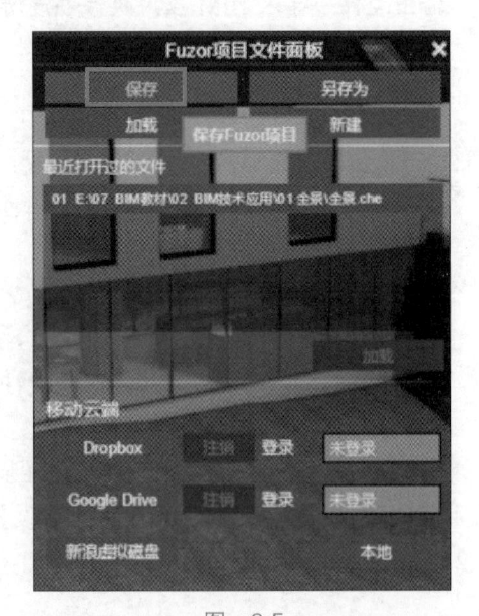

图 2-5

图　2-6

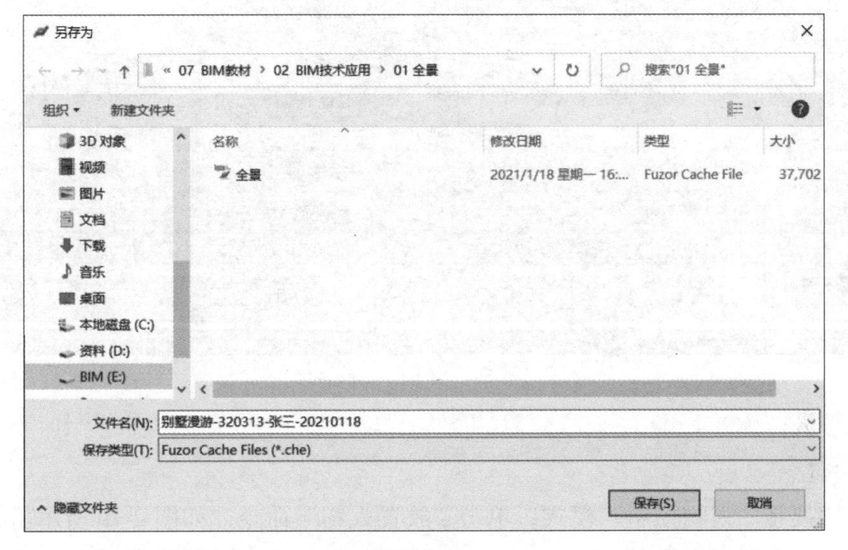

图　2-7

提示

下次打开时，可直接打开 Fuzor 软件，然后选择“加载”命令即可打开文件。

（4）单击“导航控制”命令，切换成“Revit 控制模式”，如图 2-8 所示。滑动鼠标滚轮将视角移动到别墅附近，如图 2-9 所示。

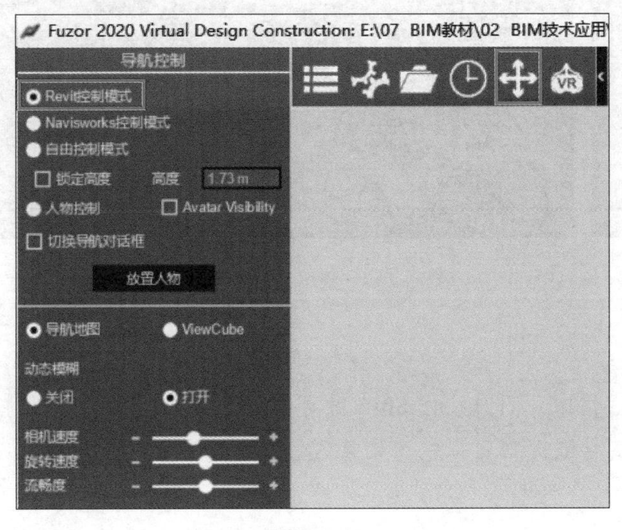

图　2-8

图 2-9

2.1.2 漫游

（1）切换至“人物控制”模式，单击“放置人物”命令，如图 2-10 所示。将人物放置于草坪上。利用键盘上的 W、A、S、D 键或上、下、左、右箭头键进行移动，右击进行旋转操作，如图 2-11 所示。

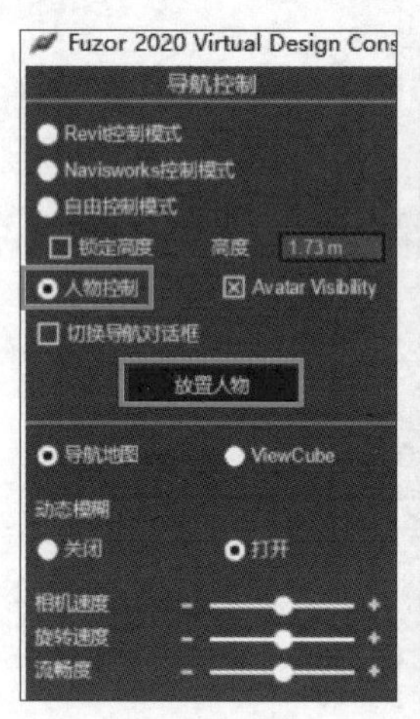

图 2-10

图 2-11

提示

（1）在移动过程中，同时按住 Shift 键可以加速；按空格键可以跳跃。

（2）右上方的导航窗口可以快速切换人物位置，包括楼层，如图 2-12 所示。

图　2-12

课中任务

将漫游过程中发现的问题截图做成问题报告提交，如图 2-13 所示。

问题编号	别墅-01	登记日期	2021 年 1 月 19 日
图纸编号		位置	1F：2 轴交 C 轴
问题类型	图纸问题	登记人	
涉及专业	结构		
问题描述	结构柱在房屋中间位置，影响美观及使用		
模型			
BIM 工程师调整建议	调整结构柱位置，优化空间		
设计单位相关专业回复		签字	
其他意见			

图　2-13

（2）单击“更多选项”命令，如图 2-14 所示。里面有关于“设计”“协调”“分析”“协同”“建筑设备”“内容”等应用，如图 2-15 所示。

图 2-14

2.1.3 测量与视频录制

下面介绍两个常用命令。

（1）测量工具：单击“测量工具”命令，如图 2-16 所示。弹出“测量工具”对话框，选择“两点测量”，如图 2-17 所示。在任意两个位置单击，则出现距离值，如图 2-18 所示。其他测量方式可自行尝试。

图 2-15

图 2-16

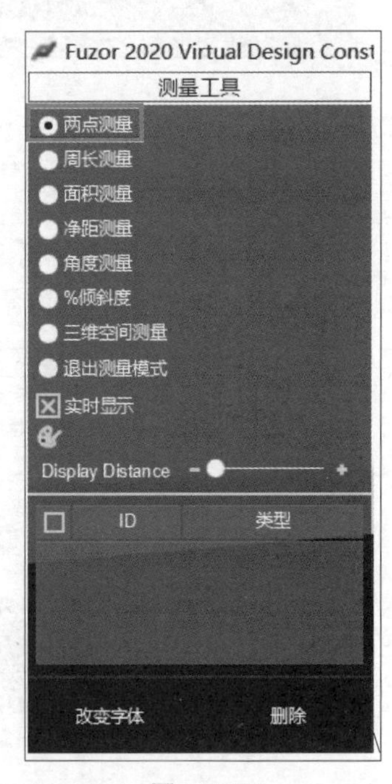

图 2-17

图 2-18

课中任务

用“净距测量”命令测量任意位置楼板净高，并截图提交。

（2）漫游视频录制：单击“视频”下的“漫游”命令，如图 2-19 所示。切换至视频录制界面。

（3）单击“录制”按钮，如图 2-20 所示。按 W、A、S、D 键或上、下、左、右箭头键移动，进行所需场景的漫游视频录制，单击“停止记录”按钮，停止录制，可以单击“预览漫游视频”“保存漫游视频”和“退出漫游模式”进行预览、保存和退出当前模式。

图　2-19

图　2-20

课中任务

录制一段漫游视频保存后提交。

课后作业

根据给定项目完成漫游视频录制。

2.2　全景交付

2.2.1　输出全景图片

教学视频：输出全景图片

提示

能够输出全景图片的软件有 Fuzor、Lumion 等，本案例用 Fuzor 软件输出室外和室内各一张全景图片作为全景交付的两个场景。

（1）切换至 Revit 控制模式，调整视角，将镜头缩放至所需位置，如图 2-21 所示。单击“视频”下的“高清截图”命令，如图 2-22 所示。

图 2-21

（2）选择“360 全景图”，如图 2-23 所示。单击“抓取截图”命令，如图 2-24 所示。在弹出的对话框中选择“桌面”，单击“选择文件夹”，如图 2-25 所示。软件自动输出全景图片。

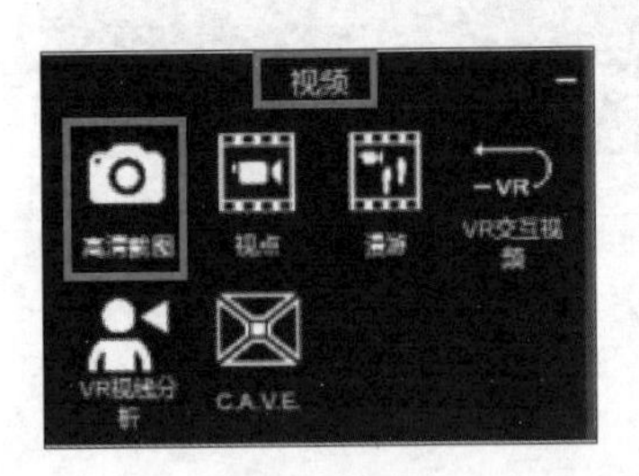

图 2-22

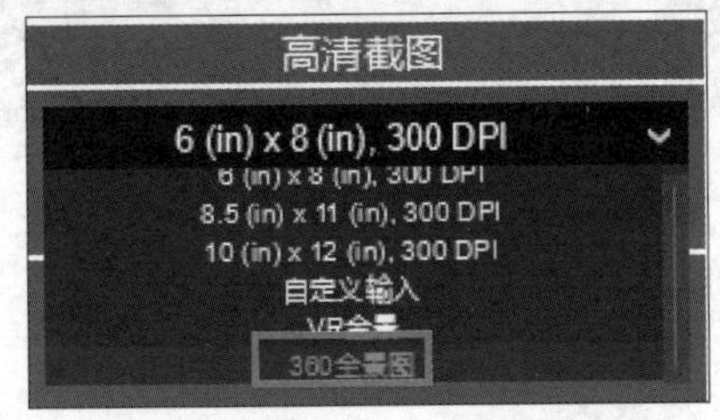

图 2-23

图 2-24

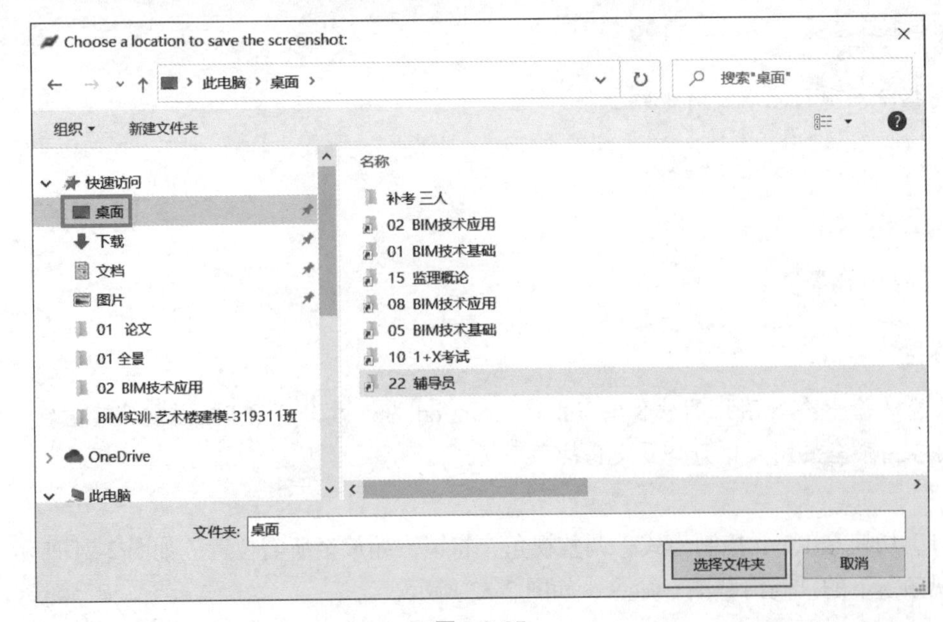

图 2-25

提示

（1）文件夹只能选择“桌面”，若选择其他自定义文件夹可能出现输出失败的情况。
（2）若看不到“桌面”，则打开“收藏夹”后选择“桌面”。

（3）切换至“Revit 控制模式”将镜头移至室内，用同样方法输出室内全景图片，如图 2-26 所示。

图　2-26

2.2.2　全景制作

教学视频：
全景制作

全景可以在“建 E”或者“720yun”网站上制作，本案例在“建 E”网站制作全景。

（1）打开“建 E”全景制作网站，单击“全景发布”命令，如图 2-27 所示。注册账户后登录，如图 2-28 所示。

图　2-27

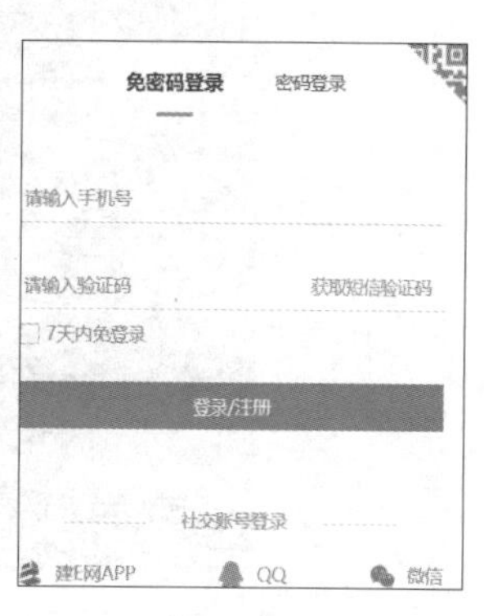

图　2-28

（2）完善标题、作品分类等带“*”位置处信息，选择“从本地添加”，选择前面导出的室外和室内全景图片（可多选），单击“开始合成”按钮，如图 2-29 所示。

（3）在界面右侧为全景编辑命令，此处以“初始视角”“热点”“场景编辑”3 个命令为例进行介绍。

（4）选择“初始视角”，如图 2-30 所示。单击移动视角，选择希望界面出现时展示的初始视角，选择“设置为初始视角”，如图 2-31 所示。

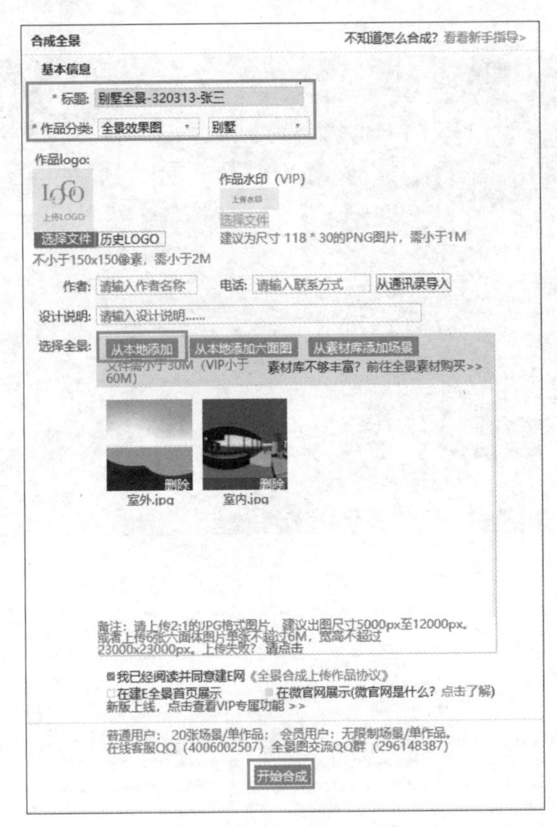

图 2-29

图 2-30

图 2-31

提示

在界面左下角有“场景选择”命令，如图 2-32 所示。可以进行场景切换，切换后对每个场景进行初始视角的设定。

图　2-32

（5）场景切换热点：单击“热点”命令，默认为“场景切换”，选择“添加热点”，如图 2-33 所示。在“场景切换”对话框中选择热点标志，单击“下一步”按钮，如图 2-34 所示。

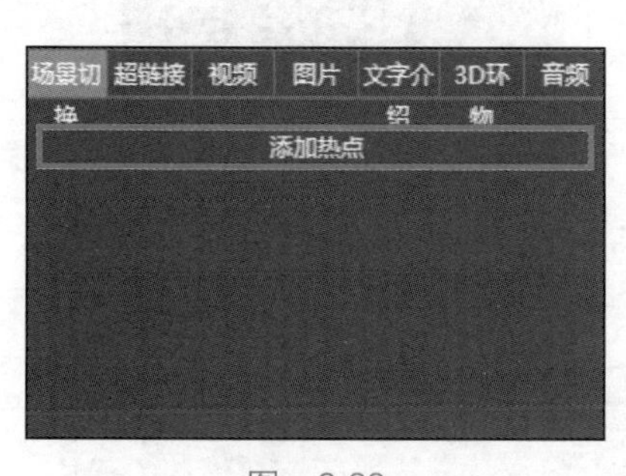

图　2-33

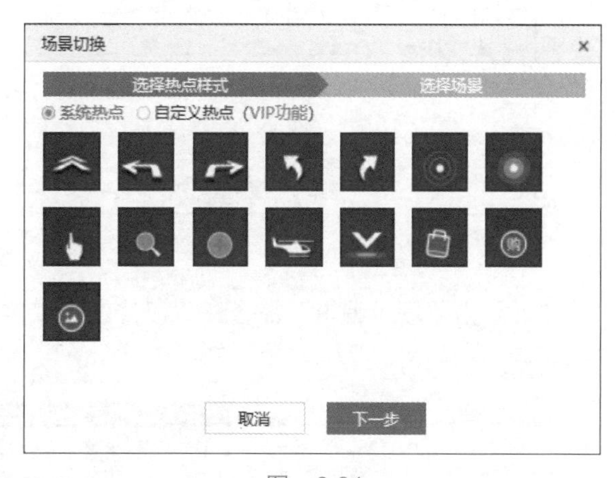

图　2-34

（6）选择“室内”场景，单击“完成”按钮，如图 2-35 所示。弹出对话框，此时先拖动热点标志到所需位置，然后单击“保存热点”按钮，如图 2-36 所示。

（7）文字介绍热点：单击“热点”命令，切换为“文字介绍”，选择“添加热点”，如图 2-37 所示。在“文字介绍”对话框中选择热点标志，单击“下一步”按钮，如图 2-38 所示。输入文字介绍，单击“完成”按钮，如图 2-39 所示。

（8）拖动热点标志，单击“保存热点”按钮，如图 2-40 所示，完成热点编辑。

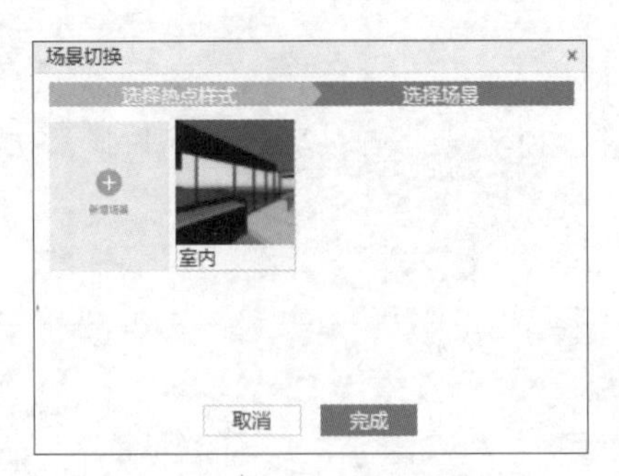

图 2-35

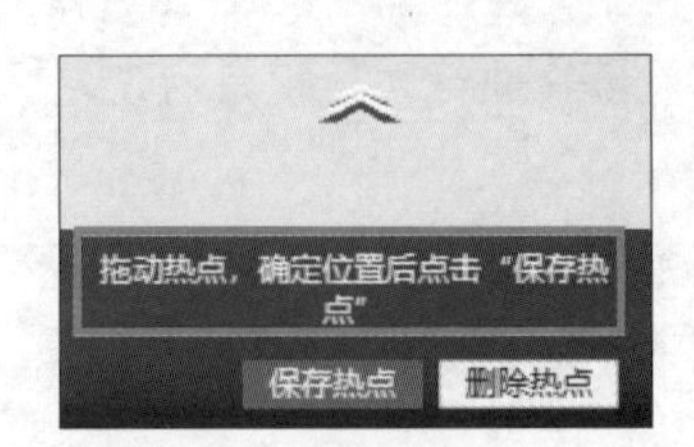

图 2-36

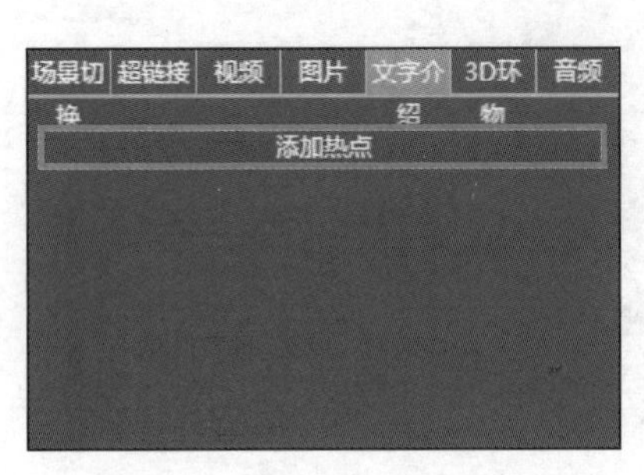

图 2-37

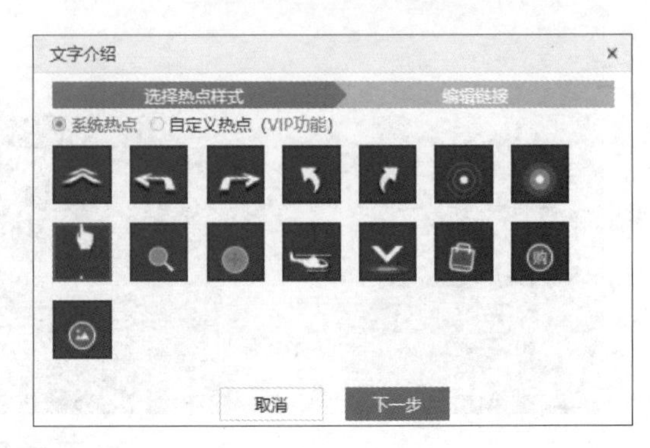

图 2-38

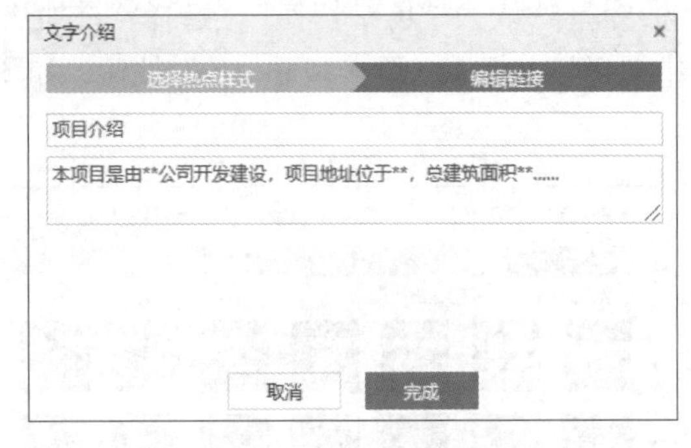

图 2-39

图 2-40

（9）单击“场景编辑”命令，可以修改场景名称和顺序，如图 2-41 所示。

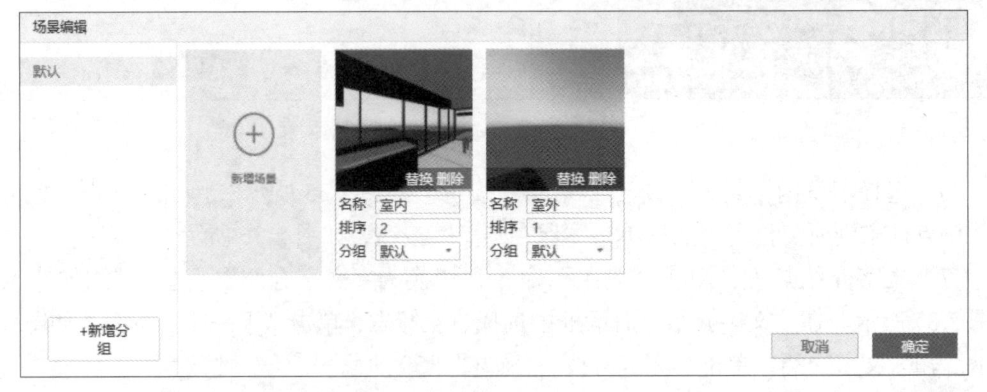

图 2-41

（10）单击“预览”命令，用手机扫描二维码，可以查看编辑效果。编辑完成后单击“完成”按钮，进入作品管理界面，单击“分享”命令，如图 2-42 所示。弹出“微信扫一扫分享”对话框，可右击二维码选择“复制”或“另存为”，将作品二维码分享给别人，如图 2-43 所示。

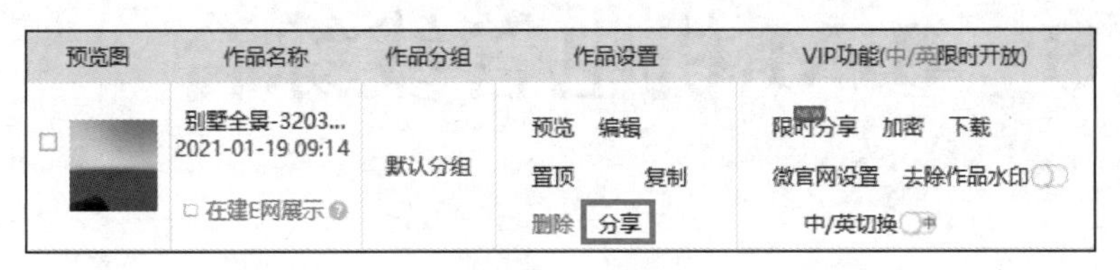

图　2-42

图　2-43

课中任务

制作全景并以二维码形式提交。

课后作业

根据给定项目制作全景。

项目 3　BIM 机电管线综合

学习目标

1. 掌握管线综合调整的原则与调整的方法，并能完成管线碰撞的调整。

2. 掌握支吊架的布置和净高分析。

3. 掌握施工图纸尺寸标注和施工图的出图。

项目导入

机电管线综合是利用 BIM 的三维技术进行碰撞检查，优化机电的工程设计，减少在建筑施工阶段可能存在的错误损失和返工的可能性，而且优化净空、优化管线排布方案。机电管线综合一般包括管线综合的调整、支吊架的布置、净高分析、管线标注及施工图纸的出图等相关内容。

学习任务

本项目的学习任务为根据所提供的某项目机电模型和结构模型，满足管线排布规则，解决碰撞问题，调整相应的机电模型，完成管线综合的调整，并对其进行支吊架的布置，以及完成净高分析。再对调整后相应的水、暖、电及管综图纸进行尺寸标注，并出单专业平面施工图、管综施工图纸和复杂节点的剖面图。

项目实施

管线综合的调整→支吊架的布置及净高分析→施工图纸尺寸标注和施工图的出图。

3.1　管线综合的调整

3.1.1　机电各专业排布细则

1. 给排水专业

（1）管线要尽量少设置弯头。

（2）给水管线在上，排水管线在下。保温管道在上，不保温管道在下，小口径管路应尽量支撑在大口径管路上方或吊挂在大管路下方。

（3）冷热水管净距 15cm，且水平高度一致，偏差不得超过 5mm（其中对卫生间淋浴及浴缸龙头严格执行该标准进行检查，其余部位可以放宽至 1cm）。

（4）除设计提升泵外，带坡度的无压水管绝对不能上翻。

（5）给水引入管与排水排出管的水平净距离不得小于 1m。室内给水与排水管道平行敷设时，两管间的最小净间距不得小于 0.5m；交叉铺设时，垂直净距不得小于 0.15m。给水管应铺设在排水管上方，若给水管必须铺设在排水管的下方时，给水管应加套管，其长度不得小于排水管径的 3 倍。

（6）喷淋管尽量选在下方安装，与吊顶间距保持至少 100mm。

（7）各专业水管尽量平行敷设，最多出现两层上下敷设。

（8）污排、雨排、废水排水等自然排水管线不应上翻，其他管线避让重力管线。

（9）给水 PP-R 管道与其他金属管道平行敷设时，应有一定保护距离，净距离不宜小于 100mm，且 PP-R 管宜在金属管道的内侧。

（10）水管与桥架层叠铺设时，要放在桥架下方。

（11）管线不应挡门、窗，应避免通过电机盘、配电盘、仪表盘上方。

（12）管线外壁间的最小距离不宜小于 100mm，管线阀门不宜并列安装，应错开位置，若需并列安装，净距不宜小于 200mm。

（13）水管与墙（或柱）的间距如表 3-1 所示。

表 3-1　水管与墙（或柱）的间距

管 径 范 围	与墙面的净距 /mm
$D \leqslant$ DN32	$\geqslant$ 25
DN32 < $D \leqslant$ DN50	$\geqslant$ 35
DN65 $\leqslant D \leqslant$ DN100	$\geqslant$ 50
DN125 $\leqslant D \leqslant$ DN150	$\geqslant$ 60

2. 暖通专业

（1）一般情况下，保证无压管的重力坡度，无压管放在最下方。

（2）风管和较大的母线桥架，一般安装在最上方；风管与桥架间的距离不小于 100mm。

（3）对于管道的外壁、法兰边缘及热绝缘层外壁等管路最突出的部位，距墙壁或柱边的净距应不小于 100mm。

（4）通常风管顶部距离梁底 50~100mm。

（5）如遇空间不足的管廊，可与设计师沟通，断面尺寸改扁，便于提高标高。

（6）暖通的风管较多时，一般情况下，排烟管应高于其他风管；大风管应高于小风管。两个风管如果只在局部交叉，可以安装在同一标高，交叉的位置小风管绕大风管。

（7）空调水平干管应高于风机盘管。

（8）冷凝水应考虑坡度，吊顶的实际安装高度通常由冷凝水的最低点决定。

3. 电气专业

（1）电缆线槽、桥架宜高出地面 2.2m 以上；线槽和桥架顶部距顶棚或其他障碍物不宜小于 0.3m。

（2）电缆桥架应敷设在易燃易爆气体管和热力管道的下方，当设计无要求时，与管道的最小净距符合表 3-2 的要求。

表 3-2 电缆桥架与管道的最小净距

管道类别		平行净距 /m	交叉净距 /m
一般工艺管道		0.4	0.3
易燃易爆气体管道		0.5	0.5
热力管道	有保温层	0.5	0.3
	无保温层	1.0	0.5

（3）在吊顶内设置电缆桥架时，槽盖开启面应保持 80mm 的垂直净空，与其他专业间的距离最好不小于 100mm。

（4）电缆桥架与用电设备交越时，其间的净距不小于 0.5m。

（5）两组电缆桥架在同一高度平行敷设时，其间净距不小于 0.6m，桥架距墙壁（或柱）边净距不小于 100mm。

（6）电缆桥架内侧的弯曲半径不应小于 0.3m。

（7）电缆桥架多层布置时，控制电缆间不小于 0.2m，电力电缆间不小于 0.3m，弱电电缆与电力电缆间不小于 0.5m，如有屏蔽盖可减少到 0.3m，桥架上部距顶棚或其他障碍不小于 0.3m。

（8）电缆桥架不宜敷设在腐蚀性气体管道和热力管道的上方及腐蚀性液体管道的下方。

（9）通信桥架距离其他桥架水平间距至少 300mm，垂直距离至少 300mm，防止其他桥架磁场干扰。

（10）桥架上下翻时要放缓坡，桥架与其他管道平行间距不小于 100mm。

（11）桥架不宜穿楼梯间、空调机房、管井、风井等，遇到后尽量绕行。

（12）强电桥架要靠近配电间的位置安装，如果强电桥架与弱电桥架上下安装时，优先考虑强电桥架放在上方。

3.1.2 管线排布原则

各种管线在同一处布置时，还应尽可能做到呈直线、互相平行、不交错，还要考虑预留出施工安装、维修更换的操作距离、设置支柱与吊架的空间等。

1. 水平排布原则

水平排布呈直线，相互平行、不交错，能水平错开的尽量不用翻弯解决，保证管道横平竖直；水平排布按专业区分，保证各专业的合理施工空间，专业间管线不交错。管线平面定位要考虑管线外形尺寸、保温厚度、支架尺寸、相克管线规范要求间距、施工操作空间、预留管线位置、检修通道等因素。

有保温要求的管道均需考虑保温厚度，具体保温材料及保温要求详见项目设计说明，请对照设计说明作准确核实，通常考虑 30 ~ 40mm 保温厚度。

相克管线规范间距要求：室内明敷给水管道与墙、梁、柱的间距应满足施工、检修的要求。除注明外，可参照下列规定。

（1）横干管：与墙、地沟壁的净距 > 100mm；与梁、柱的净距 > 50mm（在无接头处）。

（2）立管管道外壁距柱表面 > 50mm；与墙面的净距参照表 3-3 不同管径的立管与墙面的净距要求。

表 3-3　不同管径的立管与墙面的净距要求

管 径 范 围	与墙面的净距 /mm
D ≤ DN32	≥ 25
DN32 < D ≤ DN50	≥ 35
DN65 ≤ D ≤ DN100	≥ 50
DN125 ≤ D ≤ DN150	≥ 60

（3）当共用一个支架敷设时，管外壁距墙面不宜小于 100mm，距梁柱不宜小于 50mm。

（4）管壁外壁之间的最小距离不宜小于 100mm，管道上阀门不宜并列安装，应尽量错开位置，若必须并列安装时，阀门外壁最小净距不宜小于 200mm。

（5）电线管与其他管道的平行净距不应小于 100mm。

管线排布还需考虑预留合适的检修操作空间。施工操作空间即工人能合理伸手安装阀门、管件等间距，可和检修空间一起考虑。在排布过程中，无吊顶位置需要预留检修空间；有吊顶位置，需要与相关专业提前沟通，提前订好检修口位置。根据多个项目总结的现场施工经验，一般情况下检修预留空间不应小于 300mm，以便检修人员进入。管线距墙柱、并排管道间距及桥架距管道水平间距等相关参照如表 3-4 所示，工程中的相关应用如图 3-1 所示。

表 3-4　工程中的相关应用

管　线	管外边距墙柱		并排管道间距				桥架距管道、喷头水平间距
	无管上翻	有管上翻	≥ DN200	DN150	DN100	≤ DN80	
间距 /mm	100	400	400	300	250	200	300
备注	预留管外边距梁变 600mm		非保温管间距小于 50mm				桥架在下时

2. 垂直排布原则

1）排布方式一

上层：自喷管道、强弱电桥架。

中层：给排水管道。

底层：主风管、暖通供回水、冷凝水等。

同专业管道尽量排布一起；部分区域风管可调整至中层及上层；管线综合排布需考虑一定的检修安装空间。

适用情况：狭窄过道，管线密集，多层排布。

优势：排布美观整洁，支吊架受力合理，通常水管与桥架较重，且节约支吊架成本（槽钢较短）；保证足够检修空间。

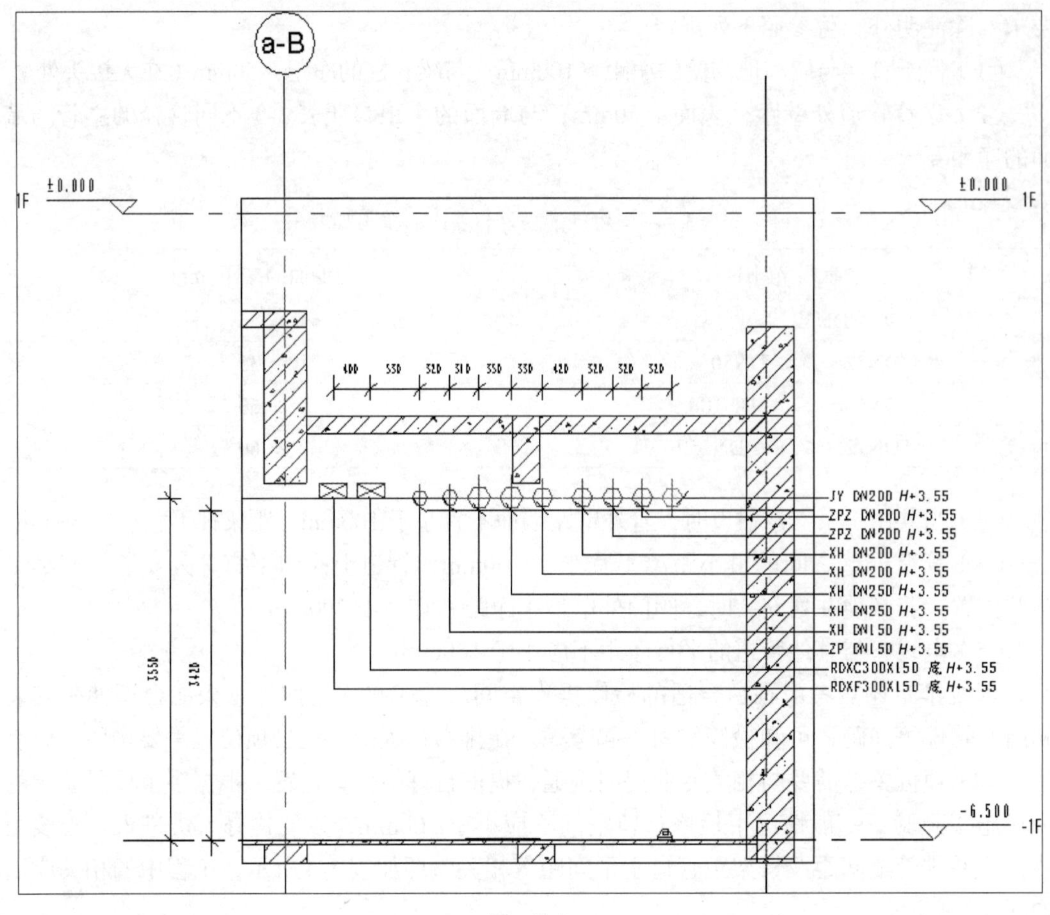

图 3-1

示例图如图 3-2 所示。

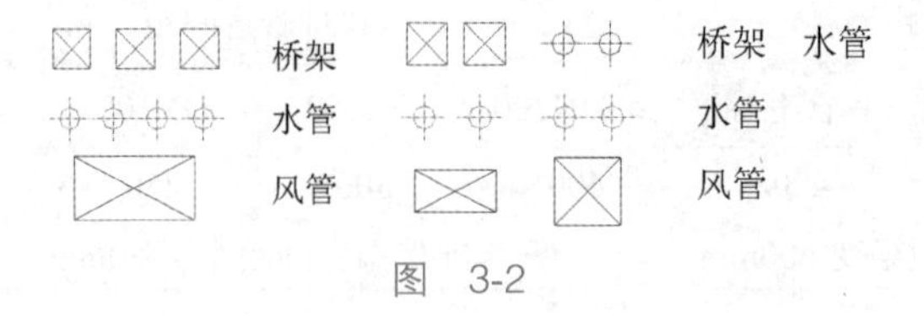

图 3-2

案例 1

描述： 2.2m 宽过道，其中专业管线包括风管、桥架、暖通水管、给排水管。

难点： 净高要求较高，甲方要求搭建综合支架，需要保证合理检修空间。

成品点析： 具体排布方案如图 3-3 所示，满足检修空间及净高要求，分专业排布，便于后期机电安装。一层为电及风；二层为暖通水；预留合理保温空间、木托间距；三层为给排水，保证管线的横平竖直整洁美观，管综合格。该排列中之所以将风管放置在最顶层，主要原因是风管从风机房出来的预留洞口高度已经确定，综合考虑用这种方式排布，较为合理。

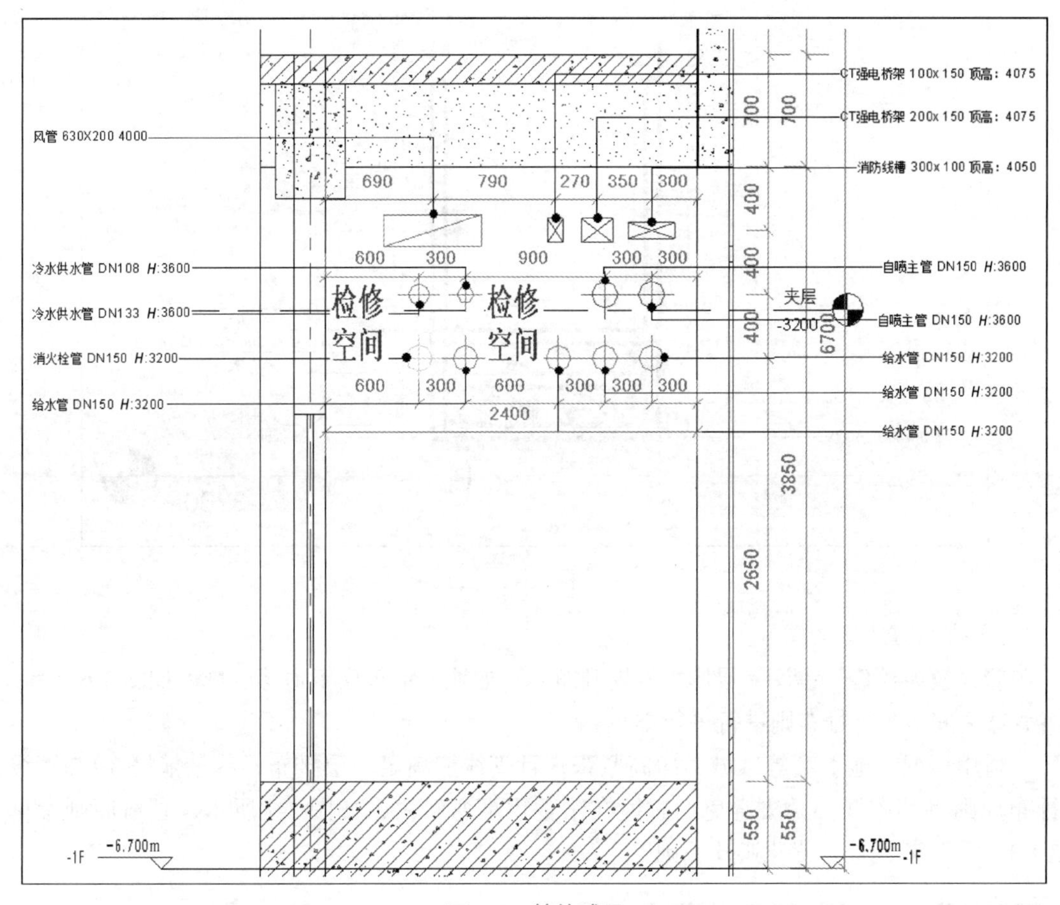

图 3-3　管综成果

2）排布方式二

上层：风管。

中层：桥架、给排水管道。

底层：自喷、冷凝水等。

适用情况：过道较窄，风管可能堵塞检修空间，且风管无下风口。

优势：由于风管排布最下层会导致后期无法检修，故采用最下层风管的排布，保证合理检修，便于维护。

示例图如图 3-4 所示。

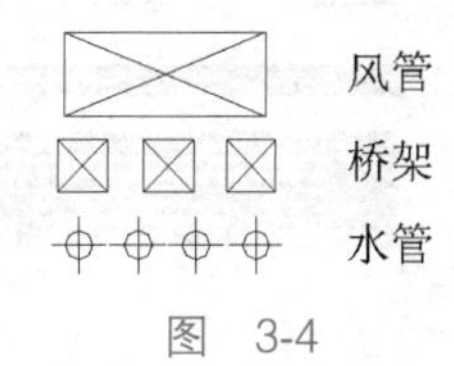

图　3-4

案例 2

描述：1.6m 宽过道，1.25m 宽风管及一组桥架、一组给排水。

难点：排布方式的斟酌，传统做法由上至下是桥架、水管、风管的层次。在此处，由于风管过大，若风管排至最下层，导致桥架和水管无检修空间，最终选择由上往下为风管、桥架、水管。

成品点析：保证后期检修空间，排布处理如图 3-5 所示。将管线向左侧集中，右侧预留出检修空间。

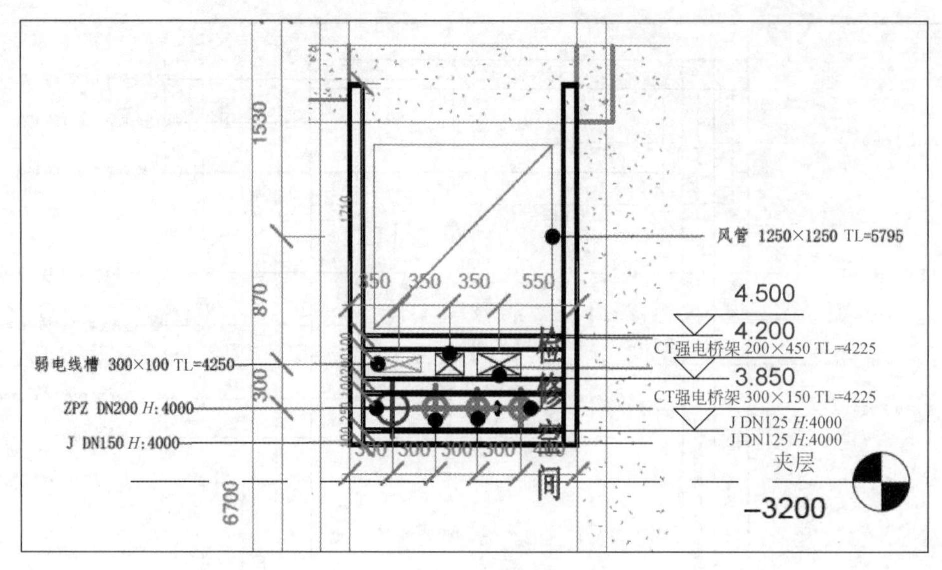

图 3-5

3）排布方式三

管线较为稀疏，建议一层排布，提升净高，如地下室车库车道等区域。如图 3-6 所示，各管线之间能平行排布则进行平行排布。

适用情况：地下室等区域，净高紧张，且管线能满足一层排布，尽量依据 3.1.2 管线排布原则将其布好，无法避免的碰撞在梁空用翻弯解决，如图 3-7 所示，翻弯原则参见 3.1.3 中“1. 管线综合优化避让原则”。

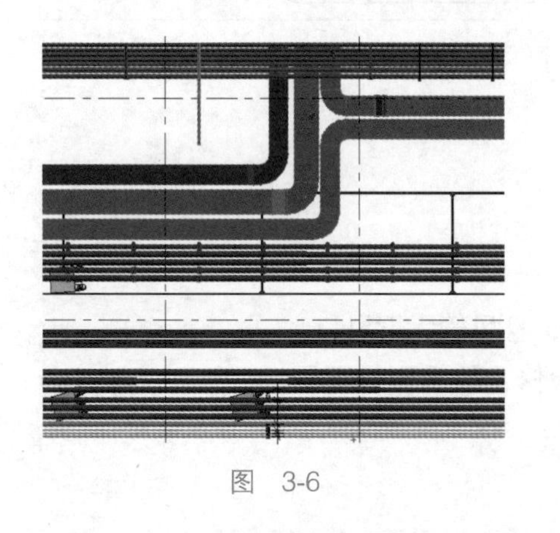

图 3-6

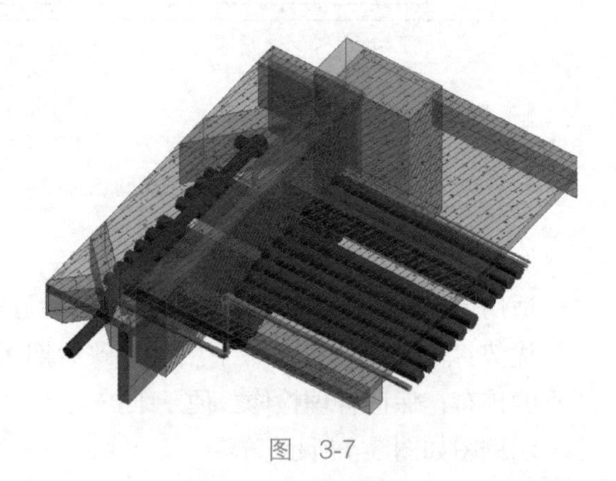

图 3-7

上述管综原则仅供参考，具体情况具体分析，依旧回归到最初的原则，各人调整也会有各自的习惯，只要满足规范、净高，又能保证安装、检修、后期使用的排布方式，都是合格的管综产品。

3.1.3 管线综合优化原则与注意事项

1. 管线综合优化避让原则

（1）大管优先，小管让大管。空调通风管道、排水管道、排烟管道等占据的空间较大，在平面图中先作布置。

（2）有压管线让无压管线。如生活污水、粪便污水排水管、雨排水管、冷凝水排水管都是靠重力排水，所以在与有压管道交叉时，有压管道应避让。

（3）电气避热避水，在热水管线、蒸气管线上方及水管的垂直下方不宜布置电气线路。

（4）金属管避让非金属管。因为金属管较容易弯曲、切割和连接。

（5）母线原则上不进行翻弯，其他管线避让母线。

（6）消防水管避让冷冻水管（同管径）。因为冷冻水管有保温，则有利于工艺和造价。

（7）低压管避让高压管，因为高压管造价高。

（8）常温管让高温、低温管道。

（9）可弯管线让不可弯管道，分支管线让主干管线。

（10）强弱电分开设置；由于弱电线路，如电信讯号、闭路电视、计算机网络和其他建筑智能线路等易受强电线路电磁场的干扰，因此强电线路与弱电线路不应敷设在同一个电缆槽内。

（11）附件少的管道避让附件多的管道。各种管线在同一处布置时，还应尽可能做到呈直线、互相平行、不交错、紧凑安装，干管上引出的支管尽量从上方（或下方）安装，尽量高度、方位保持一致。还要考虑预留出施工安装、维修更换的操作距离、设置支吊架的空间等。安装、维修空间不小于 500mm。应留有管线之间和管线与建筑构配件之间合理的施工安装间距。

2. 管线综合注意事项

（1）机电管线综合排布，首先要充分理解设计图纸和规范。一些管线有着非常严格的间距要求，如桥架、消防管道，还有一些管线需要进行保温，如空调冷热水管、风管，所以在排布过程中必须格外注意。

（2）各种管线定位时，考虑到现场施工的合理性，应尽量将管线一字排开。并且处理过道等狭窄区域时，应以最不利点开始排布，区域净高以最不利点来分析，如何调整修改满足净高。管线较多，如需分层排列，宜首选将大型管道排列在下方，为其他管道的支架预留足够空间。若大型管道会堵塞下方检修空间，宜将大型管道排布在上方，为其他管线预留检修空间。竖向排布规则宜参考上述原则。

（3）管线调整中，土建模型是重要基础，在处理重难点区域时有必要核实土建模型是否准确，确保提出问题准确性；以往项目中，业主或设计往往会为一处模型的不准确，质疑模型质量，工作能力，对于中心影响较不利。

机电管线排布，不论如何调整，均要以图纸为依托，不得脱离图纸。在原设计图纸中有某些表达不能随意改动，或该处有重要设施，如风口等，模型便不能随意调整，需尊重原设计。

3. 管线综合难点

满足净高要求是管线综合中的难点。如地下室车库项目，车库区域梁下控制标高约 500mm 空间，管线综合排布时首先应让占空间最多的风管单层满足净空要求，风管下不得再布置其他管线，支架、下喷头等控制在 100mm 内，整个管线综合建立在平衡各专业的科学态度之上。

图 3-8 为项目中地下室管线综合调整的净高控制调整流程，在其余管线综合阶段同样适用该流程。净高控制中，最占用净高的往往是暖通风管，如果能通过设计调整来解决，属于较为优化的解决方法。

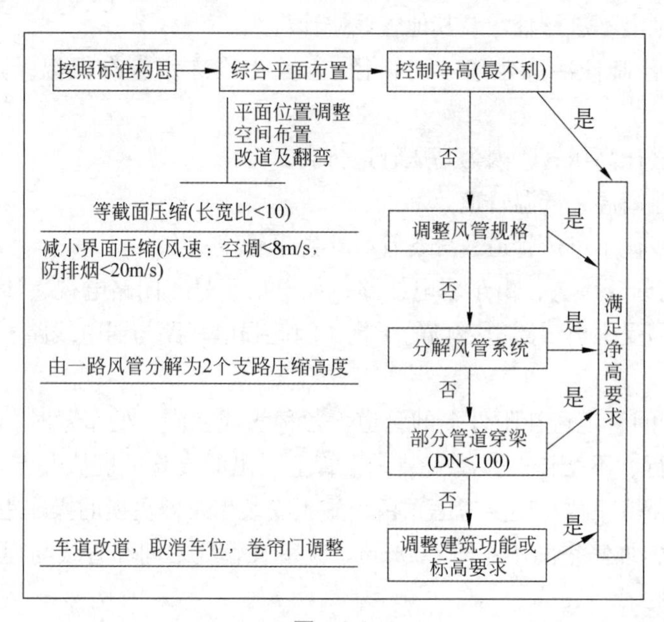

图 3-8

3.1.4 净高要求

对于重要的建筑使用空间，业主或设计都会着重关注区域净高，重要建筑空间管理，如地下室、商业重要走道、医院公共走道及重要科室、体育场馆门厅等，建筑使用空间中人流量较大的场所多为关注的重点。重要建筑空间管理要求如表 3-5 所示。

表 3-5 重要建筑空间管理要求

空 间 类 型	功 能 划 分	是 否 吊 顶	普通净高要求 /m
地下室	车库	否	2.2
门厅及电梯厅	住宅公共通道	是	2.8
商业区域	人流密集走道	是	3.6

如商业项目中，业主着重关注扶梯上行后，人流购物通道，保证重要通道净高。

净高控制的基本原则如下。

（1）建筑设计相关规范对于某些功能区域净高有相应的规定，例如《车库建筑设计规范》中规定微型车、小型车最小净高不低于 2.20m，轻车型最小净高不低于 2.95m 等。

（2）建筑师为了空间表现、功能使用等，对建筑内各区域空间净高有相应要求。

（3）在实际项目中，部分净高控制要求参考如下：车道不小于 2.40m，车位不小于

2.20m，主要出入口及相连走道不小于 2.80m，商业功能性房间不小于 3.60m 等。

各项目最终净高需求以建筑设计负责人确认为准。

3.1.5 管线综合调整案例

本案例选择某建筑一层机电模型进行管线综合的调整，相关模型结果如图 3-10 所示。

首先对模型进行整体观察，管线比较集中的地方主要位于走廊区域，而在房间各处管线相对较少，比较好排布，因此在管线调整方面主要以走廊的调整为主。走廊所在位置如图 3-11 所示。在走廊区域首先要考虑满足净高需求。本项目位于地上一层，因此该项目走廊需考虑统一吊顶，吊顶高度考虑 2.6m。（注意：地上吊顶高度最低 2.2m，在实际工程中能尽量高则尽量高。）

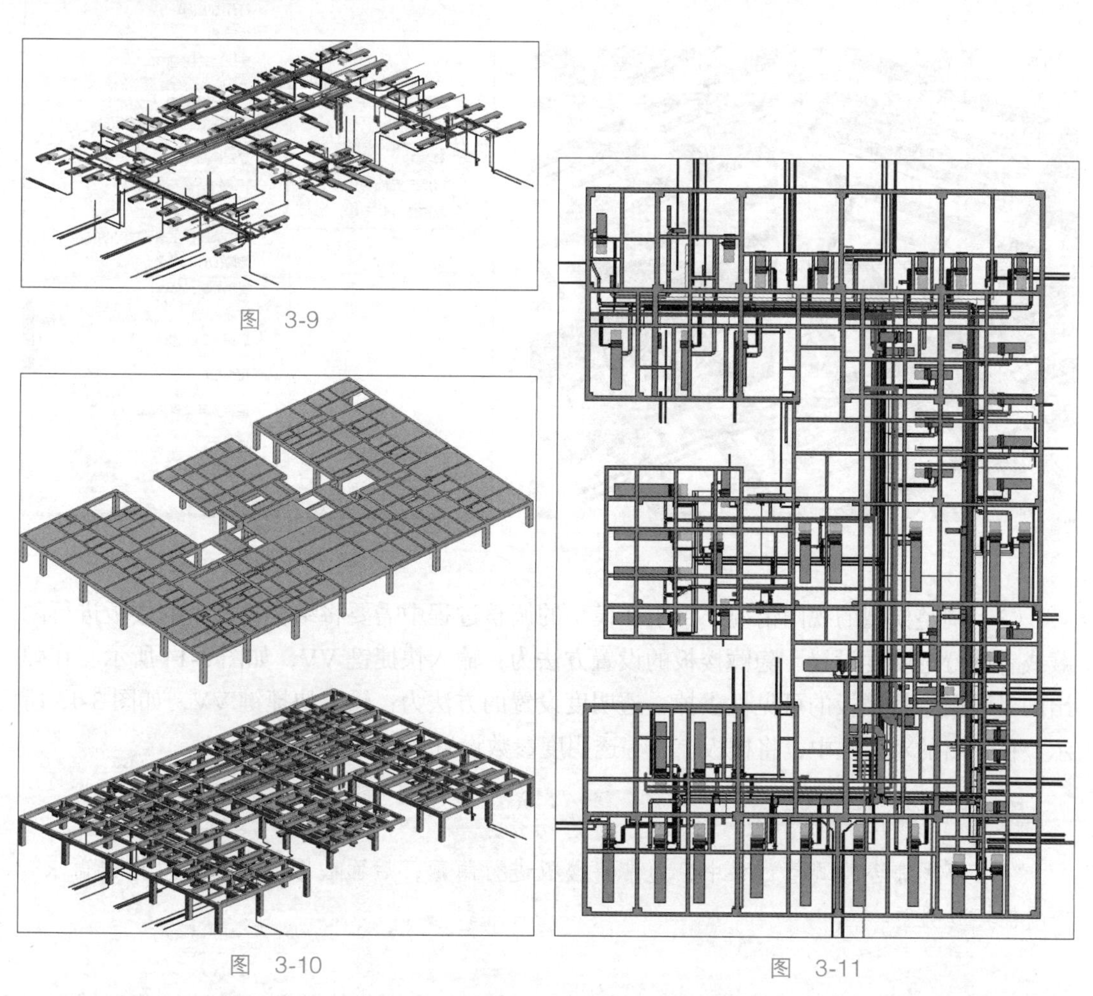

图 3-9

图 3-10

图 3-11

通过初期建模后，发现目前走廊区域主要的碰撞点如图 3-12 所示，这些区域普遍存在的问题都是：各类管线与梁相撞，且彼此存在碰撞。调整前首先需要将调整区域与非调整区域相连通的管线进行断开，这样才能避免管线在调整过程中出现碰撞。

下面依次介绍这些区域管线调整的方法。

（1）打开机电模型，链接结构模型。首先用 Revit 软件打开 B 楼首层机电模型 .rvt。然后通过“插入”→“链接 Revit”命令将 B 楼首层结施 . rvt 文件链接载入。

（2）在楼层平面视图中复制一视图，命名为“一层机电管线综合”。如图 3-13 所示，右击选择任一楼层平面，依次选择“复制视图”→“复制”。并对“复制”产生的视图进行重命名，将名字命名为“一层管线综合”。

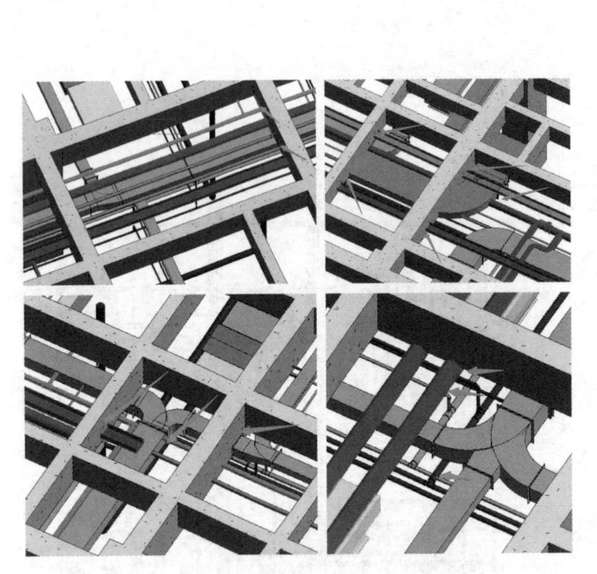

图 3-12

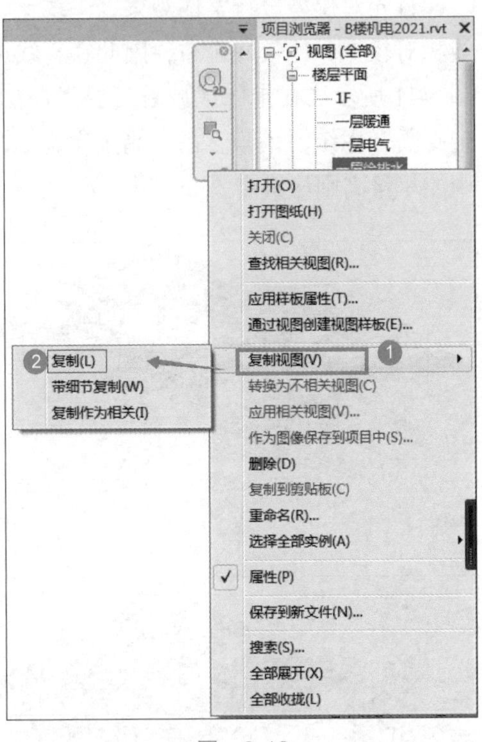

图 3-13

（3）调整模型的视图情况。由于在模型的调整过程中需要将结构模型中的楼板进行隐藏或者进行透明度设置。隐藏楼板的设置方法为：输入快捷键 VV，如图 3-14 所示，在弹出的对话框中将楼板的可见性去掉。透明度设置的方法为：输入快捷键 VV，如图 3-15 所示，在弹出的对话框中，将楼板、墙等透明度参数设置为 60% 或以上。

注意

在管线综合的调整过程中，通常将楼板进行隐藏，后面截图的时候可以根据需求调整其透明度。

（4）首先对走廊区域进行调整。以图 3-16 为例，介绍具体的调整方法。此区域位于横轴 GA~KA，纵轴 24~25 区域内，平面位置如图 3-17 框选区域所示。

（5）如图 3-18 所示，首先在一层管线综合平面视图中该区域框选管道，然后依次单击“修改 | 选择多个”→局部剖面框“ ”，弹出局部三维视图如图 3-19 所示。

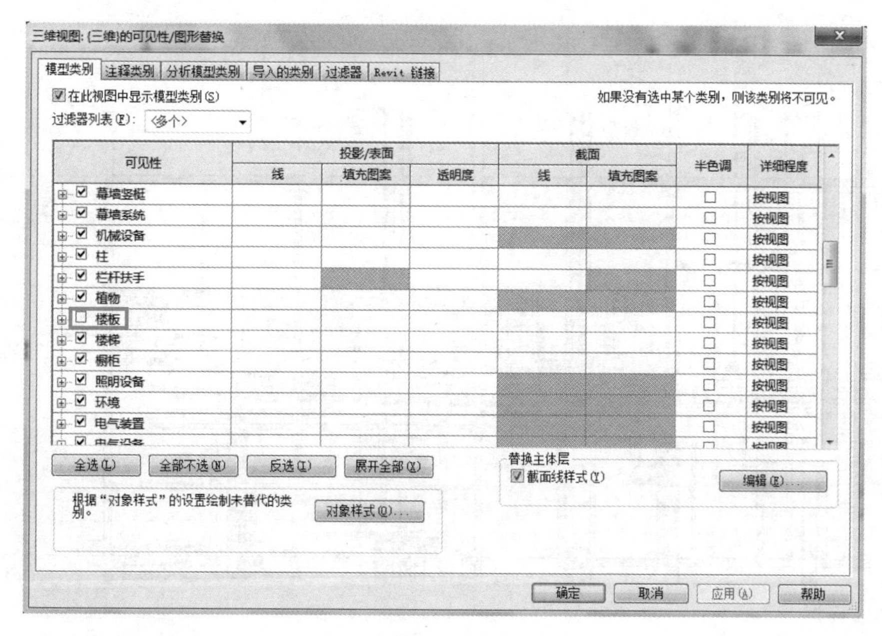

图　3-14

三维视图: {三维}的可见性/图形替换
模型类别　注释类别　分析模型类别　导入的类别　过滤器　Revit 链接
在此视图中显示模型类别(S)　如果没有选中某个类别，则该类别将不可见。
过滤器列表(F): <多个>
可见性　投影/表面（线　填充图案　透明度）　截面（线　填充图案）　半色调　详细程度
幕墙竖梃　幕墙系统　机械设备　柱　栏杆扶手　植物　楼板　楼梯　橱柜　照明设备　环境　电气装置　按视图
替换...
表面
透明度: 60
清除替换　确定　取消
全选(L)　全部不选(N)　截面线样式(Y)　编辑(E)...
根据“对象样式”的设置绘制未替代的类别。　对象样式(O)...
确定　取消　应用(A)　帮助

图　3-15

图　3-16

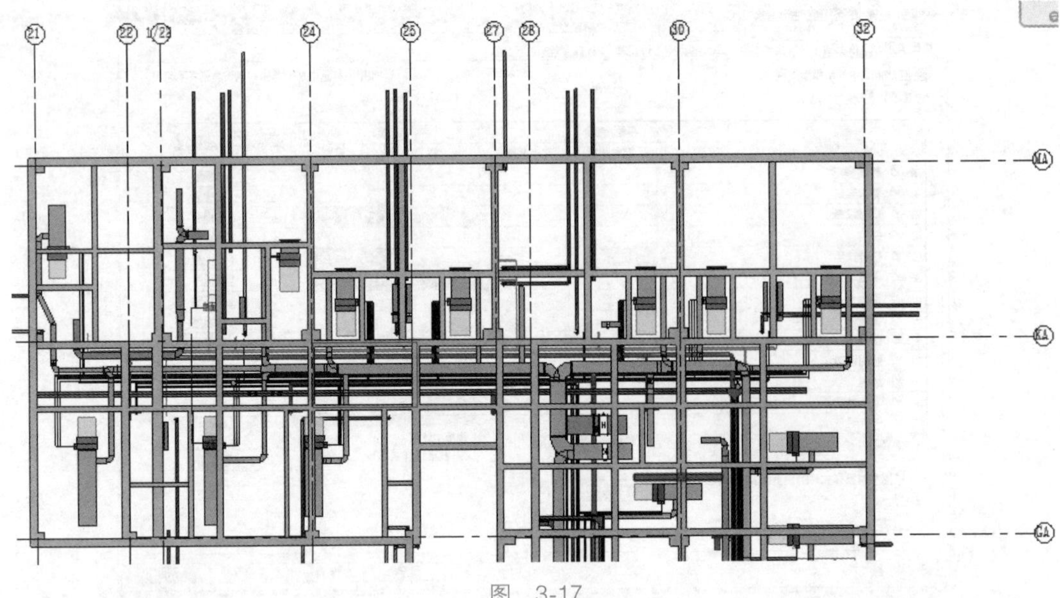

图 3-17

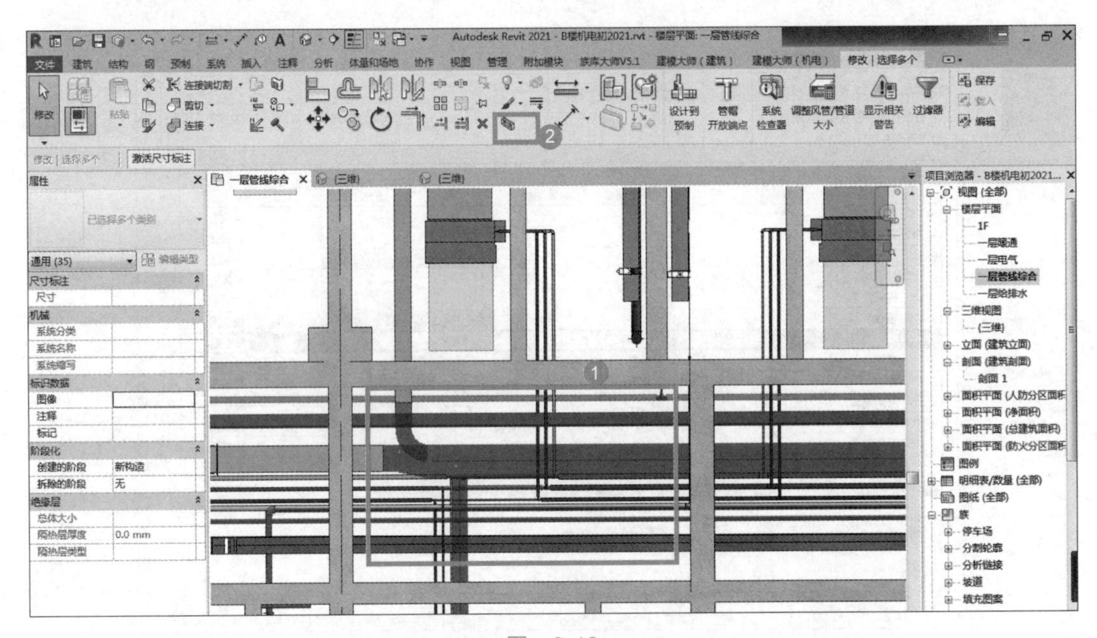

图 3-18

（6）为使管线排布比较美观且满足施工规范要求。首先在平面视图该区域适当位置，做一剖面截图。进入平面视图，单击“ ”图标，如图 3-20 所示，在平面图中合适区域进行剖切。

（7）如图 3-21 所示，右击，在弹出的对话框中选择“转到视图”，即进入剖面视图。

（8）调整剖面视图的精细程度和视图模式。通过单击图 3-22 所示的图标，将视图详细程度改为“精细”。再通过单击如图 3-23 所示的图标，将视图的视觉样式改为“线框”。

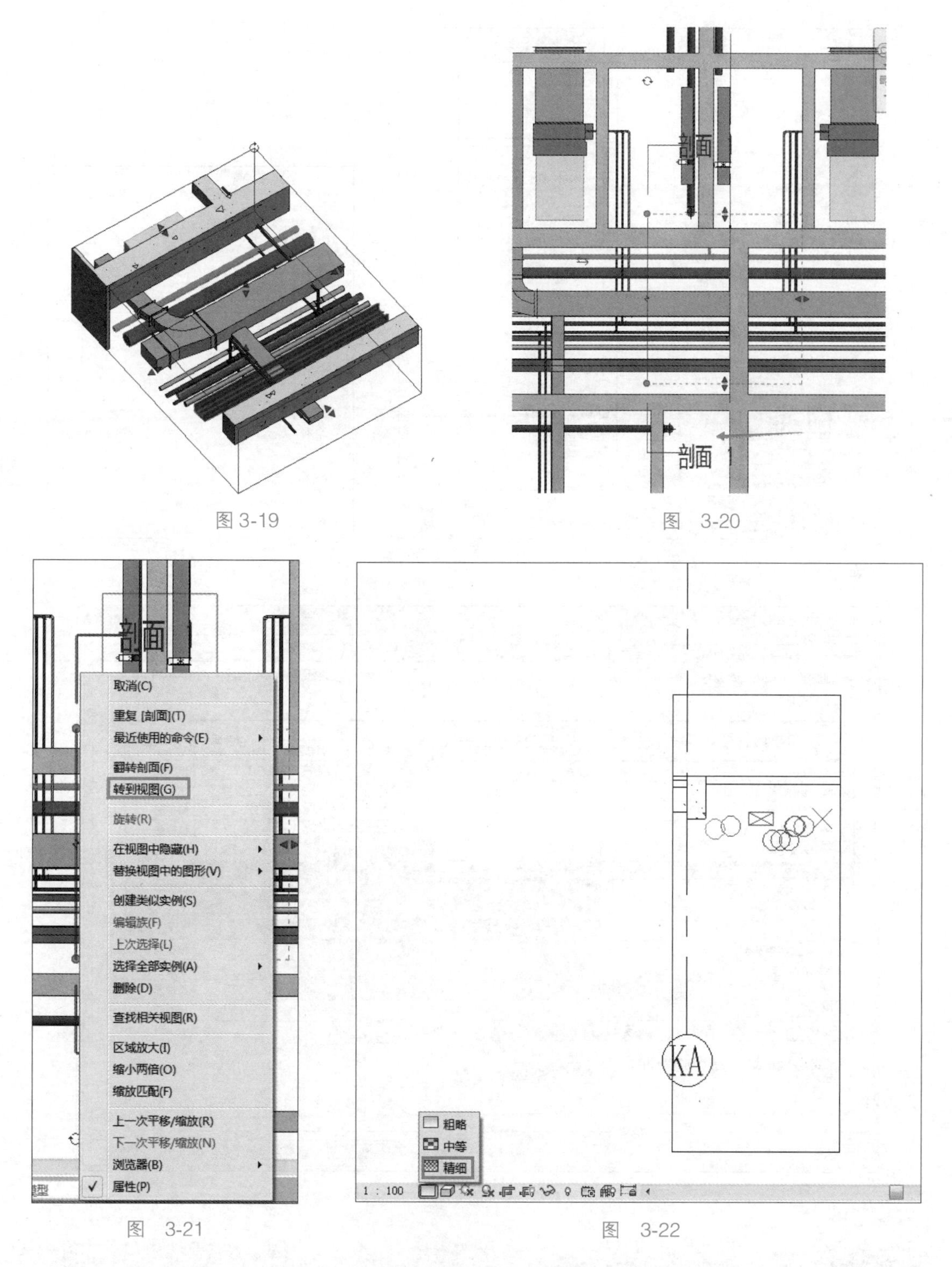

图 3-19　　图 3-20

图 3-21　　图 3-22

（9）如图 3-24 所示，在剖面视图中为区别显示风管和桥架，需要对模型类别的可见性进行设置，在剖面视图中输入快捷键 VV，在弹出的对话框中，如图 3-25 所示，单击电缆桥架前的“⊞”图标，在展开的选项中取消勾选“升”“降”两项，并单击“确定”按钮。设置完成后的显示如图 3-26 所示。

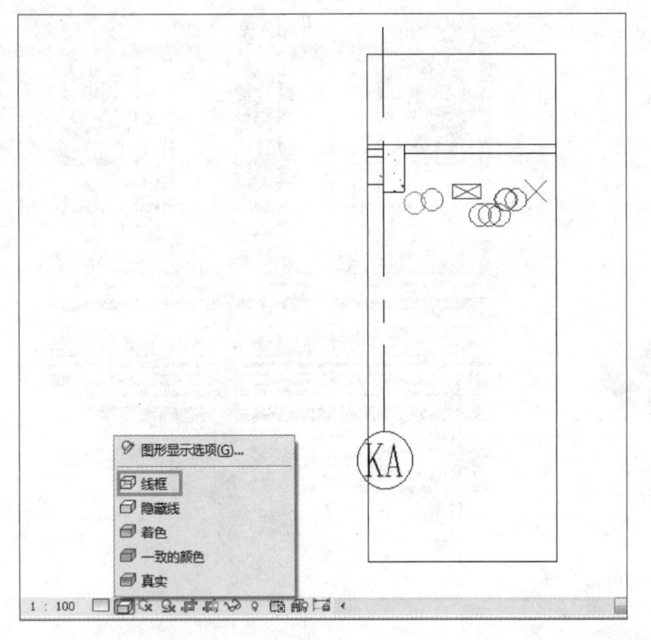

图 3-23

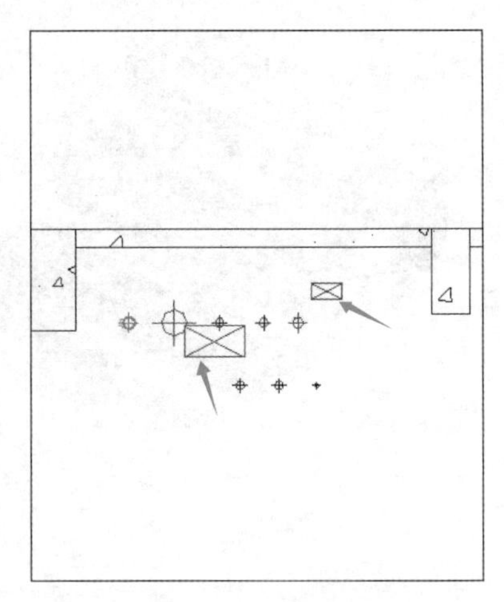

图 3-24

图 3-25

调整剖面图的剖切范围，首先在平面视图中单击选中剖面的边界，如图3-27所示，通过拖曳剖面中的“ ”可调整剖切的纵向区域，通过拖曳剖面中的“ ”可调整剖切的横向区域。

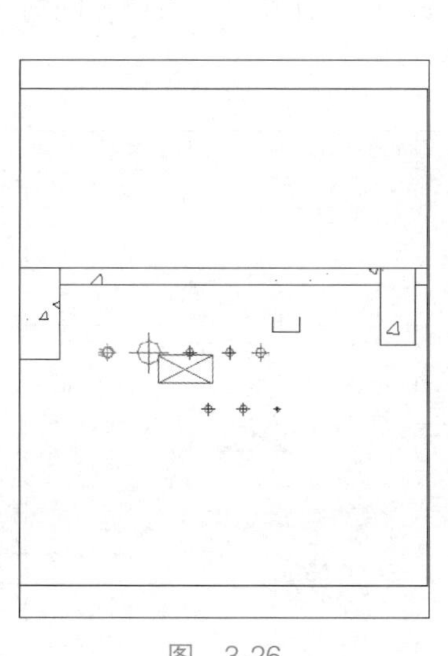

图 3-26

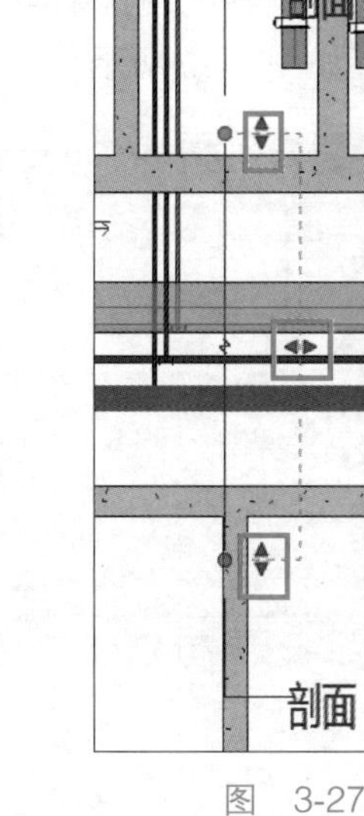

图 3-27

注意

为使风管接近梁底安装，往往需要量取梁的底部标高，因此需要使用快捷键 EL。

（10）根据碰撞情况，首先分析管线综合的排布原则及结合实际情况确定管线之间的排布顺序，然后进行管线排布的调整。由于此处风管比较大，因此考虑风管和桥架贴梁排布。并且由于管线比较分散，且层数不多，因此不必考虑整体综合支吊架。

（11）为在调整过程中可以多窗口显示，可使用快捷键 WT，使得三维视图、管线综合平面视图、剖面视图多窗口显示，如图 3-28 所示。

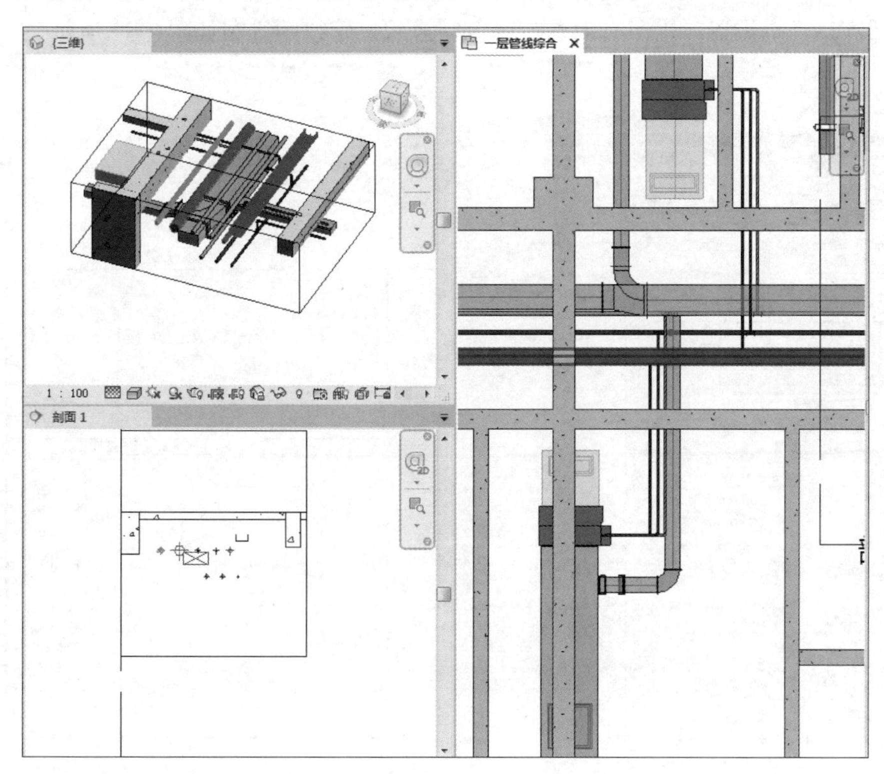

图 3-28

（12）经过综合考虑，首先在剖面视图或平面视图中调整管线的排布位置。如图 3-29 所示，单击选中桥架，并单击键盘中“→”将电缆桥架向右移动。以此类推，按照相同的方法，可实现对水管的移动，移动结果如图 3-30 所示。

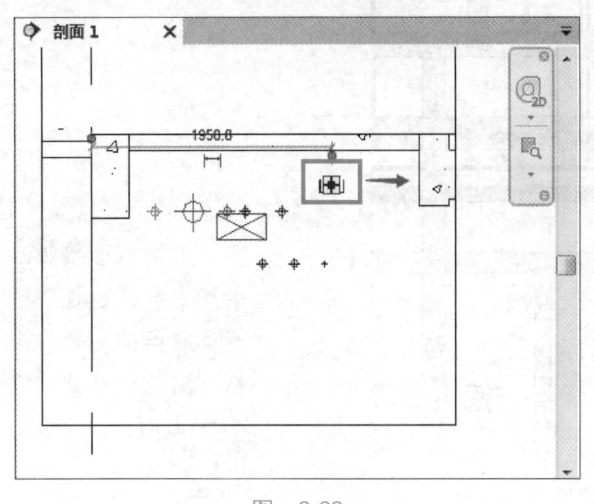

图 3-29

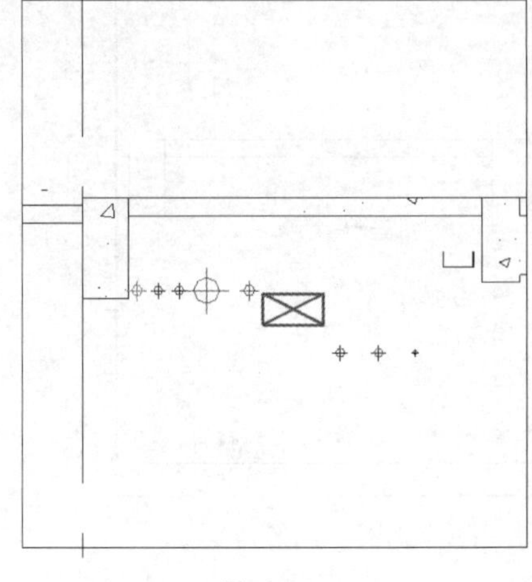

图 3-30

（13）当管线移动到合适位置后，通过调整每根管线的高度，对主要管道进行高度定位。初步给定：桥架的底部高程为 2700mm，3 根空调的水管底部高程为 2700mm，风管的底部高程为 2880mm，两根消火栓的底部高程为 2650mm，3 根生活用水的底部高程为 2650mm。如图 3-31 所示，当选中桥架后，在桥架的属性中可对桥架的顶部高程、中间高程及底部高程进行设置。当所有的参数设置完成后，管线的排布如图 3-32 所示。

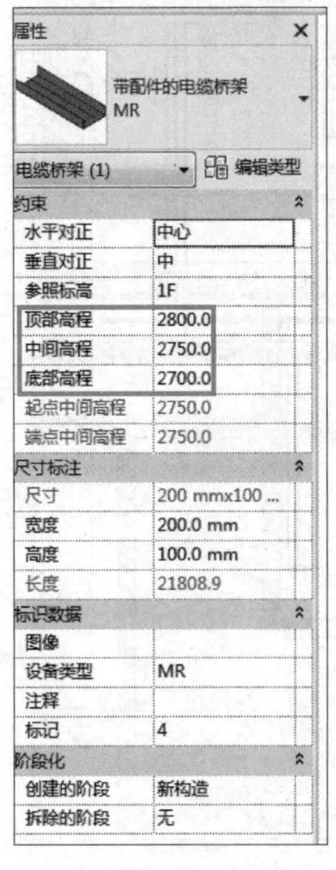

图 3-31

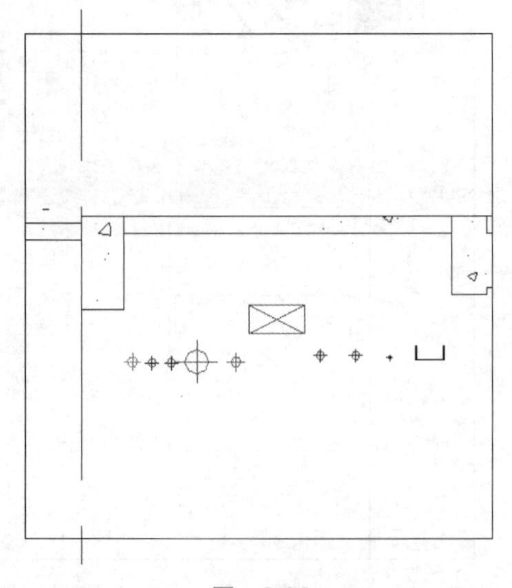

图 3-32

（14）当将管线的基本排布布局确定好后，再解决局部碰撞问题。局部碰撞问题主要是图 3-33 中的空调水管支管与风管或梁之间的碰撞。如图 3-34 所示，先将图框区域的 3 根管道之间的连接用快捷键 SL 进行断开，然后将拆分出的图元删除，即完成将 3 根管道之间的连接断开，断开结果如图 3-35 所示。

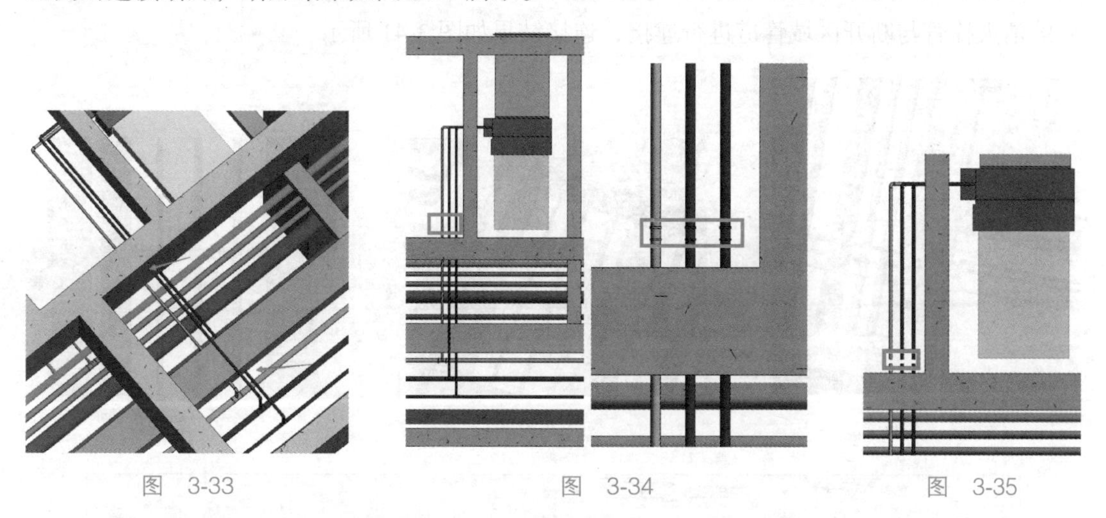
图　3-33　　　图　3-34　　　图　3-35

（15）调整与水平干管相连接的 3 根支管的高度，如图 3-36 所示，将 3 根支管的底部高程中输入 2820mm。然后将刚才断开区域的 3 根管道进行连接，连接结果如图 3-37 所示。一般为了在后面调整过程中出现不必要的碰撞，往往断开区域的连接都是将管线排布好后，碰撞解决完后再进行连接。

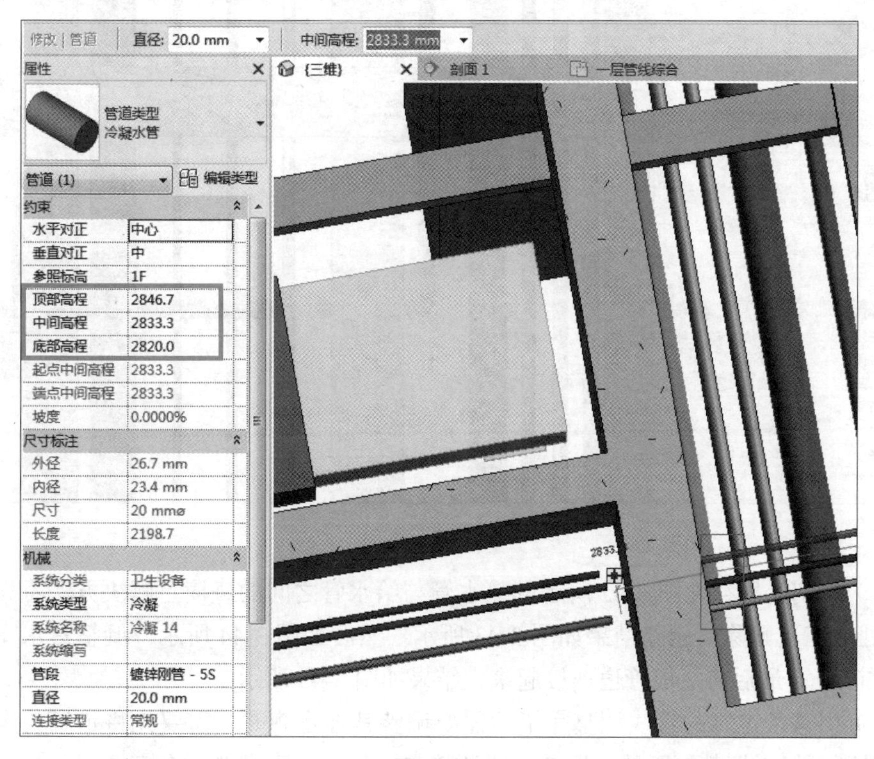

图　3-36

（16）在该走廊区域存在图 3-38 所示的碰撞情况，该区域消火栓管与其他水管、桥架相撞，采用少管让多管，因此将消火栓管道在梁区域内上翻绕开其他管。

（17）解决方法：先利用“SL”命令断开消火栓管道两端，断开结果如图 3-39 所示。然后如图 3-40 所示，将断开的消火栓管道的底部高程调整为 2900mm。最后将调整完高度后的消火栓管与断开区域管道进行连接，连接结果如图 3-41 所示。

图 3-37　　图 3-38　　图 3-39

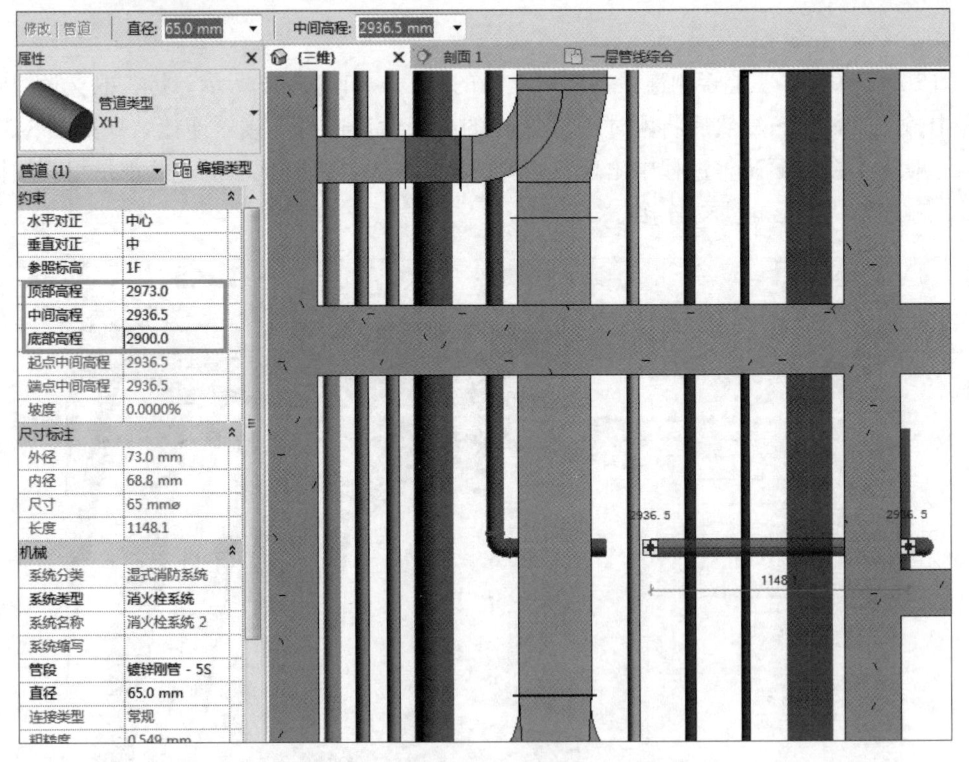

图 3-40

（18）个别区域存在图 3-42 所示的热水管与给水管之间的碰撞。解决方法：先将热水管连接处的三通删除，删除结果如图 3-43 所示。然后如图 3-44 所示，调整热水支管的高度为 2850mm。最后将 3 根管道连接起来，结果如图 3-45 所示。

（19）当这条走廊的管线调整完毕后需要调整其他走廊时，需要先将走廊与走廊间连接的管道断开，当把其他区域走廊的管线调整完毕后再对管线进行连接。

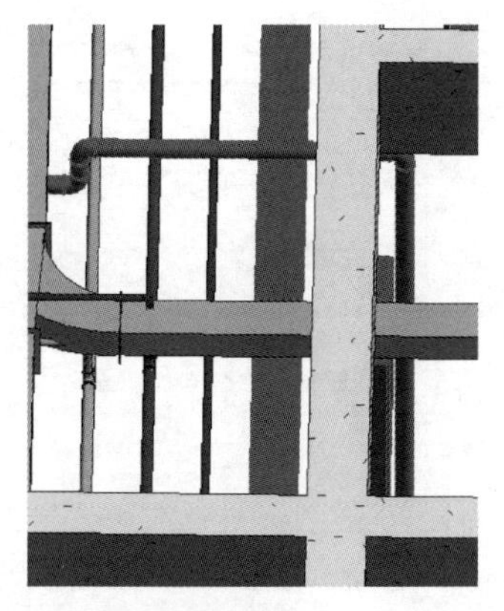

图　3-41

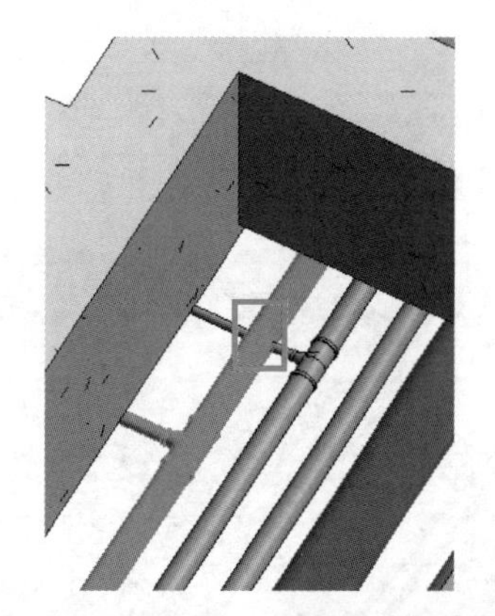

图　3-42

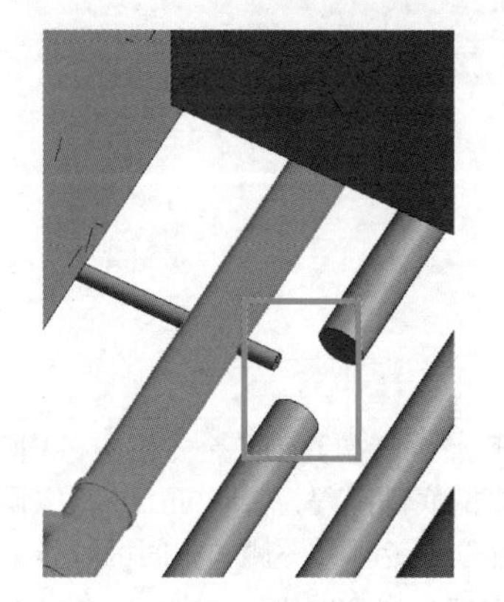

图　3-43

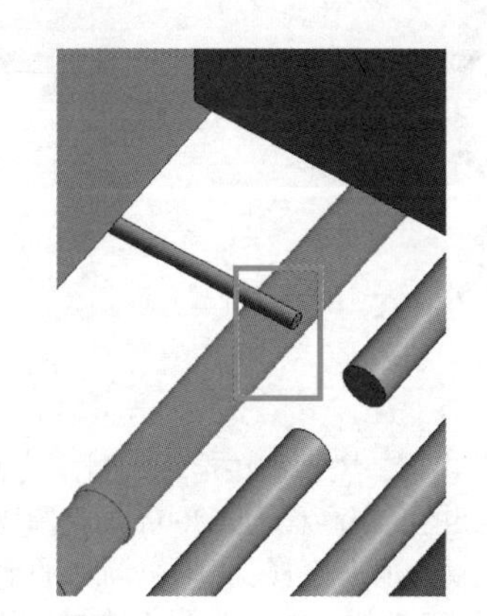

图　3-44

图　3-45

其他走廊区域管线的调整如表 3-6 ~ 表 3-8 所示。

表 3-6　其他走廊区域管线的调整

<table>
<tr><td>项目名称</td><td colspan="8">× × 项目</td></tr>
<tr><td>记录人</td><td></td><td>专业</td><td>全专业</td><td>图纸名称</td><td></td><td>轴线位置</td><td colspan="2">纵轴：28~30
横轴：KA~GA</td></tr>
<tr><td>记录日期</td><td>2021.1.28</td><td>子项</td><td></td><td>图纸版本</td><td></td><td>标高</td><td colspan="2"></td></tr>
<tr><td>问题描述</td><td colspan="6">全专业碰撞、管线排布错乱、无规则、不美观</td><td>编号</td><td>001</td></tr>
<tr><td colspan="9">调整前</td></tr>
<tr><td colspan="5">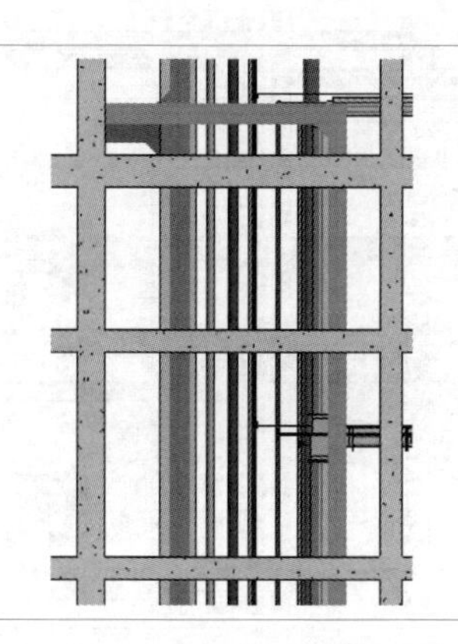</td><td colspan="4">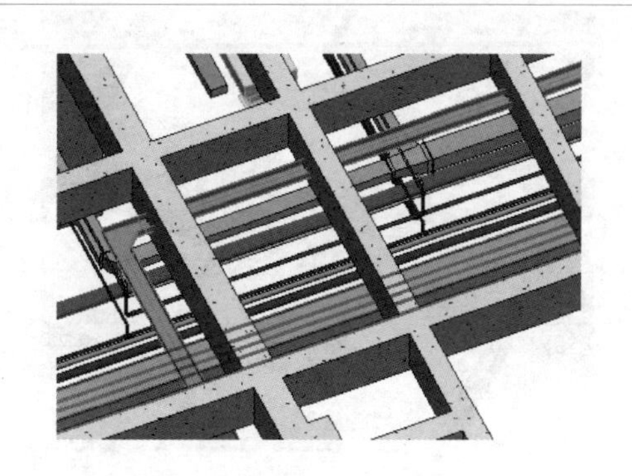</td></tr>
</table>

续表

调整后
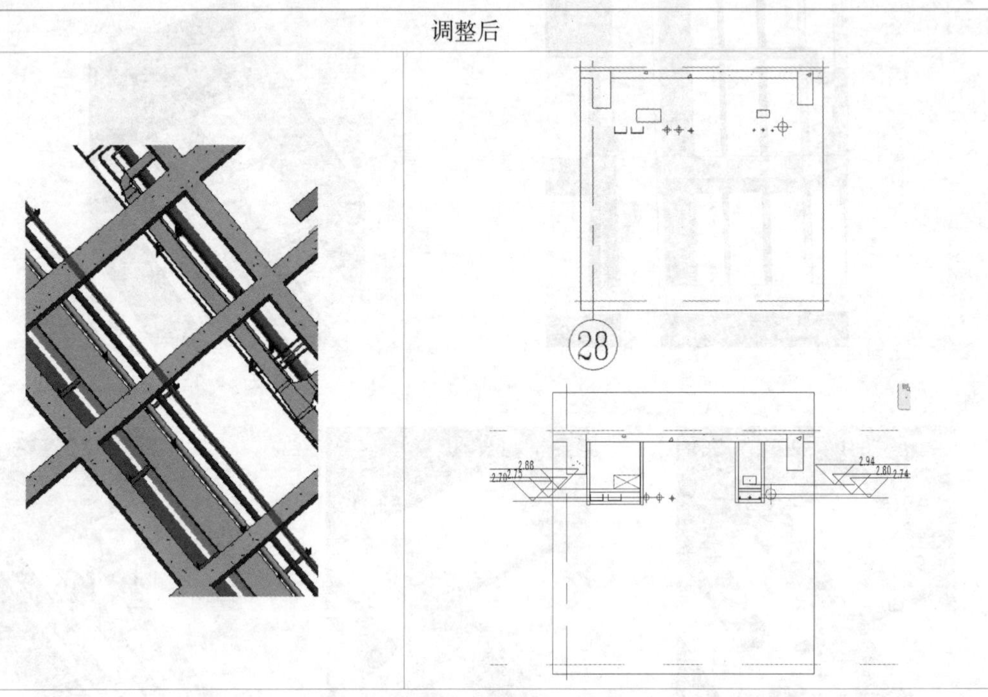
调整方案：两桥架 +3 根空调水平干管 + 一风管排在走廊一侧，其中风管和桥架共用一个支吊架，3 根空调水平干管共用一个支吊架，桥架的底部高程为 2.700m，空调风管的底部高程为 2.880m，3 根空调水平干管的中心标高为 2.750m；风管、消火栓管、3 根空调水平干管位于走廊另一侧，中间区域作为检修空间，3 根空调水管与风管共用支吊架，消火栓管单独用，其中消火栓管的中心标高为 2.800m，3 根空调水平干管的中心标高为 2.740m，风管的底部高程为 2.940m

表 3-7　其他走廊区域管线的调整

项目名称	×× 项目							
记录人		专业	全专业	图纸名称		轴线位置	纵轴：30~32 横轴：GA~CA	
记录日期	2021.1.28	子项		图纸版本		标高		
问题描述	风管与梁相撞、管线排布错乱						编号	002
调整前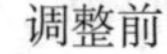								
				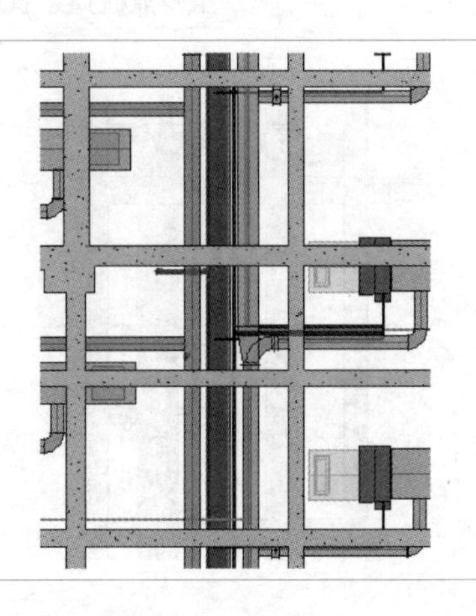				

续表

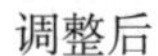

调整后

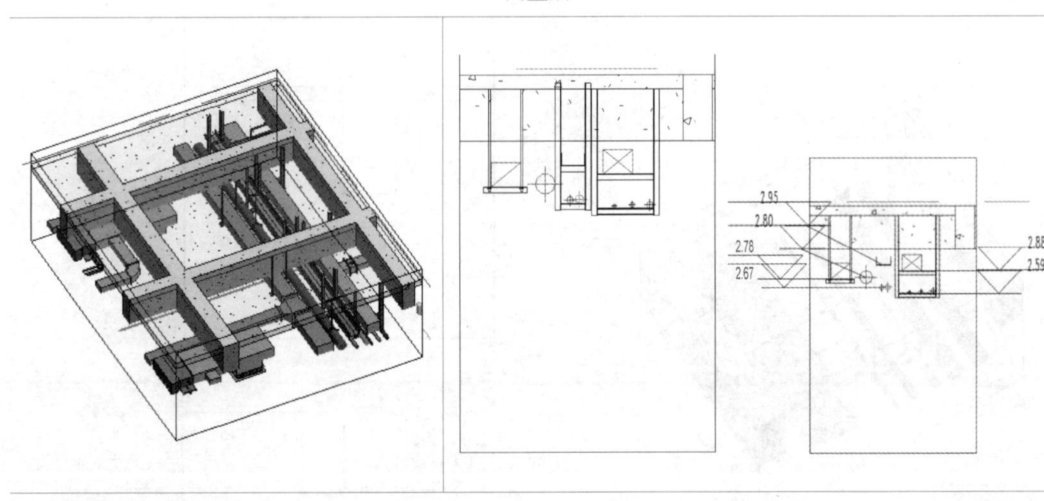

调整方案：绿色风管单独用一支吊架，底部高程为 2.670m，消火栓管单独用支吊架，中心高程为 2.780m，桥架和热水管、生活给水管共用一根支吊架，桥架底部高度为 2.950m，热水管和生活给水管的中心标高为 2.800m；蓝色风管和 3 根空调水管共用一支吊架，蓝色风管的底部高程为 2.880m，3 根水管的中心标高为 2.590m

表 3-8　其他走廊区域管线的调整

项目名称	×× 项目						
记录人		专业	全专业	图纸名称		轴线位置	纵轴：25~27 横轴：T~W
记录日期	2021.1.28	子项		图纸版本		标高	
问题描述	空调水管与消火栓管相撞，空调水管支管与梁相撞					编号	003

调整前

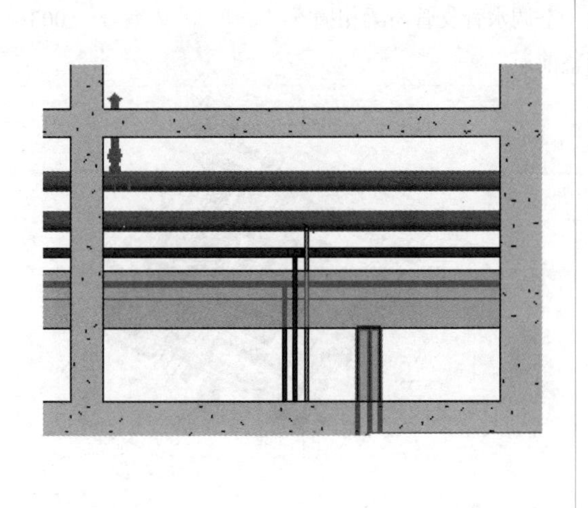

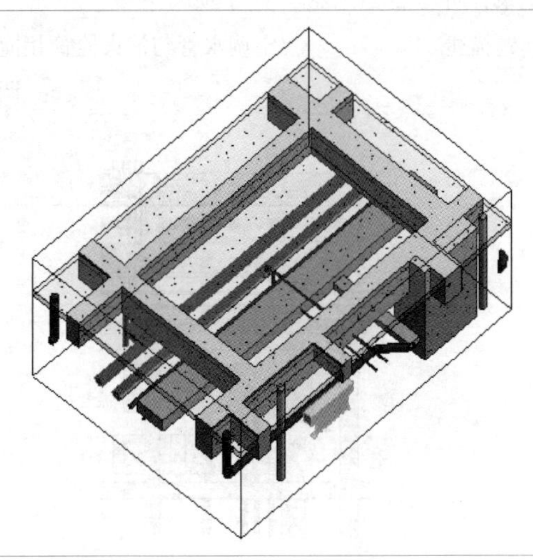

续表

调整后
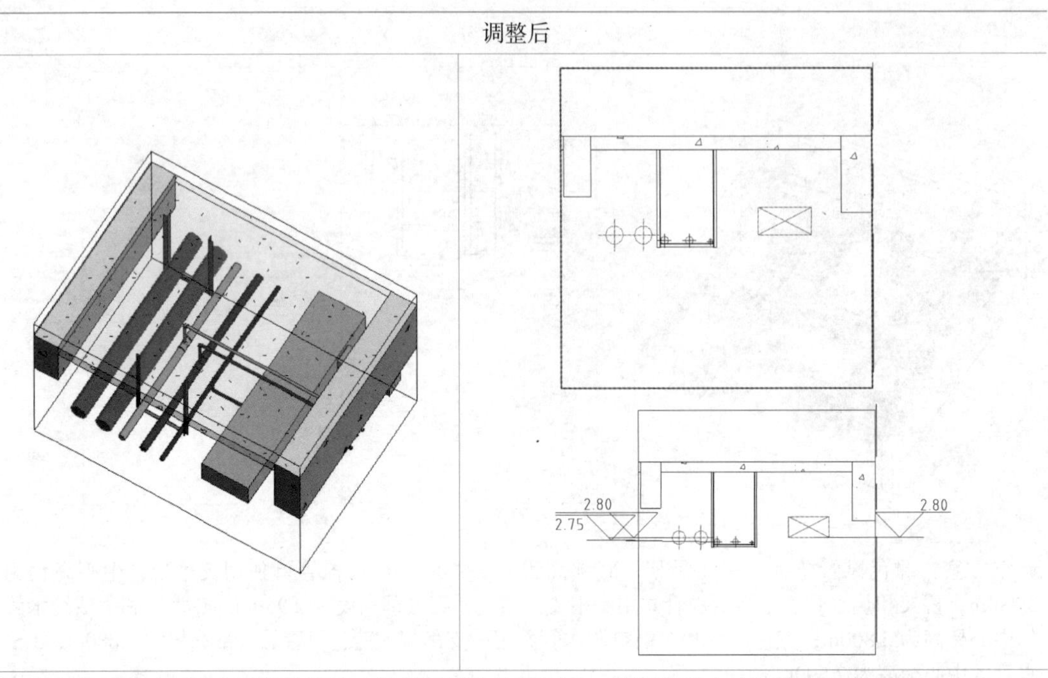
调整方案：移动空调水平管的位置，使其与消火栓管错开，并调整消火栓管的中心高度为 2.800m，空调水管的中心高度为 2.750m，风管的底部高度为 2.800m

对于管线比较复杂的区域，一般位于走廊连接处附近，其具体的调整如表 3-9 和表 3-10 所示。

表 3-9　走廊连接处区域管线的调整

项目名称	×× 项目							
记录人		专业	全专业	图纸名称		轴线位置	纵轴：25~27 横轴：T~W	
记录日期	2021.1.28	子项		图纸版本		标高		
问题描述	空调水管与消火栓管相撞，空调水管支管与梁相撞						编号	003
调整前								
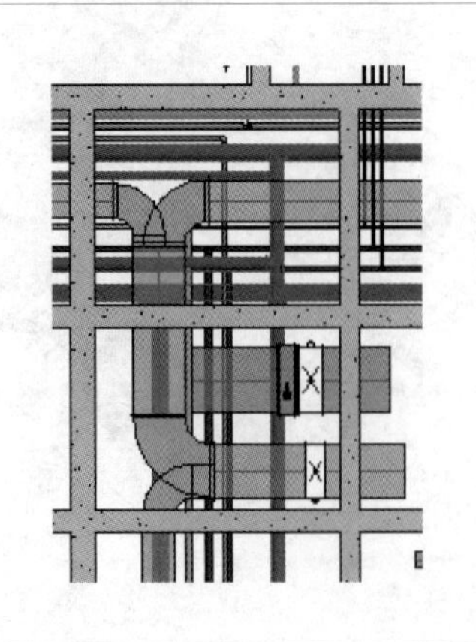					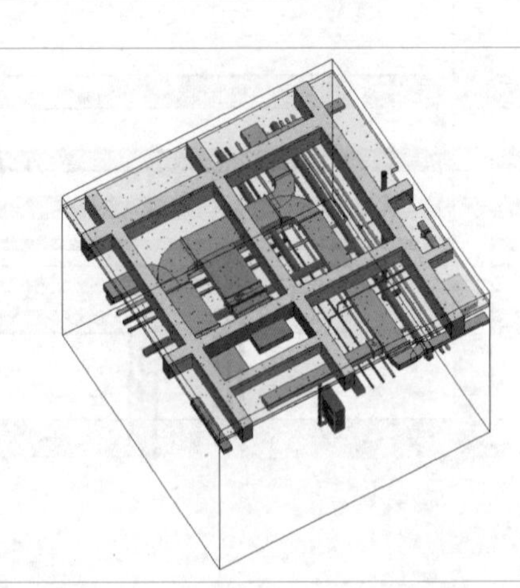			

续表

调整后
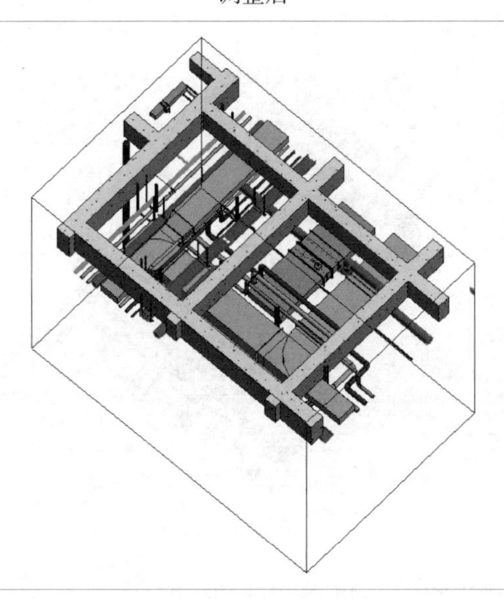
调整方案：先排大的风管，其余管道利用梁窝内上翻绕开

表 3-10　走廊连接处区域管线的调整

项目名称	×× 项目							
记录人		专业	全专业	图纸名称		轴线位置	纵轴：25~27 横轴：T~W	
记录日期	2021.1.28	子项		图纸版本		标高		
问题描述	空调水管与消火栓管相撞，空调水管支管与梁相撞						编号	003
调整前								
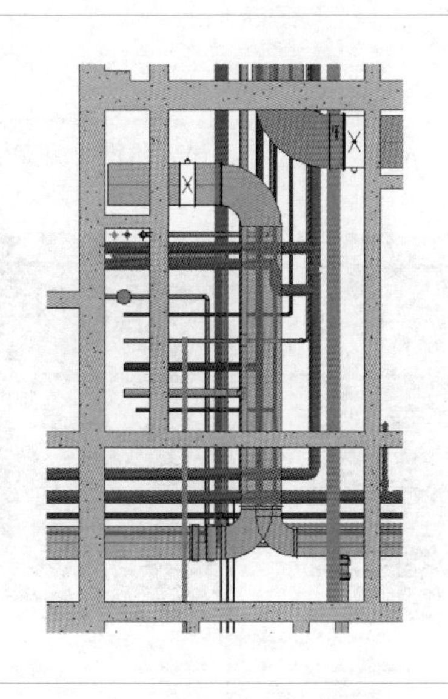				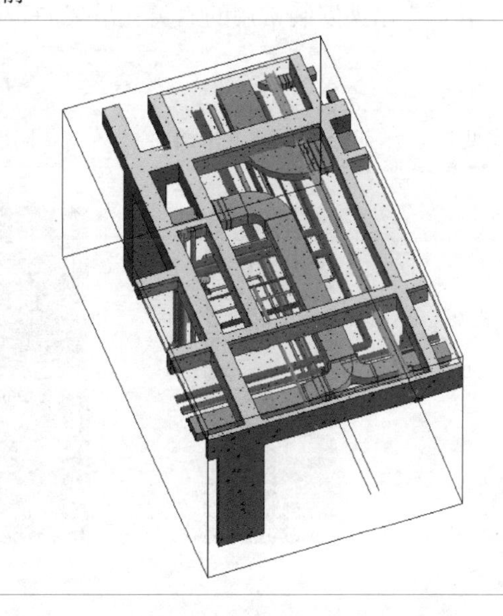				

续表

调整后
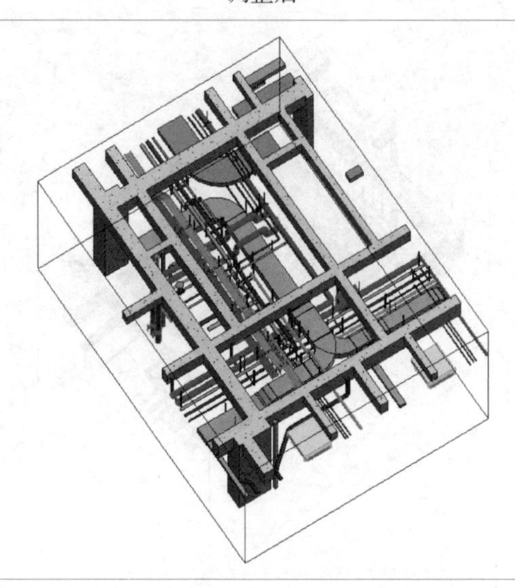
调整方案：小管让大管，少管让多管，利用梁窝内上翻绕开

课后作业

根据给定项目完成管线综合的调整。

3.2 支吊架的布置以及净高分析

3.2.1 支吊架的布置

1. 支吊架的类型

管道支吊架安装常用的六类支吊架如表 3-11 所示。

表 3-11 常用的六类支吊架

类型	单支角钢式支吊架	附墙式角钢支吊架	吊式角钢龙门支架
示意图			

续表

类型	吊式槽钢支架	管道井槽钢综合支架	通丝吊架
示意图	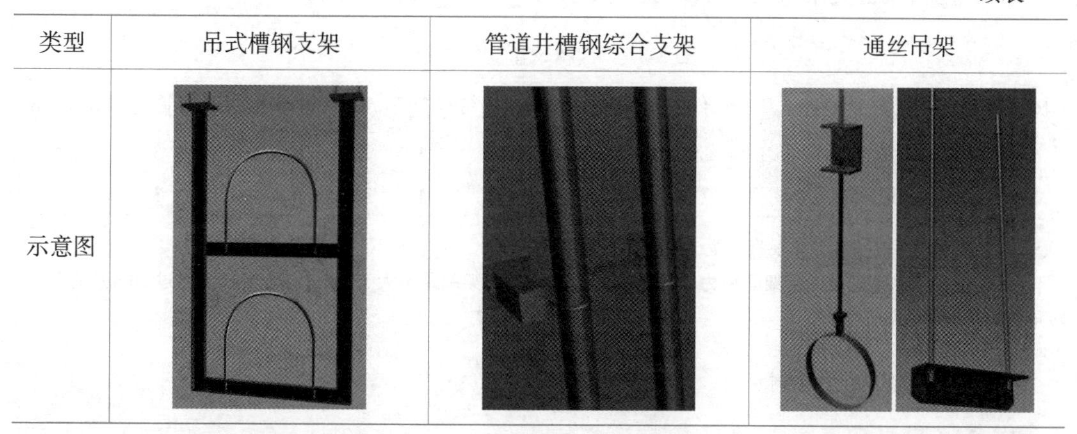		

2. 支吊架的安装间距

（1）塑料给水管的支吊架最大间距如表 3-12 所示。

表 3-12　塑料给水管的支吊架最大间距

公称直径 /mm		15	20	25	32	40	50	63	75	90	110	160
支吊架的最大间距 /m	立管	0.8	0.9	1.0	1.1	1.3	1.6	1.8	2.0	2.2	2.4	2.6
	水平管	0.5	0.6	0.7	0.8	0.9	1.0	1.1	1.2	1.35	1.55	1.7

注：塑料管采用金属卡作支架时，管卡与塑料管之间应用塑料袋或橡胶物隔垫，并不宜过大或过紧。

（2）钢管管道最大支吊架间距如表 3-13 所示。

表 3-13　钢管管道最大支吊架间距

公称直径 /mm		15	20	25	32	40	50	65	80	100	125	150	200	250	300
支吊架的最大间距 /m	保温管	2	2.5	2.5	2.5	3	3	4	4	4.5	6	7	7	8	8.5
	不保温管	2.5	3	3.5	4	4.5	5	6	6	6.5	7	8	9.5	11	12

（3）铜管最大支吊架间距如表 3-14 所示。

表 3-14　铜管最大支吊架间距

公称直径 /mm		15	20	25	32	40	50	65	80	100	125	150	200
支吊架的最大间距 /m	立管	1.8	2.4	2.4	3.0	3.0	3.0	3.5	3.5	3.5	3.5	4.0	4.0
	水平管	1.2	1.8	1.8	2.4	2.4	2.4	3.0	3.0	3.0	3.0	3.5	3.5

（4）排水塑料管道最大支吊架间距如表 3-15 所示。

表 3-15　排水塑料管道最大支吊架间距

管径 /mm	50	75	110	125	160
立管 /m	1.2	1.5	2.0	2.0	2.0

（5）金属风管支吊架间距如无设计要求时，应以表 3-16 为准。

表 3-16　金属风管支吊架间距

风管直径或长边尺寸 B/mm	水平安装间距 /m	垂直安装间距 /m	薄钢板法兰风管安装间距 /m
b ≤ 400	≤ 4	≤ 4	≤ 3
b > 400	≤ 3	≤ 4	≤ 3

注：1. 风管垂直安装，单根直管至少应有 2 个固定点。

2. 电缆桥架水平安装的支架间距为 1.5~2m；垂直安装的支架间距不大于 2m；在水平长度超过 20m 或在转弯、转角处应设固定支架。

3. 支吊架的布置案例

提示

支吊架的布置在工程中往往用 magicad、橄榄山、鸿业、建模大师等相关 BIM 软件进行布置，会比较简单，此处不作详细介绍。

下面介绍采用 Revit 软件进行支吊架的布置，以“角钢吊架”的布置为例，该支吊架主要布置在桥架和风管上。

（1）如图 3-46 所示，依次单击“系统”→“构件”命令。在弹出的“属性”对话框中，选择所需的支吊架“GLSHS_ 角钢吊架”。将光标移至楼层平面“一层管线综合”视图中合适的区域，当出现图 3-47 所示的中线位置时，单击放置。切换到三维视图，结果如图 3-48 所示。

图　3-46

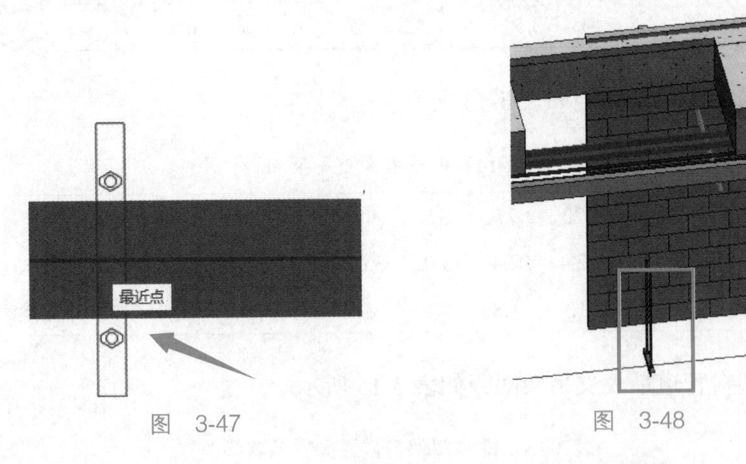

图　3-47　　　　图　3-48

（2）调整支吊架的相关参数。支吊架默认的参数如图 3-49 所示，将支吊架的“偏移量”“尺寸标注”所有相关参数信息按照图 3-50 所示进行设置。设置完成后，三维布置效果如图 3-51 所示。

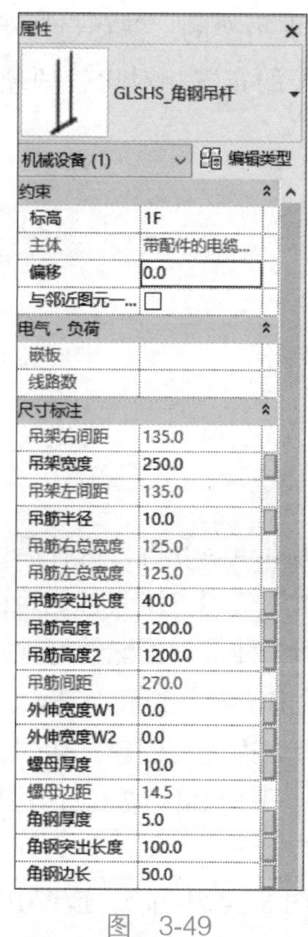

图　3-49

图　3-50

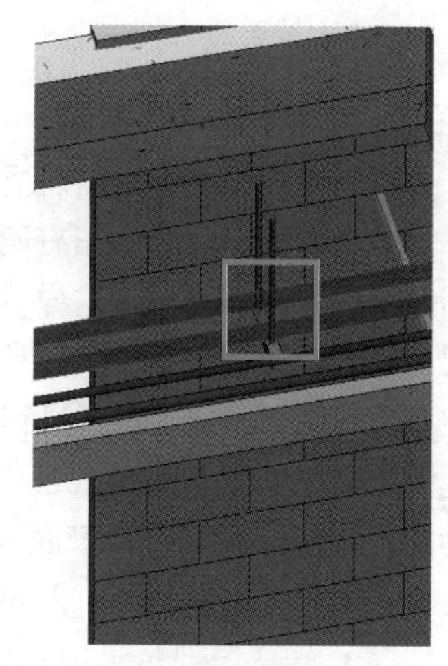

图　3-51

（3）如图 3-52 所示，将视图切换到“一层管线综合”平面视图，将已调整好的支吊架单击选中，然后通过复制命令“CO”（或者单击“ ”图标）进行复制，支吊架之间的间距按照规范进行选择。布置结果如图 3-53 所示。

图　3-52

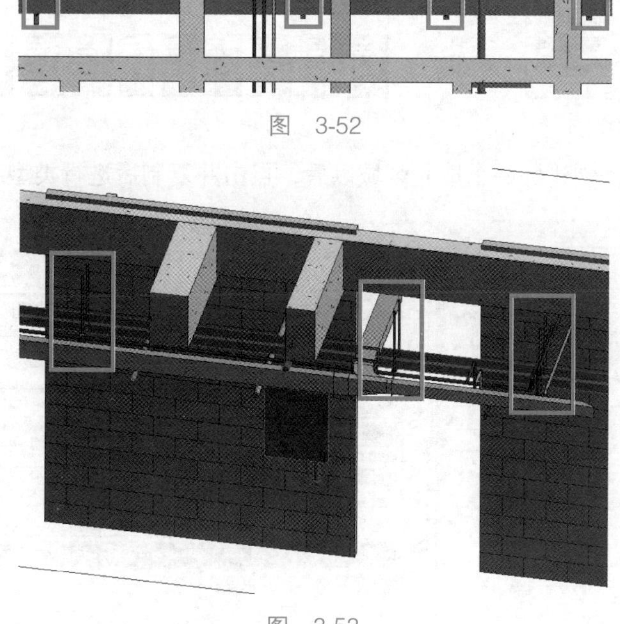

图　3-53

（4）按照相同的方法，由于管道大小或者高度不同，相应的支吊架的“偏移量”“尺寸标注”等相关参数的信息也会不同。因此采用 Revit 进行支吊架的布置相对比较烦琐。因此建议用专业的软件进行支吊架的布置比较方便。

课后作业

根据给定项目完成支吊架的布置。

3.2.2 净高分析

1. 净高分析注意事项

（1）构成净高分析图需要净高分布图、注释、图例。

（2）创建净高分布图有两种方式：第一种主要是用于出图和初步净高分析，这种需要用注释中的区域来做，这样做的目的是在出图时方便拉取，不会因为结构主体或者建筑面层的影响而改变偏移量，导致净高分布图出现颜色分布不正确。第二种是为了能较好地把控净高高度，主要在设计过程配合中使用，为了在配合中能迅速找出该部分管底净高。

（3）净高分布图应按照功能分区进行创建，每块分布图最好沿墙边进行创建，切勿在功能区中间进行切分，管底净高不同地方需要分别表示，若遇见上下通高区域（如楼梯、扶梯、中庭、电梯井等）需要掏空。

（4）净高局部过低时，需要标注出该区域主要问题（详见图 3-54 注释），E/W-B1-JG-001【xx】（表示：东区 / 西区 - 负一层 - 净高问题 - 问题 001【专业】，专业指：暖通、给排水、强电、弱电、消防等）。

（5）需要在净高分析图右侧创建图例列表，图例列表需要用菜单栏中的注释—区域—填充区域进行创建，详见图3-55（注：用区域创建不会影响其他平面视图和三维视图的显示）。

图 3-54

2200 2500 2800 2900 3300 3500 3700 3750 4100 4500

图 3-55

（6）如图 3-56，创建好一个填充区域以后，点击并复制后进行类型编辑。

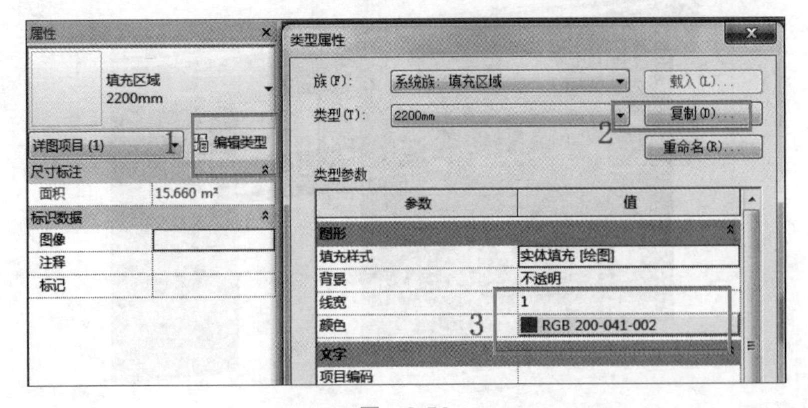

图 3-56

（7）图例着色要求：各项目内不同净高图例应统一颜色及规格，由该项目负责人在该部分工作开始前确定。

图例颜色按照红、橙、黄、绿、青来界定，净高越低时，颜色越靠近暖色调（见图 3-57）。

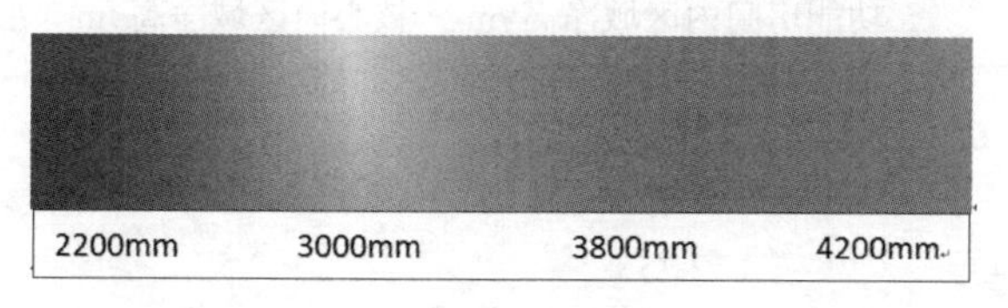

图　3-57

2. 净高参考图

图 3-56 为净高分析图注释部分的内容，图 3-57 为净高分析的图例，图 3-58 为某项目的一层净高分析图，图 3-59 为该项目局部净高分析放大图。

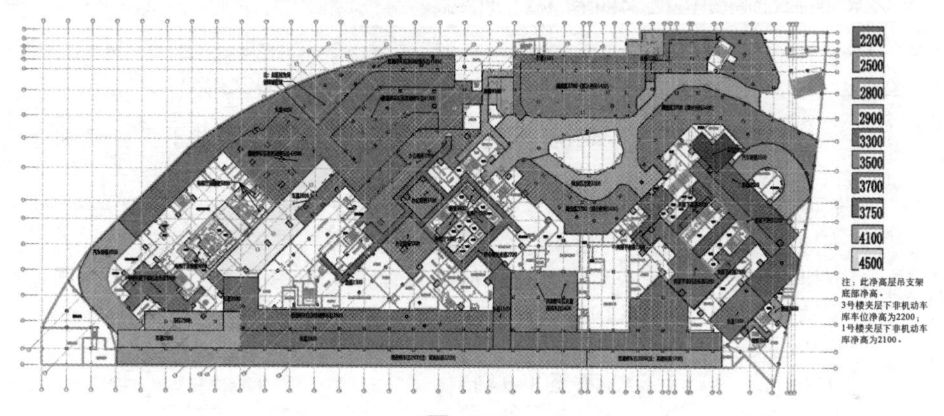

图　3-58

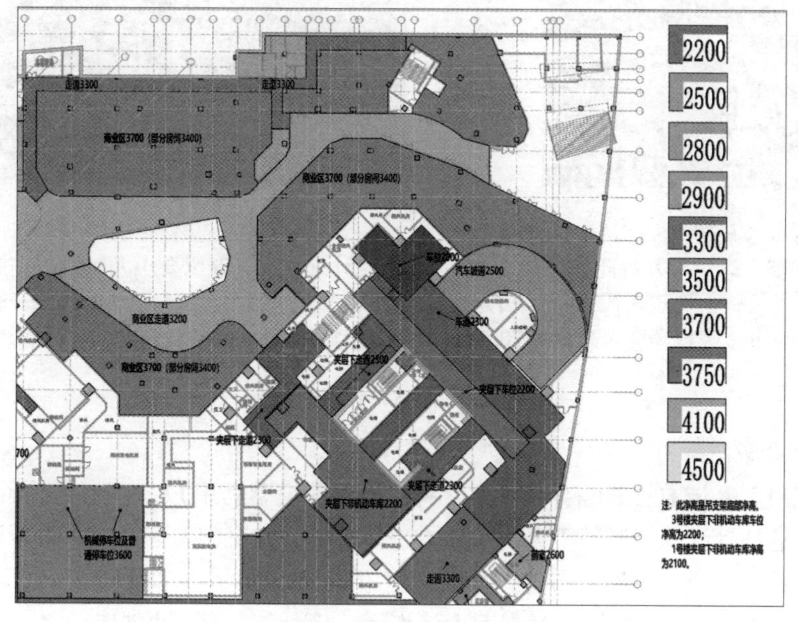

图　3-59

3. 净高汇总表

××××项目地上标准层净高汇总如表 3-17 所示。

表 3-17　××××项目地上标准层净高汇总

子项名称	功能房间内区域净高 /m	核心筒区域净高 /m	层高 /m	梁高 /m	备注
A 塔楼 9~19F 标准层	2.8	2.6	3.5	3.5	
C 塔楼 9~19F 标准层	2.8	2.6	3.5	3.5	
B 塔楼公寓 10~15F 标准层	2.75	2.5	3.5	3.5	
B 塔楼办公 10~15F 标准层	2.7	2.5	3.5	3.5	

注：表格中输入的单位自定，但必须统一。

4. 净高分析记录表

××××项目净高分析记录如表 3-18 所示。

表 3-18　××××项目净高分析记录

<table>
<tr><td>图号、图名、版本</td><td>2016-9-5 模型、2016-8-08 施工蓝图</td><td>栋号</td><td>地下室</td><td>专业</td><td>机电全专业</td></tr>
<tr><td rowspan="2">问题描述</td><td rowspan="2">此处风管位于工具间外走道上方，800mm 高风管下翻贴母线槽低经过，管中标高 2300mm，考虑支架 50mm，最终完成高度为 1850mm，风管底部有两根 DN150，两根 DN200 自喷管经过，管中标高 1750mm，考虑支架 50mm，最终完成高度为 1600mm。(风管可否考虑移至 8~9 轴)</td><td>标高</td><td>B2</td><td rowspan="2">问题编号</td><td rowspan="2">3</td></tr>
<tr><td></td><td>T4-C 与 1/T4-6~8</td></tr>
<tr><td colspan="6">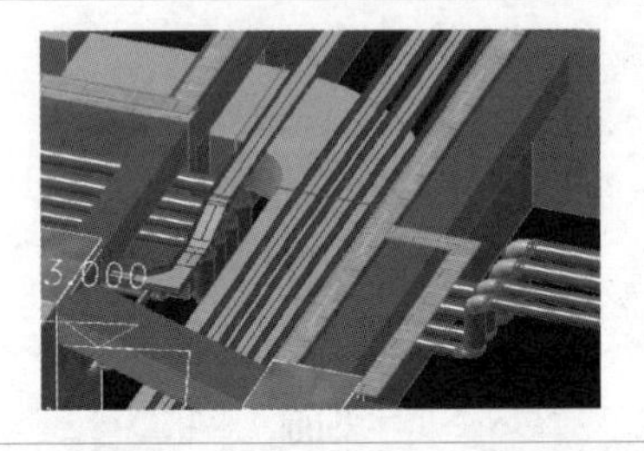 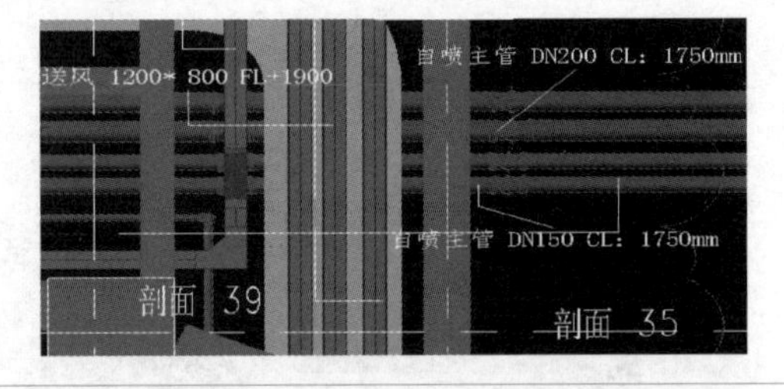
</td></tr>
<tr><td colspan="6">相关方回复：8~9 轴为车库区域，目前管底净高为 2.5m，若该风管走此路径，则会影响车库高度。2016.08 现场配合时，甲方对此处的修改如下（参考 2016.08.18 会议纪要）：将电梯厅排烟管压扁，取消电梯厅送风管，将该送风管与后勤走道风管合并，合并后主管尺寸由 1250mm×800mm 变为 2000mm×630mm，完成高度净高为 1770mm，此处为后勤走道，可保留该高度，以保证电梯厅 2.4m 净高</td></tr>
</table>

5. 净高分析图案例

当完成所有区域的管线综合调整后，将已调整的模型利用 Fuzor 软件进行漫游，当在漫游过程中遇到管线综合调整不合理的地方进行截图，并对相关区域进行重新调整。当反复检查无误后，完成支吊架的布置，再继续利用 Fuzor 软件中净高测量工具，对整层的净高进行测量。当完成净高的测量后参照下面步骤进行净高分析图的创建。

（1）依次单击“视图”选项卡→“楼层平面”面板→“一层管线综合”命令，右击选择“复制视图”，并将视图命名为“净高分析”，调整该视图的可见性，利用快捷键 VV，将结构模型的梁显示出来，楼板进行隐藏。

（2）如图 3-60 所示，依次单击“注释”选项卡→“区域”命令，弹出“修改 | 创建填充区域边界”上下文选项卡。

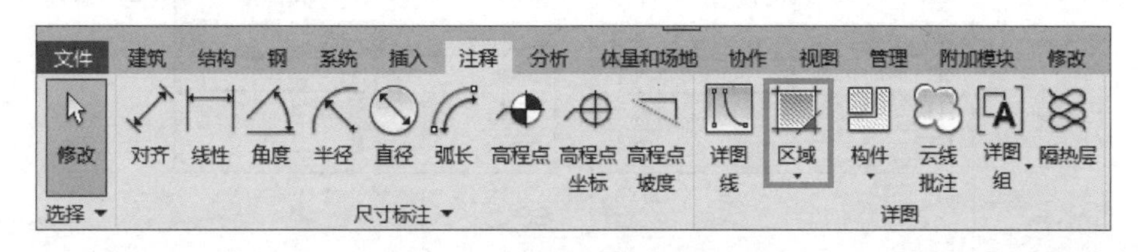

图　3-60

（3）如图 3-61 所示，根据需求在“修改 | 创建填充区域边界”上下文选项卡的“绘制”面板，根据绘制的图形形状可选择不同的绘制样式。

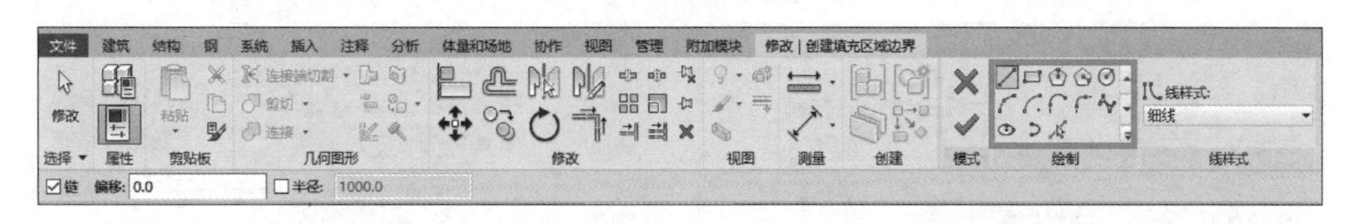

图　3-61

（4）依次单击“绘制”面板“ ”命令，在图上绘制相应的同标高区域，此区域必须是闭合的，当绘制完成后，单击“ ”按钮，即完成填充区域边界的绘制，完成结果如图 3-62 所示。

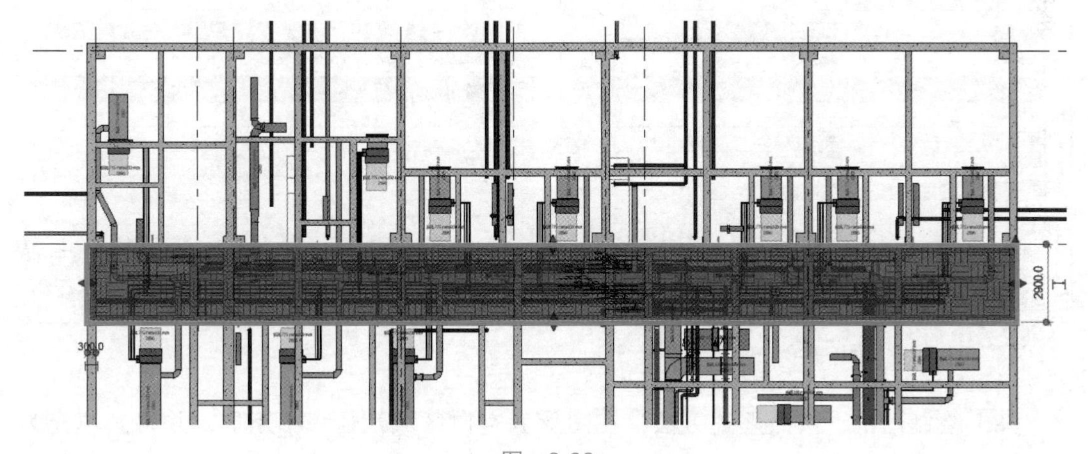

图　3-62

（5）如图 3-63 所示，依次单击“属性”→“填充区域土壤”下拉列表，选择“实体填充 - 灰色”。单击“编辑类型”按钮，弹出“类型属性”对话框。

（6）在弹出的“类型属性”对话框中，单击“复制”按钮，将名称命名为“实体填充 - 橘色”，单击“确定”按钮，如图 3-64 所示。

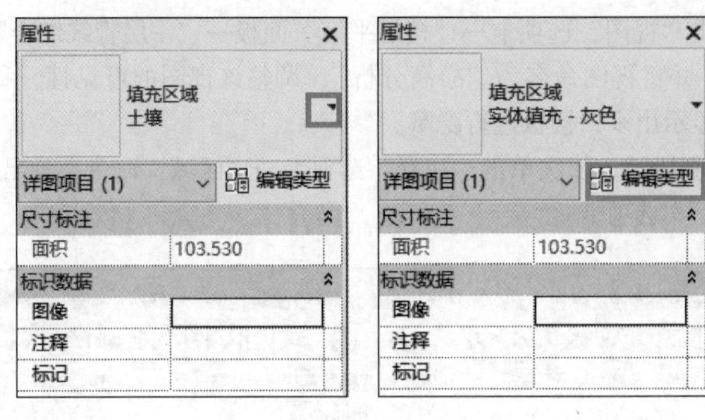

图　3-63

（7）如图3-65所示，单击“前景图案颜色”中的“RGB 128-128-128”，在弹出的“颜色”对话框中，选择橘色，单击“确定”按钮。此时所绘区域即填充为橘色，如图3-66所示。

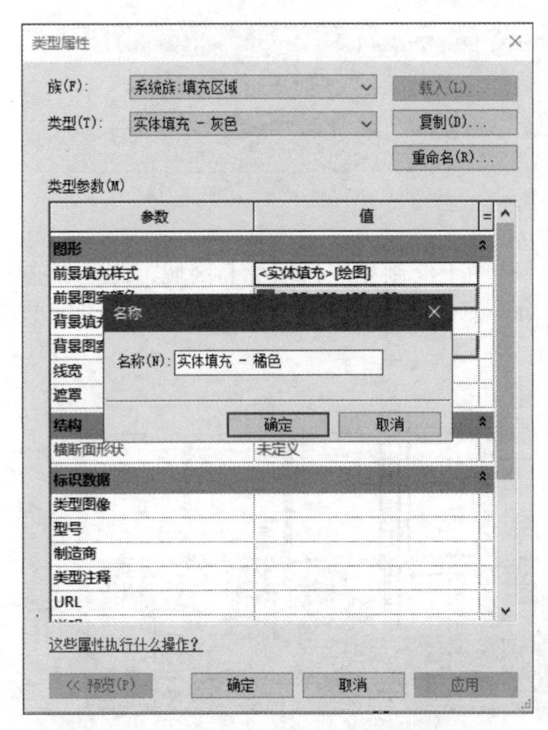

图　3-64

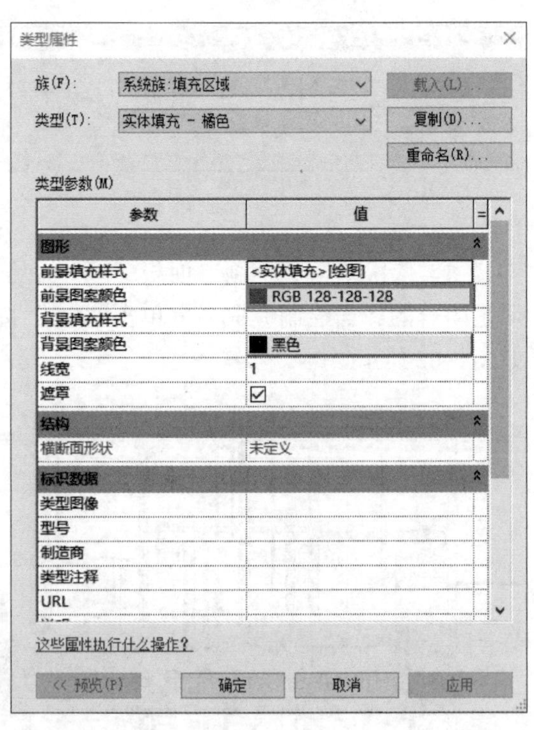

图　3-65

（8）绘制图例，按照上述方法，在图形旁空白区域，画一小矩形，并将其填充为橘色，依次单击“注释”选项卡→“A”命令，在所绘制的小矩形旁边先单击，再输入“2600mm”，如图3-67所示。另外可根据需求调整文字大小。

（9）根据相同的方法，将其他区域进行绘制并填充，同样完成图例的表达，结果如图3-68所示。

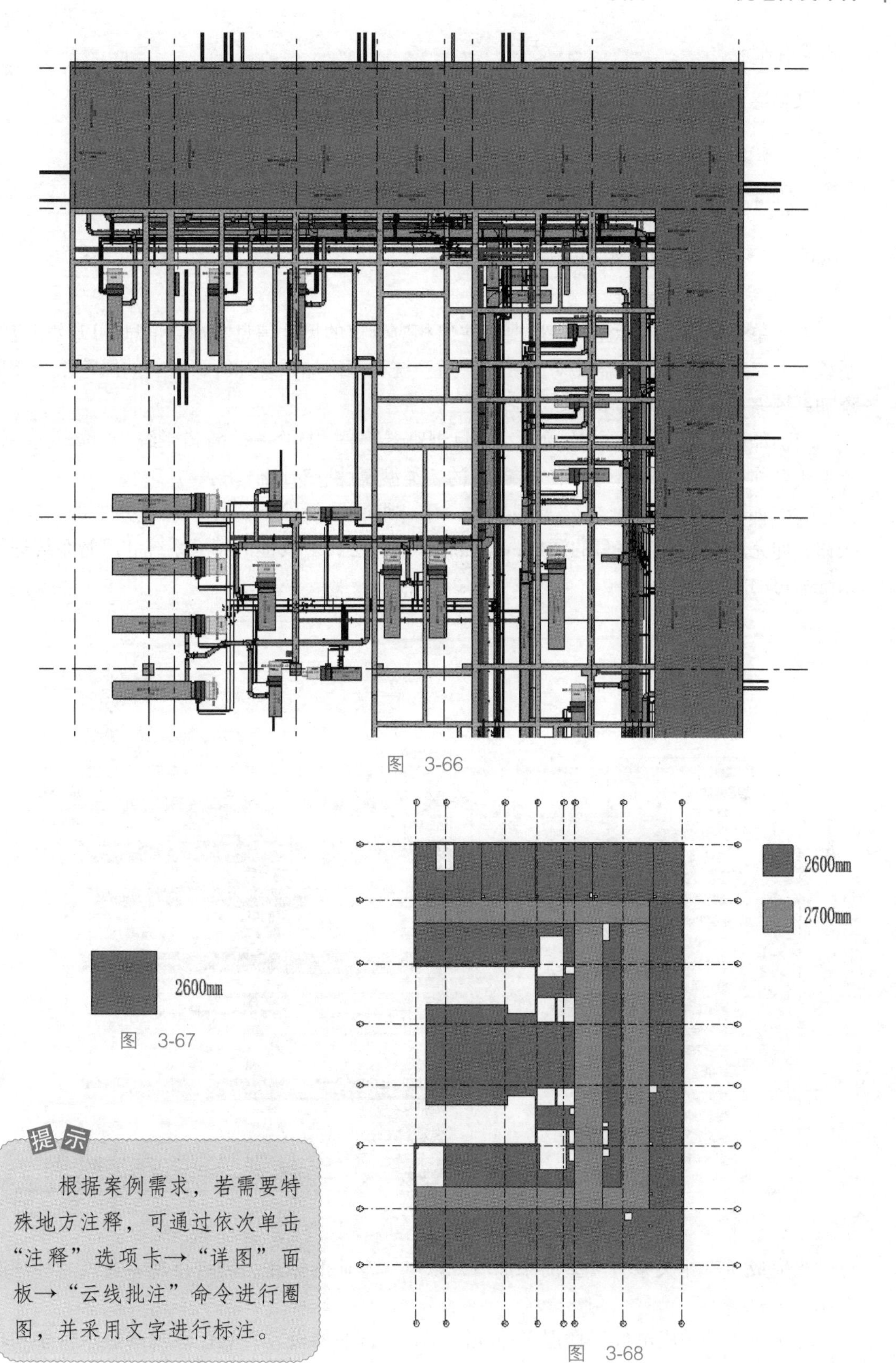

图　3-66

图　3-67

图　3-68

提示

根据案例需求，若需要特殊地方注释，可通过依次单击“注释”选项卡→“详图”面板→“云线批注”命令进行圈图，并采用文字进行标注。

课后作业

根据给定项目完成净高分析图的绘制。

3.3 施工图纸尺寸标注和施工图的出图

3.3.1 施工图纸尺寸的标注

1. 单专业图纸的标注

对于单专业图纸的标注，一般要标注出相应管道的尺寸信息和标高信息，以及相应的系统类型。所以在标注前需要对所有的管道系统类型添加系统缩写，所有的风管系统类型添加系统缩写。添加方法步骤如下。

（1）如图 3-69 所示，依次单击“项目浏览器”→“族”→“管道系统”，选择任一管道系统名称，如“冷凝”，弹出“冷凝”的“类型属性”对话框。

（2）如图 3-70 所示，在“类型参数”下“缩写”处输入“M-CD”，并单击“确定”按钮，即完成冷凝系统缩写的添加，按照相应的方法，对其他的管道系统和风管系统进行系统缩写的添加。

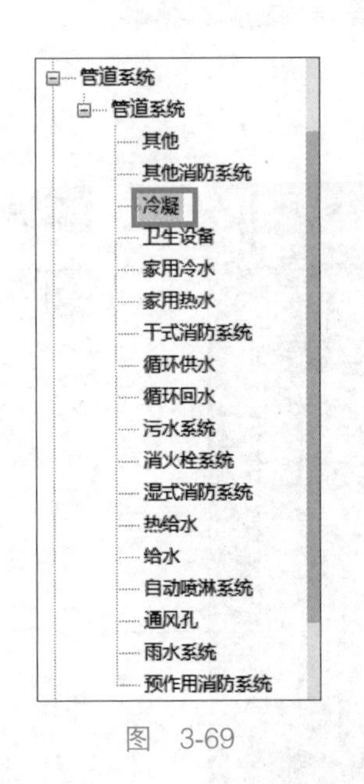

图 3-69

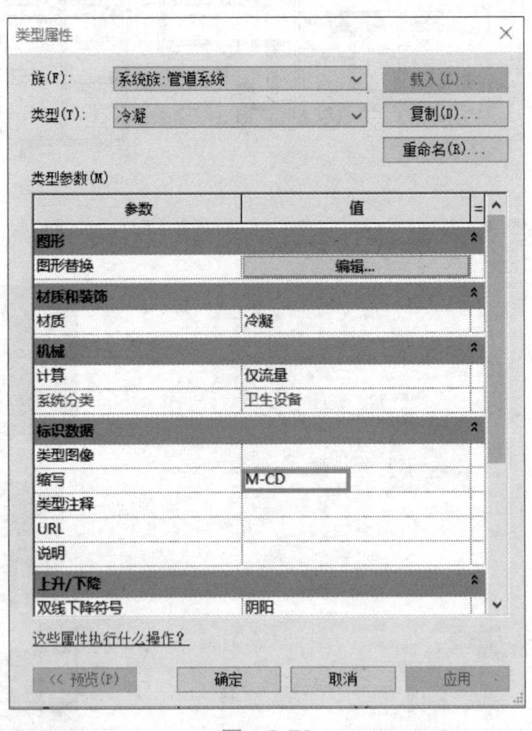

图 3-70

当完成所有相关系统类型的添加后，以电气专业的标注为例进行单专业尺寸标注的介绍。

（1）进入“一层电气”楼层平面视图。通过过滤器设置，只让该视图显示桥架和轴网，其余模型不要显示，如图 3-71 所示。

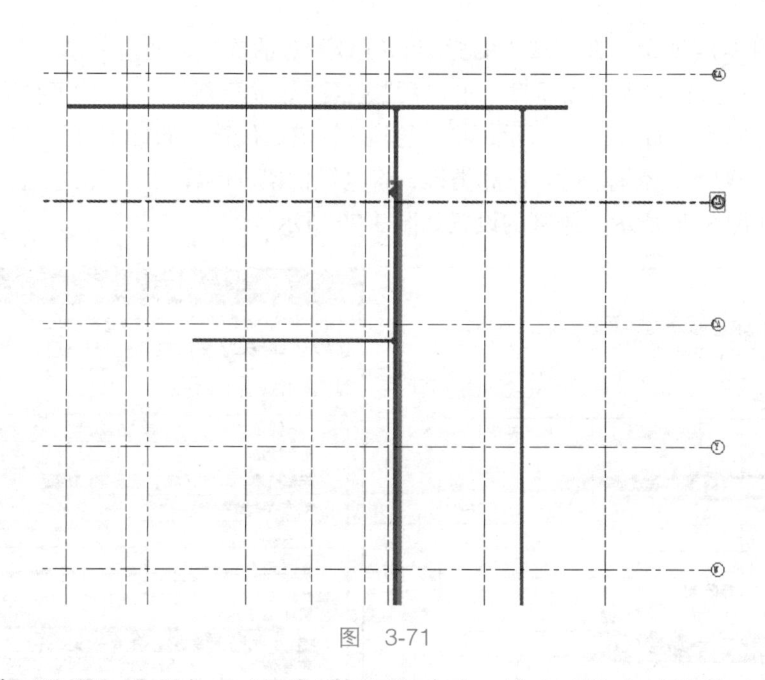

图　3-71

（2）单击“注释”选项卡→“按类别标记”命令，进入“修改 | 标记”上下文选项卡，如图 3-72 所示，取消勾选“引线”选项。单击图中的“标记...”图标，进入“载入的标记和符号”对话框，如图 3-73 所示。

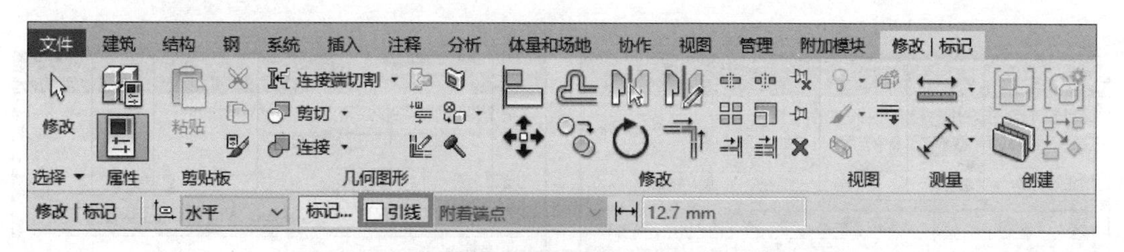

图　3-72

载入的标记和符号

为每个列出的族类别选择可用的标记或符号族
注意：多类别标记族未在下表中显示。

过滤器列表：〈全部显示〉　　载入族(L)...

类别	载入的标记	载入的符号
电气设备		
电缆桥架	【S】标记-电缆桥架	
电缆桥架配件		
电话设备		
空间		
窗	标记_窗	
管件		
管道/管道占位...	【S】标记-管道尺寸	
管道附件		
管道隔热层		

确定　取消(C)　帮助(H)

图　3-73

（3）如图 3-74 所示，在“载入的标记和符号”对话框中，通过单击“载入族”命令，可对所需要的族进行载入。并通过单击“管道/管道占位... 【S】标记-管道尺”的下拉图标，可对载入的标记进行修改。如图 3-75 所示，将“管道 / 管道占位符”的标记改为“【S】标记 - 管道尺寸：系统缩写 管径 标高”。以此类推，将电缆桥架、风管的相应信息进行修改，电缆桥架的设置如图 3-76 所示，风管的设置如图 3-77 所示。

图 3-74

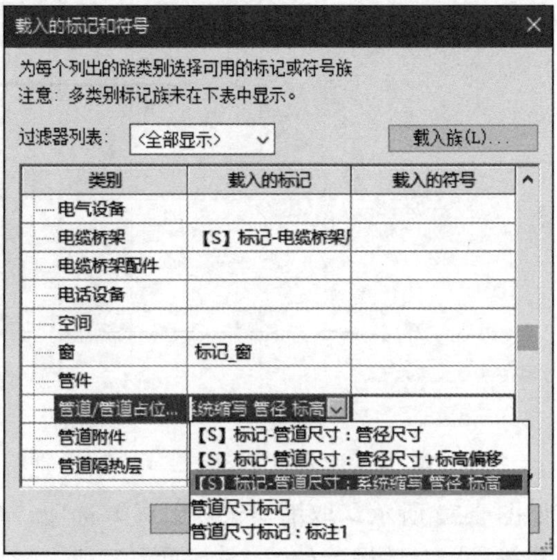

图 3-75

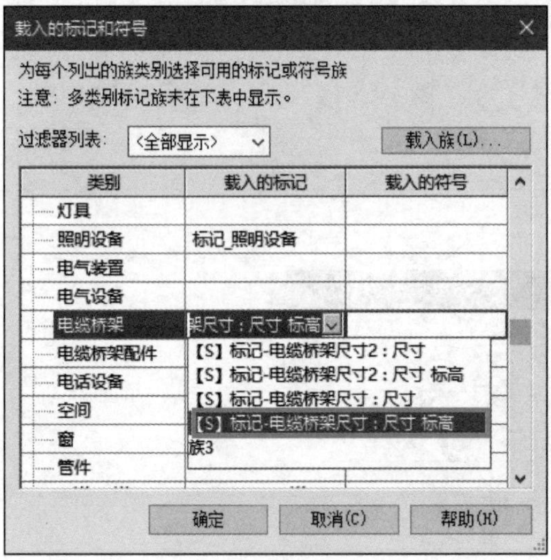

图 3-76

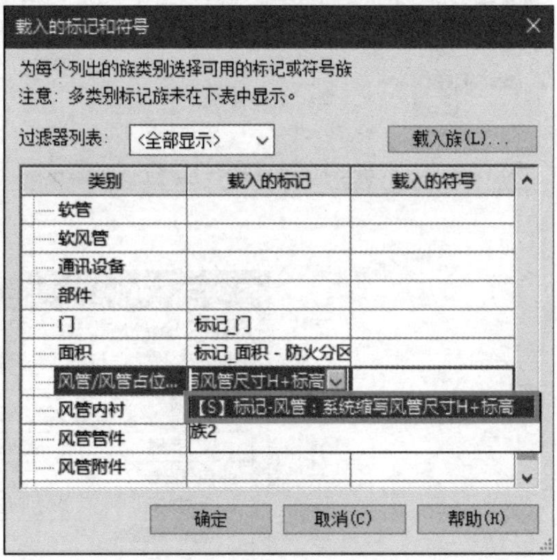

图 3-77

（4）当完成相应的设置后，将光标移动到要标注的管线上，并单击，结果如图 3-78 所示。

（5）如图 3-79 所示，先单击选中已标注的信息，然后按快捷键 CS，将光标移动至所需要标注的地方，并单击，即可按照之前设定的标注样式对其他地方桥架进行相应参数的标注。标注结果如图 3-80 所示。

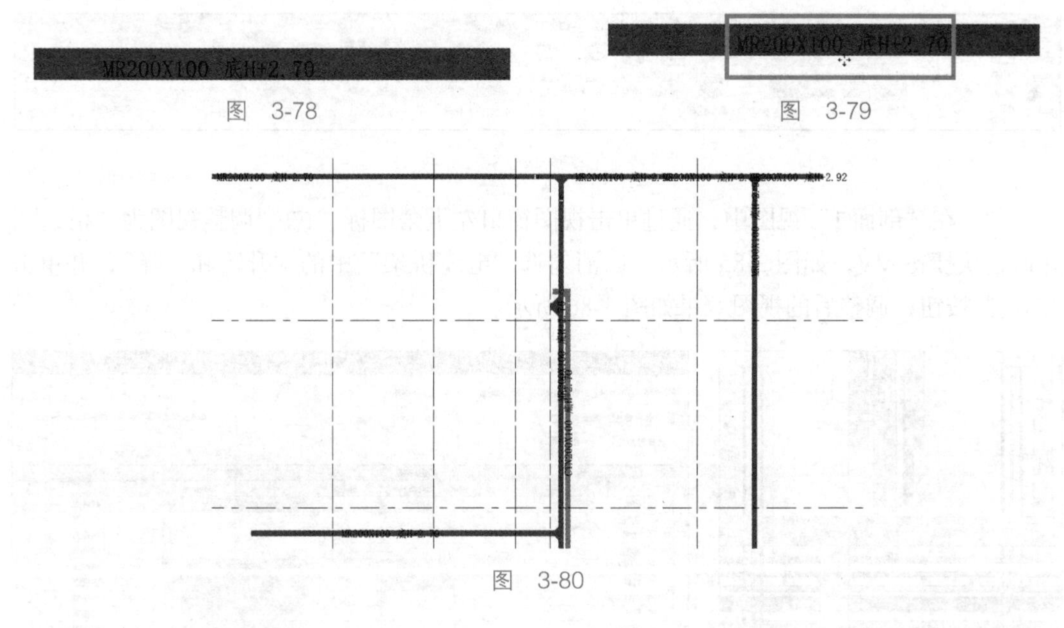

图 3-78 图 3-79

图 3-80

注意

只要有高度、尺寸任一信息发生变化的地方都需要进行相关信息的标注。

（6）在单专业图纸中对管线彼此间的间距，以及管线距离标志性的墙柱或轴线的距离需要进行标注。如图 3-81 所示，依次单击“注释”选项卡→“对齐”命令，将光标移至窗口，分别单击管线边界和轴线，进行距离的标注，标注结果如图 3-82 所示。

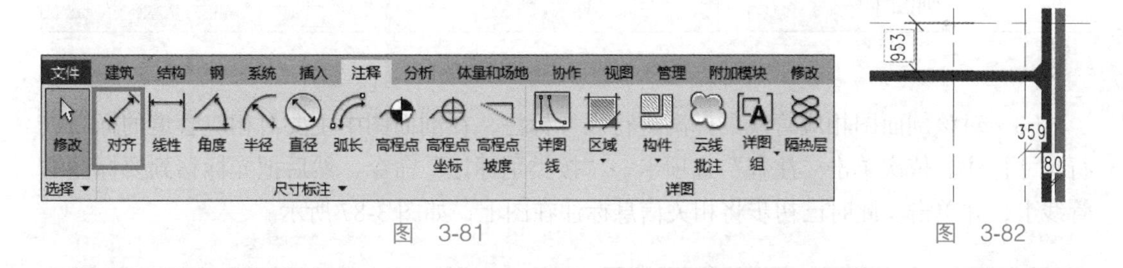

图 3-81 图 3-82

课后作业

根据给定项目完成相应的暖通专业、给排水专业等尺寸信息的标注。

2. 管线综合图的标注

管线综合图的标注方法与单专业图的标注方法相同。

3. 剖面图的标注

对于局部复杂区域，需要进行剖面图相关信息的标注。

（1）如图 3-83 所示，进入“一层管线综合”平面视图，依次单击“视图”选项卡→“![]”命令，然后在平面图走廊的合适区域进行剖切，如图 3-84 所示，调整剖切的合适范围，然后将视图转到“剖面 1”视图。

图 3-83

（2）在“剖面 1”视图中，通过单击视图窗口左下角图标“□”调整视图为“精细”。并通过快捷键 VV，如图 3-85 所示，取消勾选“电缆桥架”中的“升”和“降”，并单击“确定”按钮，调整后的视图效果如图 3-86 所示。

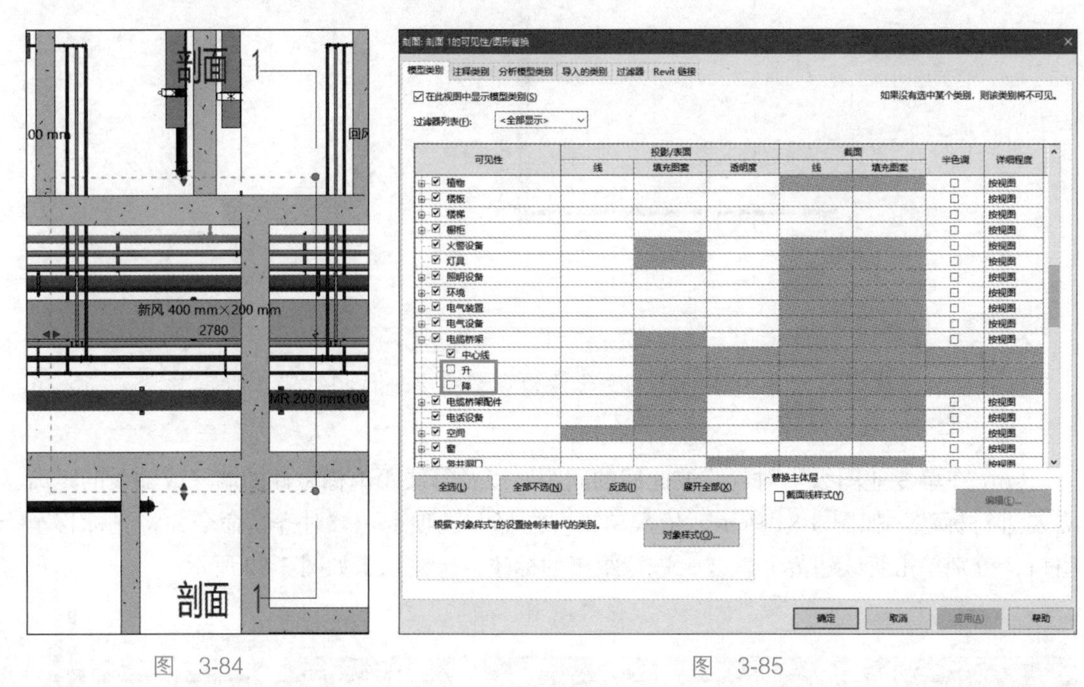

图 3-84　　　　图 3-85

（3）对该剖面图相应管线的标高进行尺寸标注，在剖面图中主要对相应管道的标高进行尺寸标注。依次单击“注释”选项卡→“按类别标记”命令，然后把光标移到要标注的管线上，并单击。此时已初步将相关信息标注在图上，如图 3-87 所示。

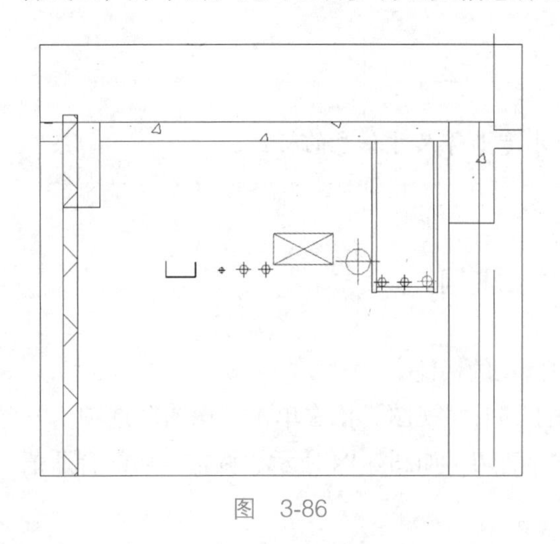

图 3-86

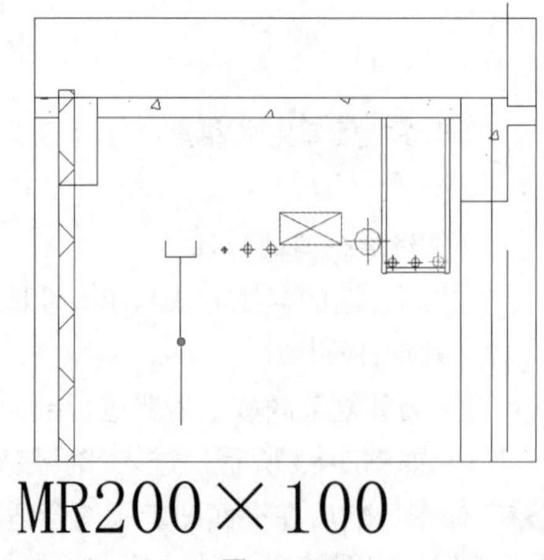

图 3-87

（4）此时按快捷键 Esc，退出当前标记命令。单击选中已标注的尺寸，在“属性”对话框中选择相应的族“【S】标记 - 电缆桥架尺寸”，如图 3-88 所示。如果没有此族，则可通过依次单击“编辑类型”按钮→“载入族”命令，进行载入。与此同时，通过下拉列表，选择参数信息为“尺寸 标高”，如图 3-89 所示，经过设置后，标注信息变为“尺寸和标高”的相关信息，如图 3-90 所示。

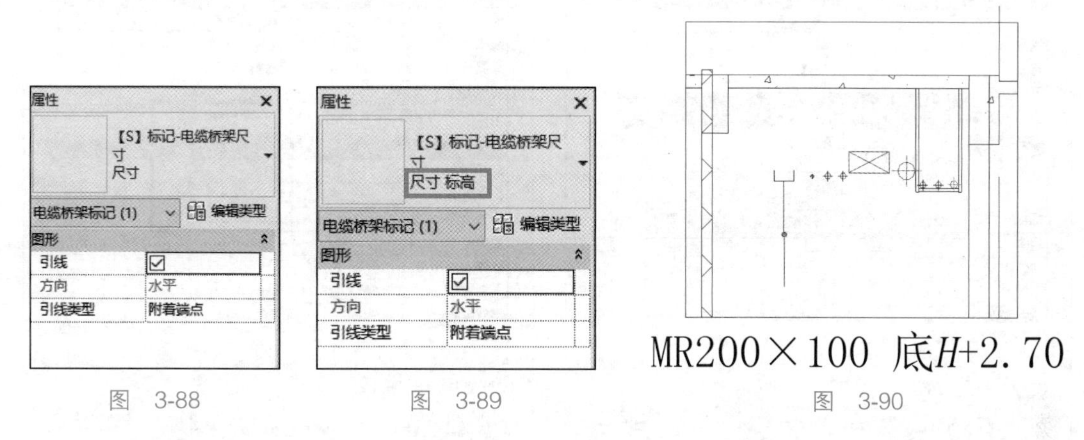

图 3-88　　　　图 3-89　　　　图 3-90

（5）通过单击标注的信息 MR200 × 100 底 H+2.70，再单击“编辑族”命令，进入“族：电缆桥架标记”的编辑截面，如图 3-91 所示。再通过单击“类型名称”对字体等相关参数进行调整。如图 3-92 所示，通过对字体属性进行复制并重命名为“【S】仿宋 1.0mm”，并将相应的字体大小参数修改为“1.00mm”，具体修改参数如图 3-93 所示。调整后结果如图 3-94 所示。当族完成编辑后，单击“载入到项目”命令，此时“剖面 1”视图内的标注字体已调小，如图 3-95 所示。

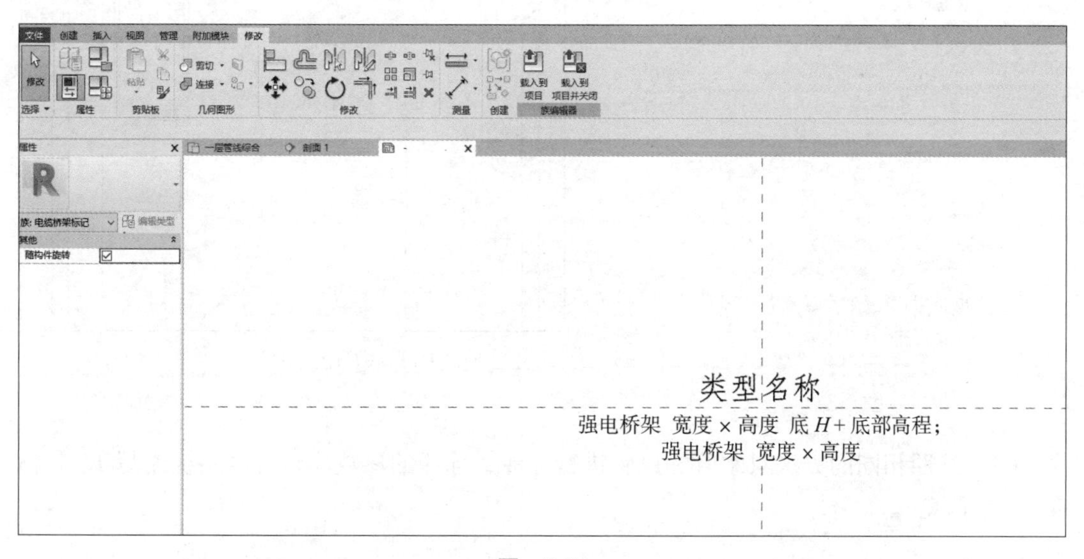

图 3-91

（6）通过单击选中标注信息，如图 3-96 所示，单击该图中的“✥”图标可对位置进行移动，单击该图中的“-●-”图标可对引线的位置进行调整。调整结果如图 3-97 所示。

类型属性

族(F)：系统族：标签　载入(L)...

类型(T)：【S】仿宋 3.0mm　复制(D)...

重命名(R)...

类型参数(M)

参数	值
图形	
颜色	■黑色
线宽	1
背景	透明
显示边框	□
引线/边界偏	
文字	
文字字体	
文字大小	
标签尺寸	
粗体	□
斜体	□
下划线	□
宽度系数	1.000000

名称

名称(N)：【S】仿宋 1.0mm

确定　取消

这些属性执行什么操作？

<< 预览(P)　确定　取消　应用

图 3-92

类型属性

族(F)：系统族：标签　载入(L)...

类型(T)：【S】仿宋 1.0mm　复制(D)...

重命名(R)...

类型参数(M)

参数	值
图形	
颜色	■黑色
线宽	1
背景	透明
显示边框	□
引线/边界偏移量	1.0000 mm ①
文字	
文字字体	仿宋
文字大小	1.0000 mm ②
标签尺寸	6.0000 mm ③
粗体	□
斜体	□
下划线	□
宽度系数	1.000000

这些属性执行什么操作？

<< 预览(P)　确定　取消　应用

图 3-93

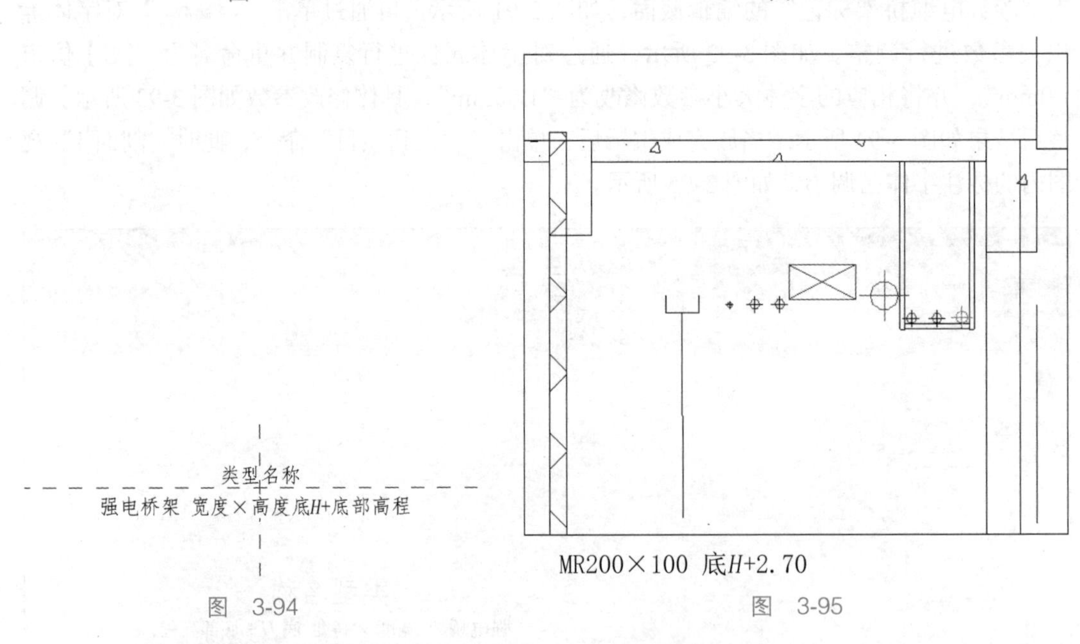

图 3-94　　图 3-95

（7）按照相同的方法对水管和风管进行标注，标注的参数均包含“系统缩写 尺寸 标高”3 个信息。

在标注前需对风管系统和管道系统中相应的系统添加系统缩写。

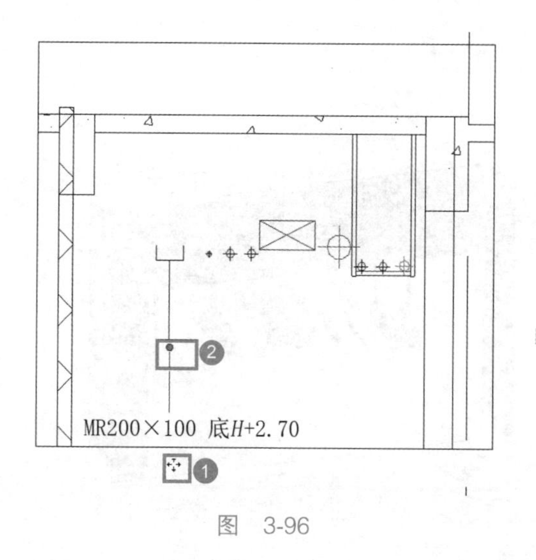

图 3-96

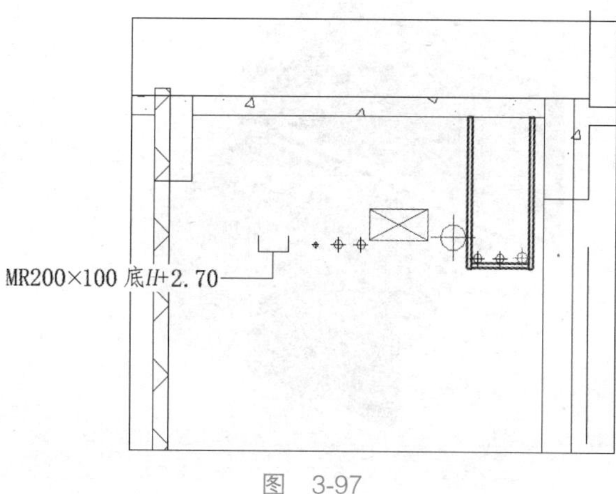

图 3-97

（8）标注完后，调整位置，最终结果如图 3-98 所示。

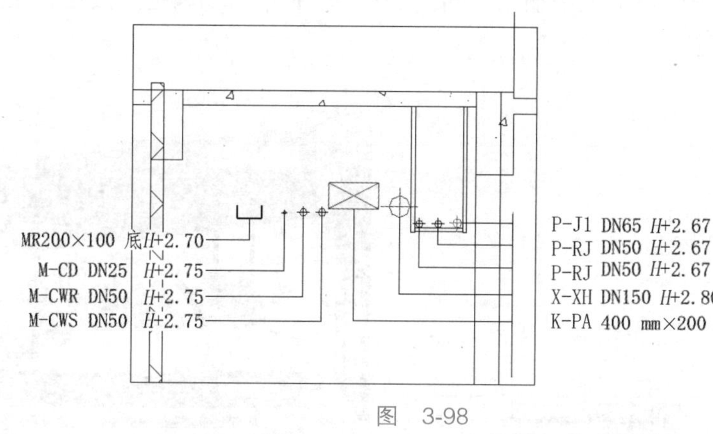

图 3-98

课后作业

根据给定项目完成剖面图的截取，并进行相应尺寸信息的标注。

3.3.2 施工图的出图

1. 剖面图的截取

根据项目需求，有时需要对局部复杂的区域进行三维截图。具体方法如下。

（1）在“一层管线综合”平面视图中框选所需区域，并单击“ ”图标进入该区域的局部三维视图，如图 3-99 所示。

（2）如图 3-100 所示，单击该图中的“ ”图标可对三维视图所需区域进行调整。并通过快捷键 Shift 和鼠标中键同时控制，调整视图的方向。调整后结果如图 3-101 所示。

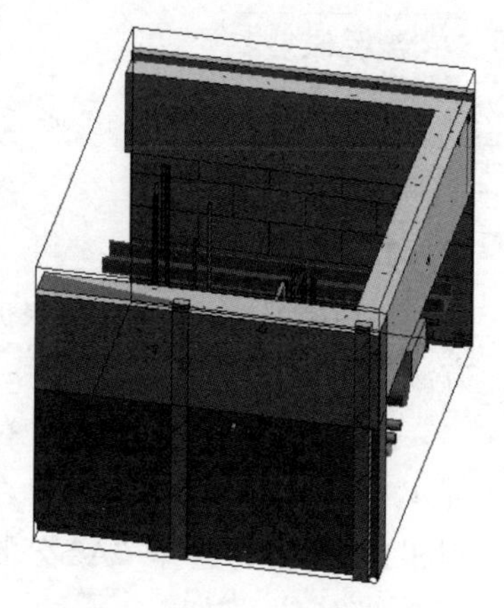

图 3-99

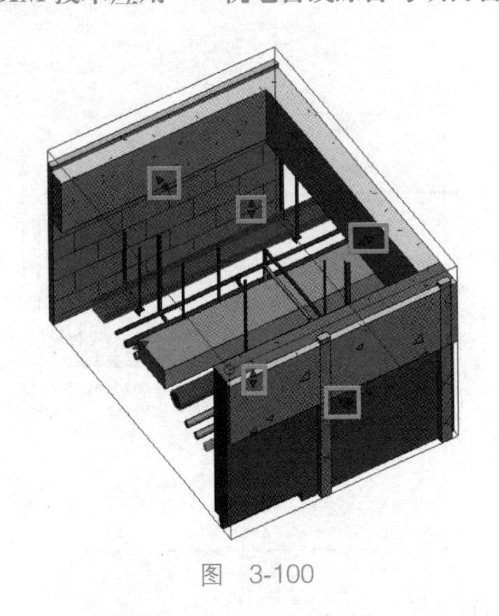

图 3-100

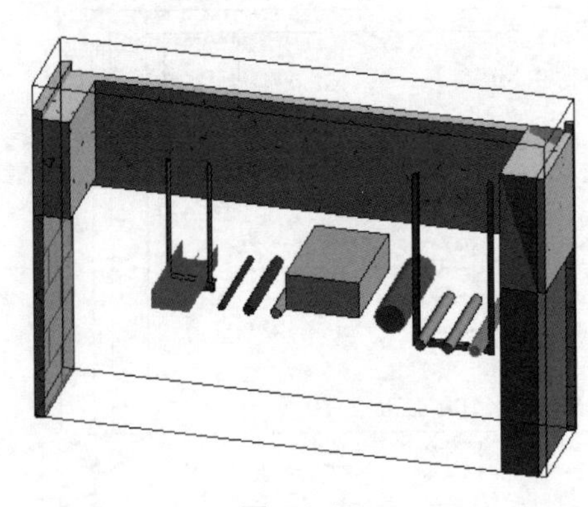

图 3-101

（3）调整好后，如图 3-102 所示，单击“ ”图标选择“保存方向并锁定视图”。如图 3-103 所示，在弹出的对话框中输入“剖面 1—1”，并单击“确定”按钮。此时此三维视图即完成调整并锁定。

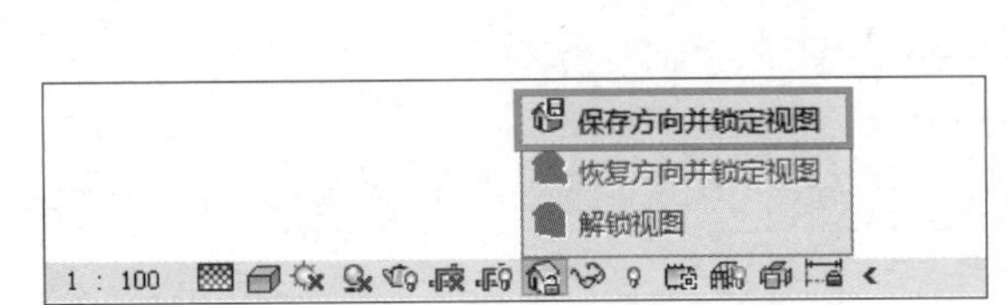

图 3-102

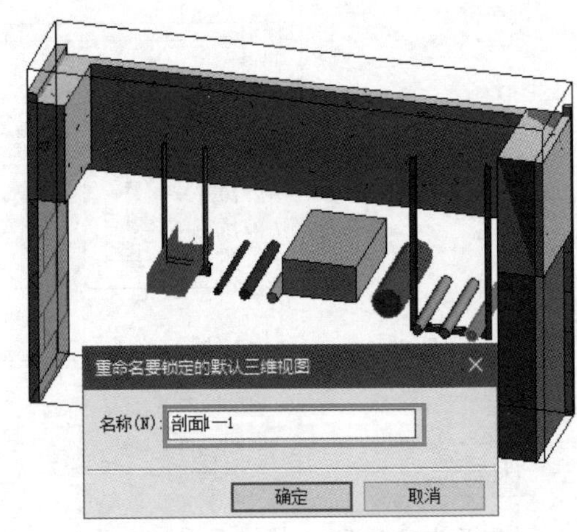

图 3-103

课后作业

根据给定项目，完成所需三维剖面图的截取。

2. 施工图的出图

机电管线综合一般会根据需求出相应的图纸。施工图的出图方法如下。

（1）如图 3-104 所示，右击“项目浏览器”中的“图纸（全部）”，选择“新建图纸”，在弹出的“新建图纸”对话框中，如图 3-105 所示，选择“A2 公制”，具体根据项目需求进行选择，并单击“确定”按钮。

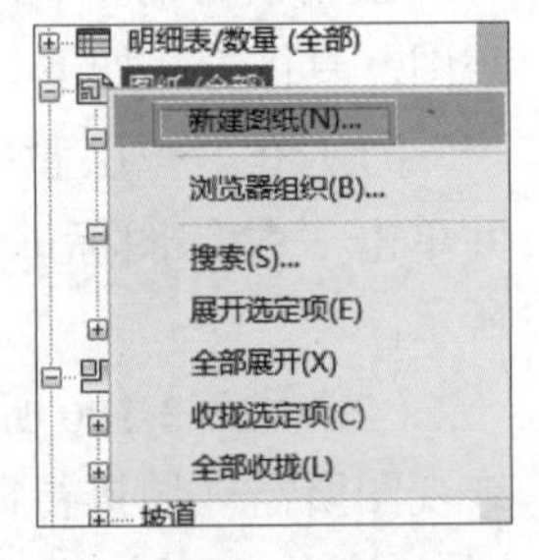

图 3-104

（2）右击“项目浏览器”下“图纸（全部）”中的“4 - 未命名”，弹出的对话框如图 3-106 所示，选择“重命名”，将其名字命名为“一层电气平面图”。

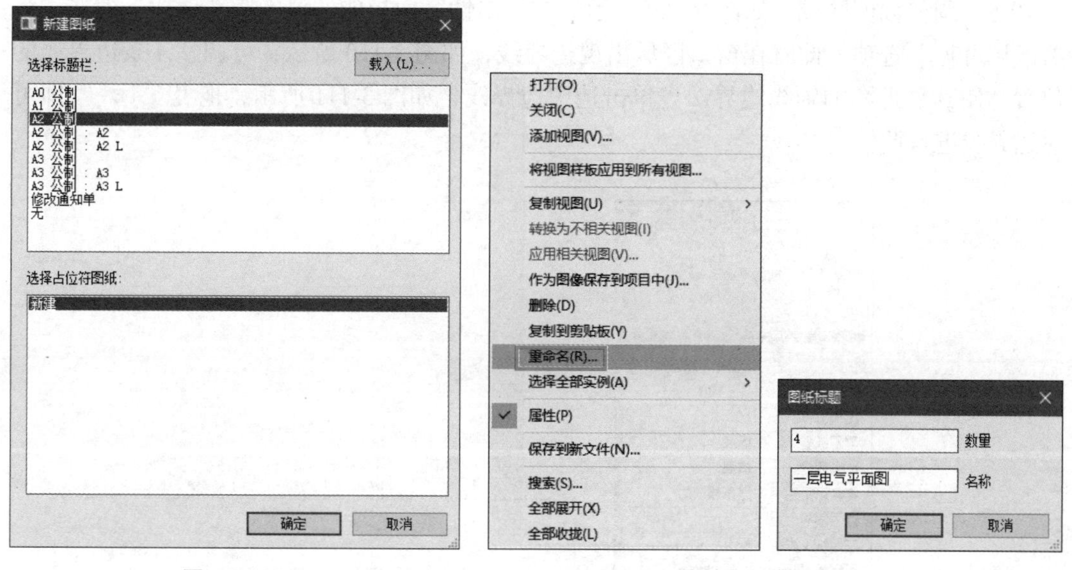

图　3-105　　　　　　　　　　图　3-106

（3）将光标移至“项目浏览器”下“楼层平面”中的“一层电气”，将“一层电气”拖至“4- 一层电气平面图”中合适位置，松开光标并单击窗口。结果如图 3-107 所示。

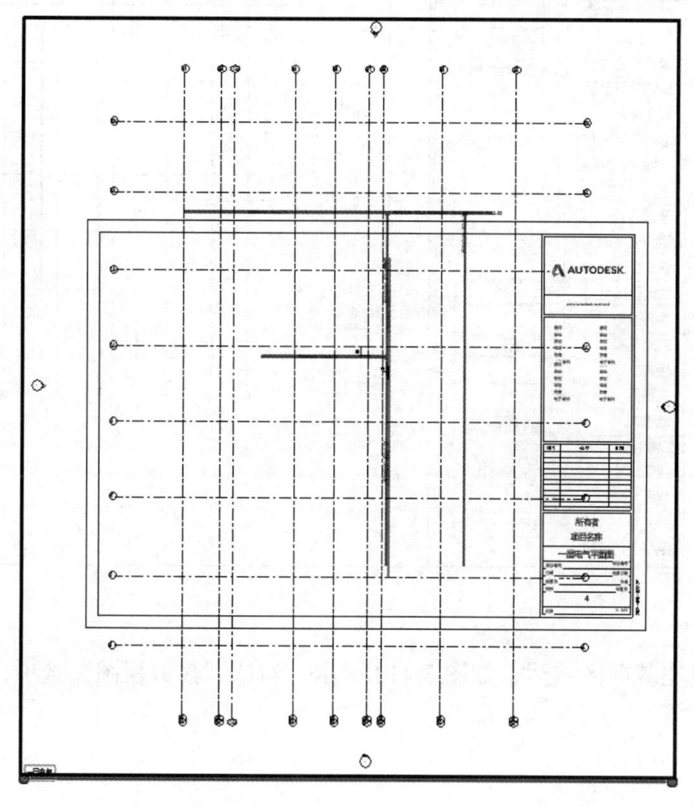

图　3-107

（4）进入“一层电气”平面视图，通过单击图 3-108 所示的比例，出图的比例从默认的 1：100 改为 1：200。

（5）调整裁剪区域，如图 3-109 所示，在“属性”面板的“范围”选项栏下勾选“裁剪区域可见”选项。此时在窗口区域出现边界线，如图 3-110 所示，可调整 4 条边界线的位置，使其靠近图的轴线边界。先单击选中边界线，如图 3-111 所示，拖曳“-●-”即可对边界线进行调整。

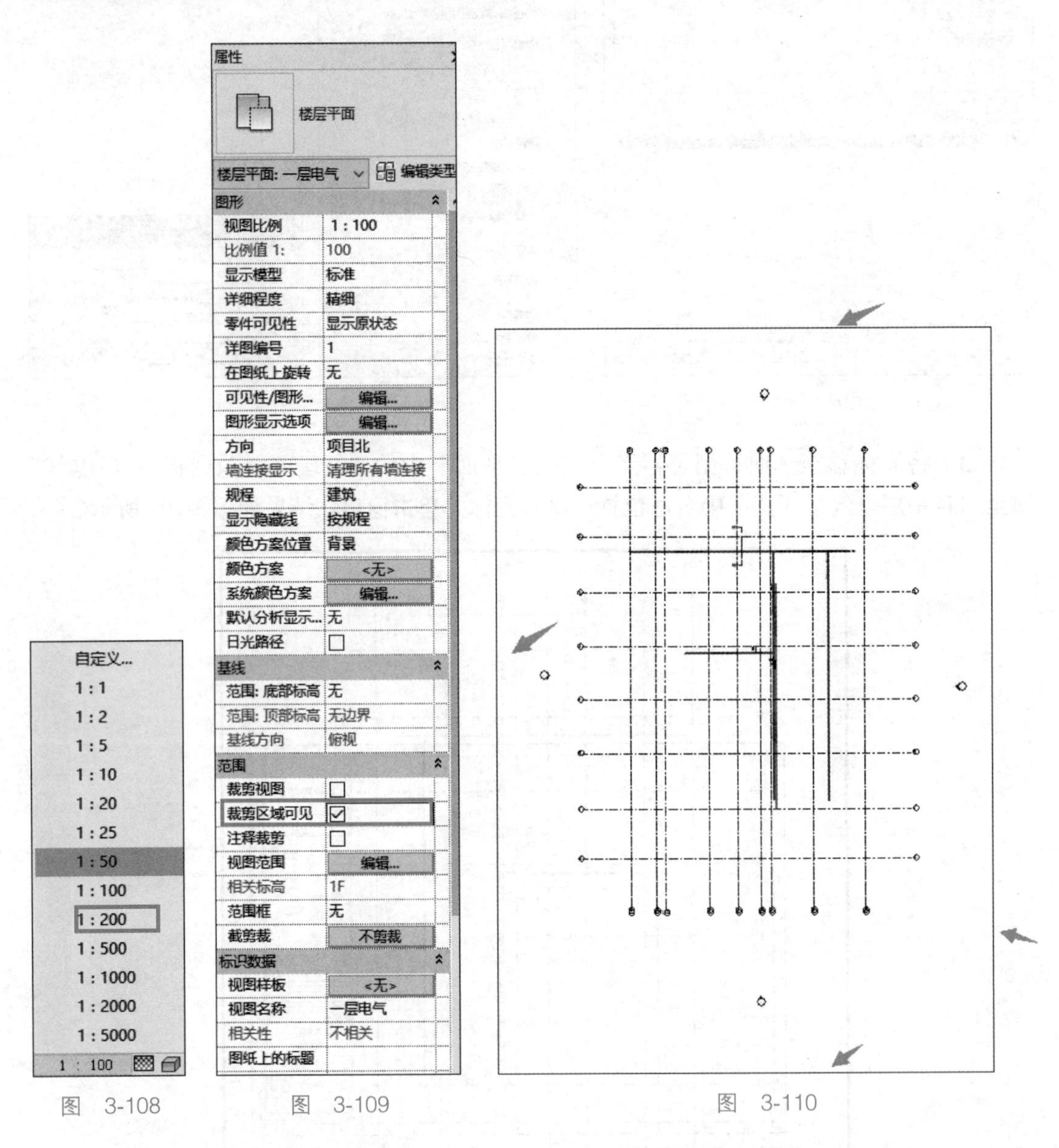

图 3-108　　图 3-109　　图 3-110

（6）当调整完裁剪区域后，如图 3-112 所示，勾选“裁剪视图”选项，取消勾选“裁剪区域可见”选项。

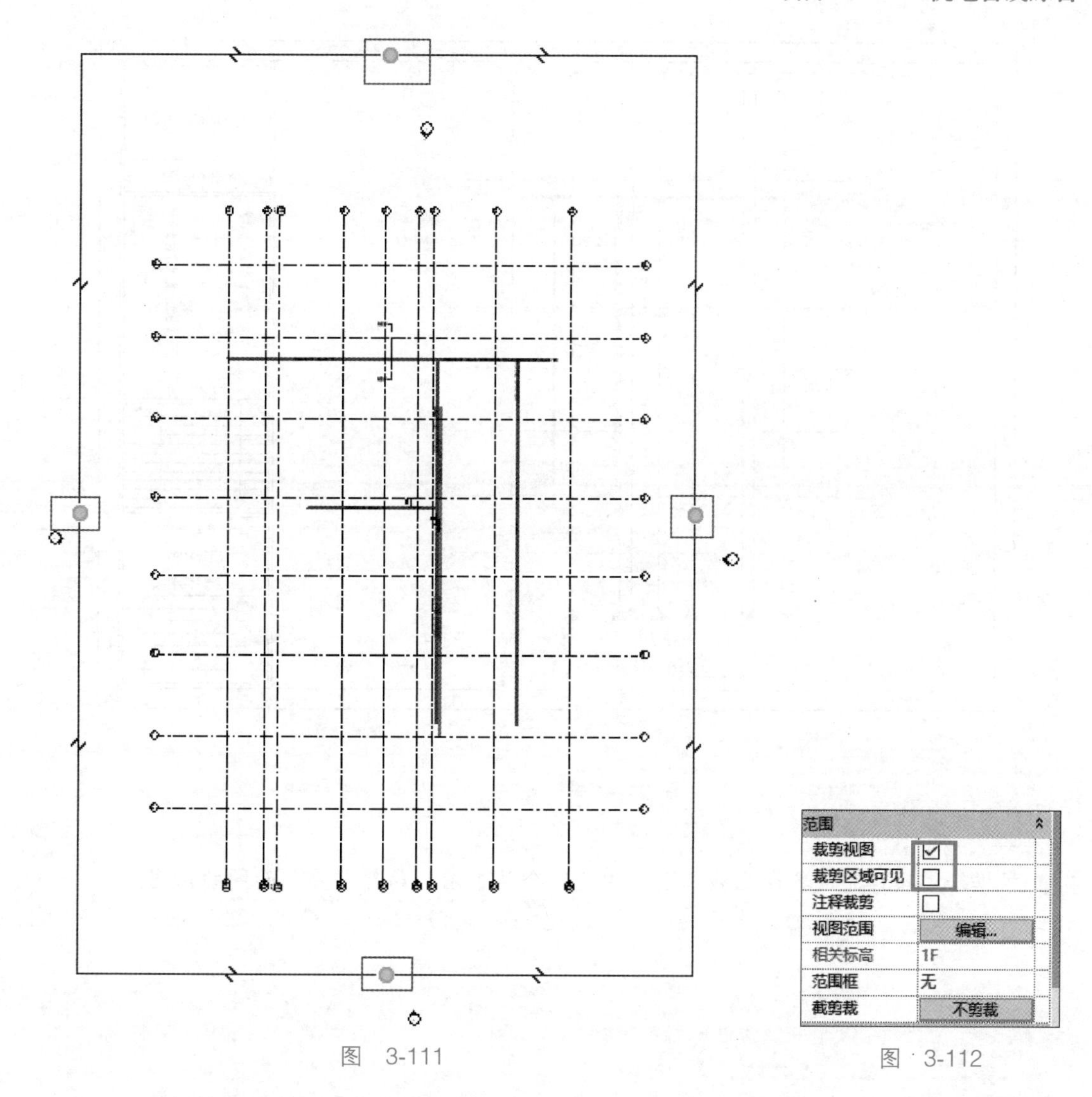

图　3-111　　　　图　3-112

（7）将视图窗口转入“4- 一层电气平面图”，单击移动电气图的位置。然后通过拖曳图 3-113 中的“ ”调整其长度。

（8）将其命名移动到合适区域，调整结果如图 3-114 所示。

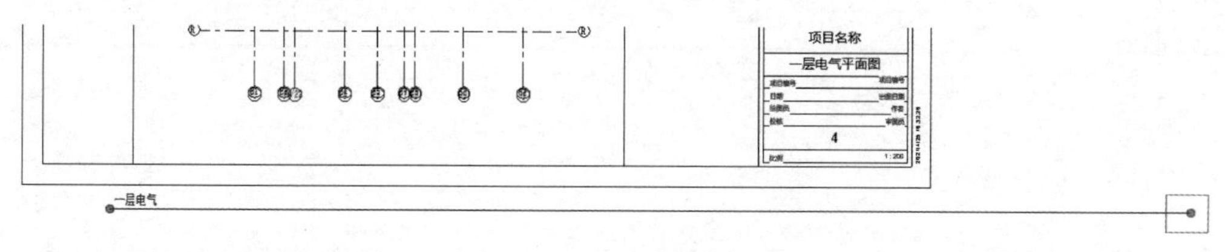

图　3-113

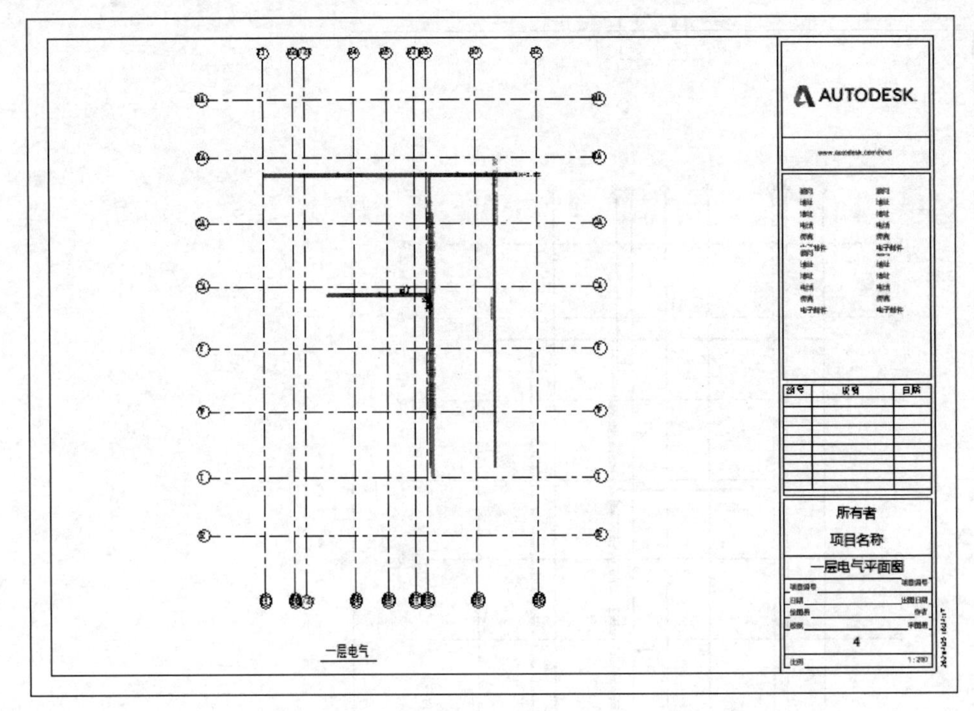

图 3-114

课后作业

根据给定项目完成各专业施工图、管线综合施工图、局部重要剖面图的出图。

项目 4　BIM 施工现场布置

学习目标

1. 掌握新建工程、导入 CAD 的方法。
2. 掌握绘制、放置、转化构件的方法。
3. 掌握成果输出的方法。

项目导入

BIM 施工现场布置是利用 BIM 软件对施工阶段的办公区、生活区、施工区域进行三维布置模拟及相关成果输出，达到可视化沟通、优化施工布置、节约资源、降低成本的目的。

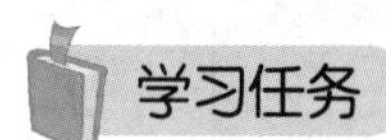

学习任务

本项目的学习任务为根据场地平面布置图纸通过绘制、放置、转化 3 种命令方式完成项目的施工场地布置。

项目实施

新建工程→导入 CAD →绘制、放置、转化构件→输出成果。

4.1　新建工程

4.1.1　新建工程的实施

教学视频：新建工程的实施

（1）打开“鲁班场布”软件，默认为新工程，单击“保存”命令，如图 4-1 所示。将工程命名为“施工场布 -320313- 张三 -20210131”，保存到自定义文件夹中，如图 4-2 所示。

图　4-1

（2）单击“工程设置”命令，将工程名称修改为“施工场布 -320313- 张三 -20210131”，并对建设单位、施工单位等信息进行录入，如图 4-3 所示。

（3）单击“企业徽标”选项卡，可以对企业 Logo 进行设置，单击“材质库”按钮，可以选择或增加其他材质，如图 4-4 和图 4-5 所示。单击“确定”按钮，返回至绘图界面。

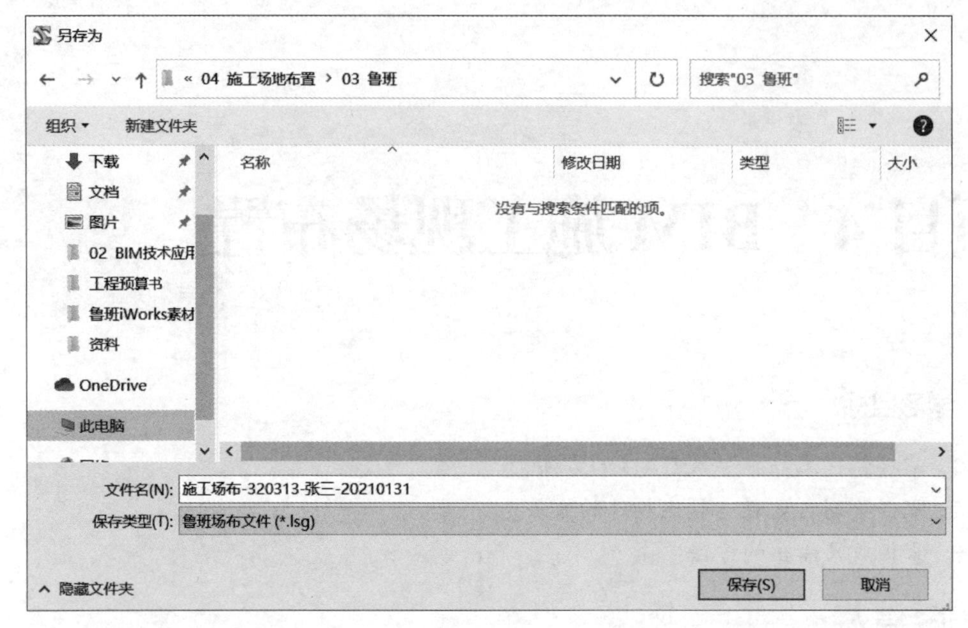
另存为
« 04 施工场地布置 › 03 鲁班
搜索"03 鲁班"
组织 ▾
新建文件夹
下载
文档
图片
02 BIM技术应用
工程预算书
鲁班iWorks素材
资料
OneDrive
此电脑
名称
修改日期
类型
大小
没有与搜索条件匹配的项。
文件名(N):
施工场布-320313-张三-20210131
保存类型(T):
鲁班场布文件 (*.lsg)
隐藏文件夹
保存(S)
取消

图 4-2

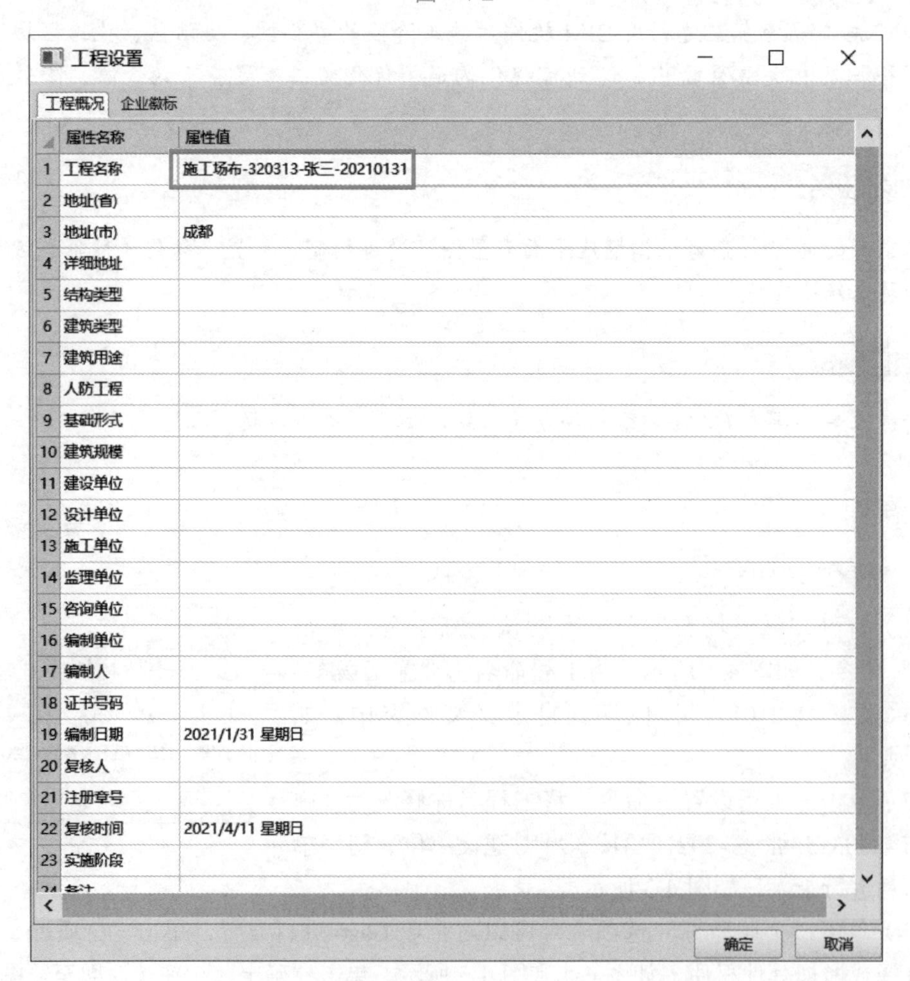
工程设置
工程概况
企业徽标
属性名称
属性值
1 工程名称 施工场布-320313-张三-20210131
2 地址(省)
3 地址(市) 成都
4 详细地址
5 结构类型
6 建筑类型
7 建筑用途
8 人防工程
9 基础形式
10 建筑规模
11 建设单位
12 设计单位
13 施工单位
14 监理单位
15 咨询单位
16 编制单位
17 编制人
18 证书号码
19 编制日期 2021/1/31 星期日
20 复核人
21 注册章号
22 复核时间 2021/4/11 星期日
23 实施阶段
确定
取消

图 4-3

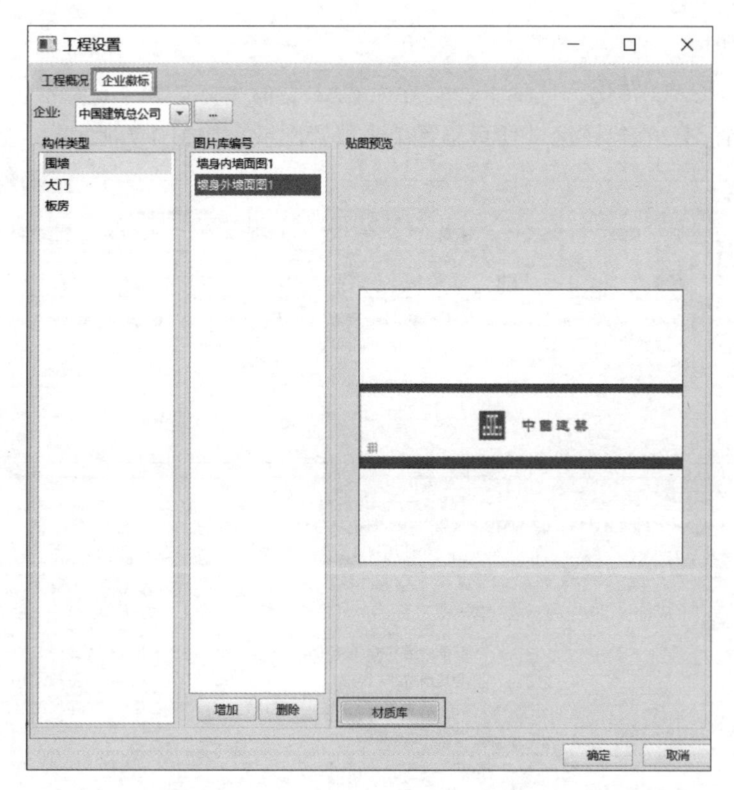
工程设置
工程概况
企业徽标
企业:
中国建筑总公司
构件类型
围墙
大门
板房
图片库编号
墙身内墙面图1
墙身外墙面图1
贴图预览
增加
删除
材质库
确定
取消

图　4-4

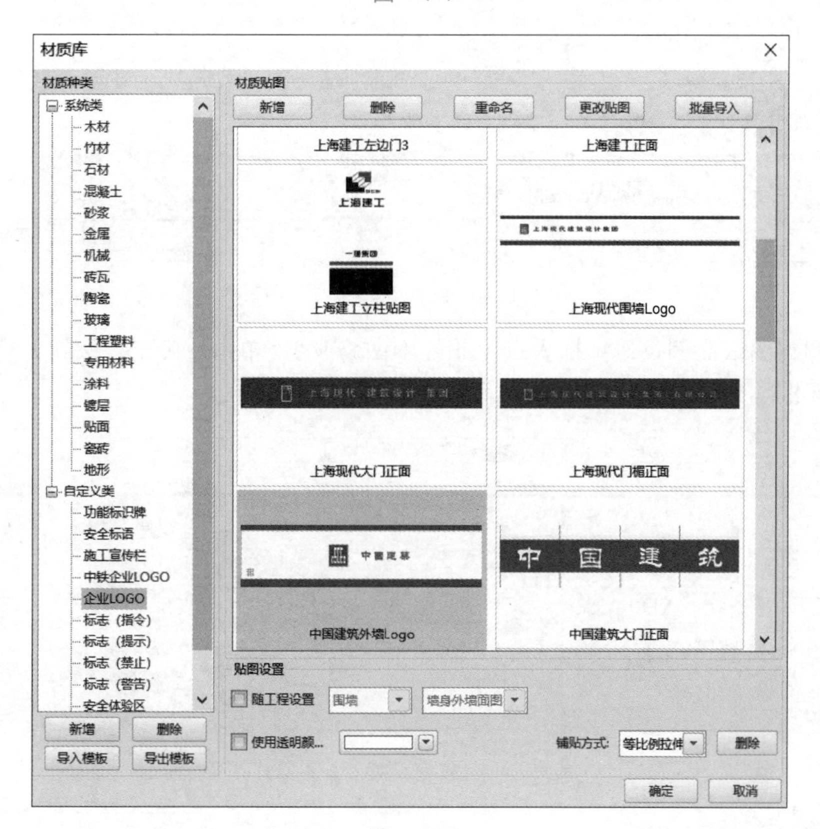
材质库
材质种类
系统类
木材
竹材
石材
混凝土
砂浆
金属
机械
砖瓦
陶瓷
玻璃
工程塑料
专用材料
涂料
镀层
贴面
瓷砖
地形
自定义类
功能标识牌
安全标语
施工宣传栏
中铁企业LOGO
企业LOGO
标志（指令）
标志（提示）
标志（禁止）
标志（警告）
安全体验区
新增
删除
导入模板
导出模板
材质贴图
新增
删除
重命名
更改贴图
批量导入
上海建工左边门3
上海建工正面
上海建工立柱贴图
上海现代围墙Logo
上海现代大门正面
上海现代门楣正面
中国建筑外墙Logo
中国建筑大门正面
贴图设置
随工程设置
围墙
墙身外墙面图
使用透明颜...
铺贴方式:
等比例拉伸
删除
确定
取消

图　4-5

教学视频：导入图纸

4.1.2 导入图纸

（1）单击“CAD 转化”选项卡→“导入 CAD”命令，如图 4-6 所示。选择需导入的施工总平面布置图，在绘图区域任意位置单击放置图纸，如图 4-7 所示。

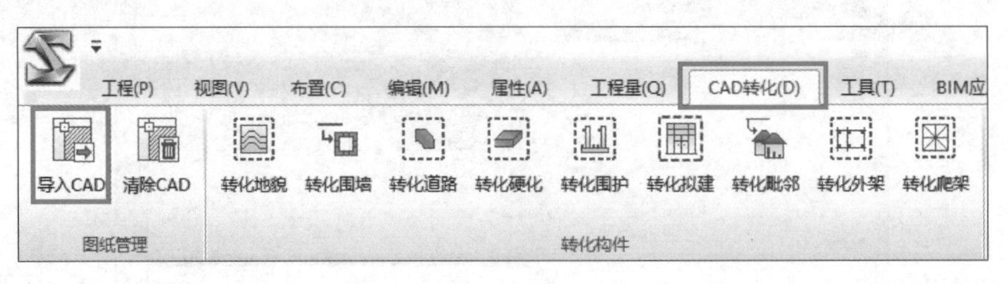

图 4-6

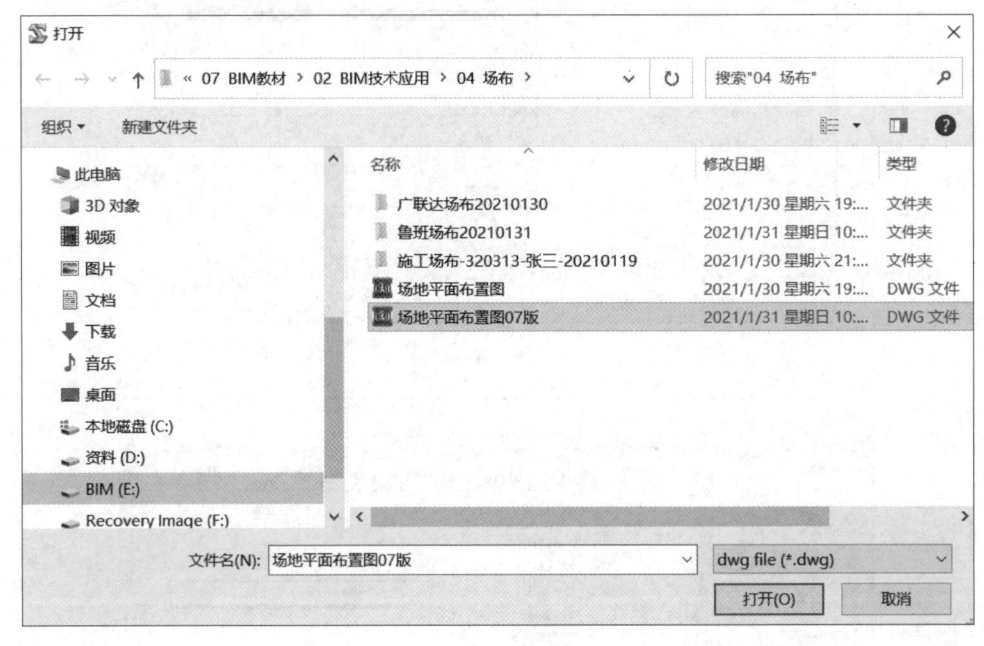

图 4-7

（2）调整图纸比例及选择插入点（此处不做修改），单击“确定”按钮，完成图纸导入，如图 4-8 和图 4-9 所示。

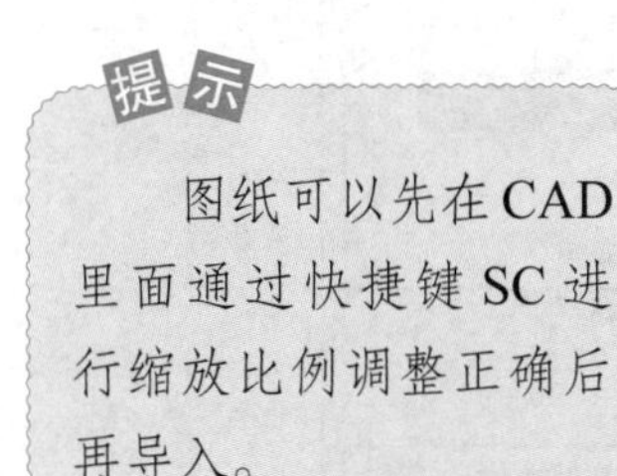

提示

图纸可以先在 CAD 里面通过快捷键 SC 进行缩放比例调整正确后再导入。

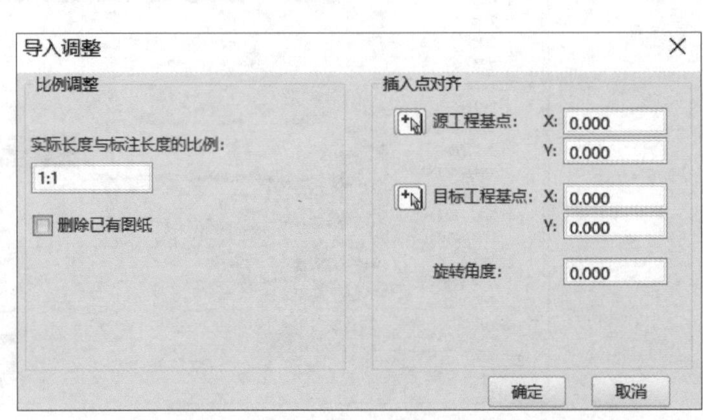

图 4-8

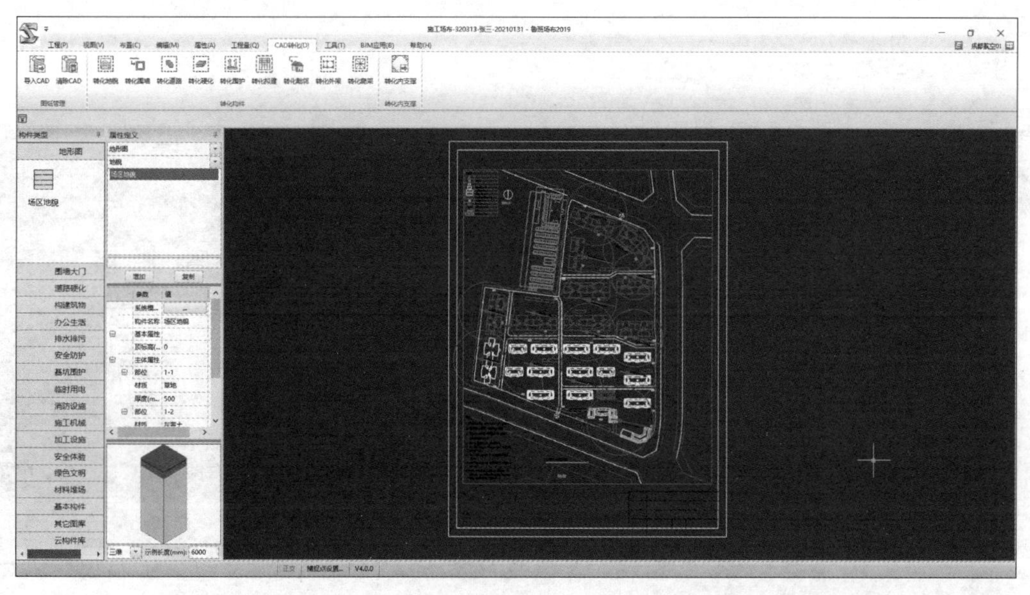

图　4-9

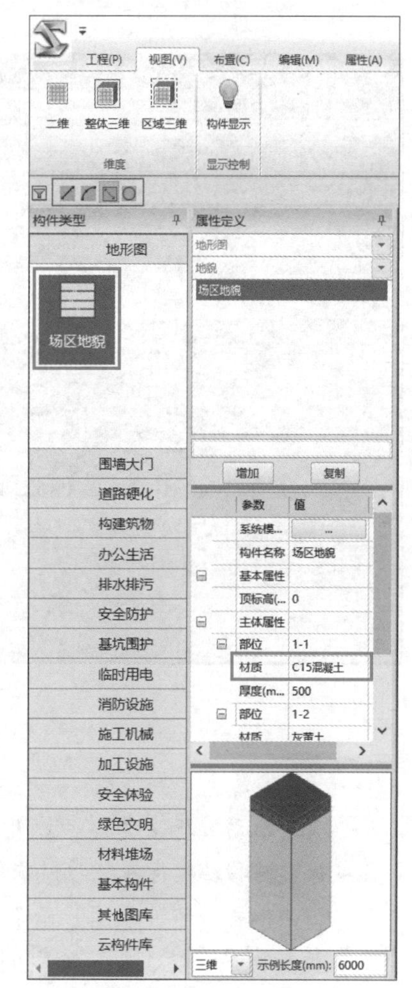

图　4-10

课后作业

根据给定施工场地布置图纸新建项目并导入图纸。

4.2　绘制构件

4.2.1　绘制地形

教学视频：绘制地形

（1）单击“场区地貌”命令，修改场区参数（材质改为 C15 混凝土），如图 4-10 所示。沿项目总平图最外边界绘制地形，绘制完成后右击确定，如图 4-11 所示。

提示

在软件界面左上方，可以选择绘制方式按“直线”“弧线”“矩形”等方式绘制。

（2）单击“视图”选项卡→“整体三维”命令，查看场地三维模型，如图 4-12 所示。

图 4-11

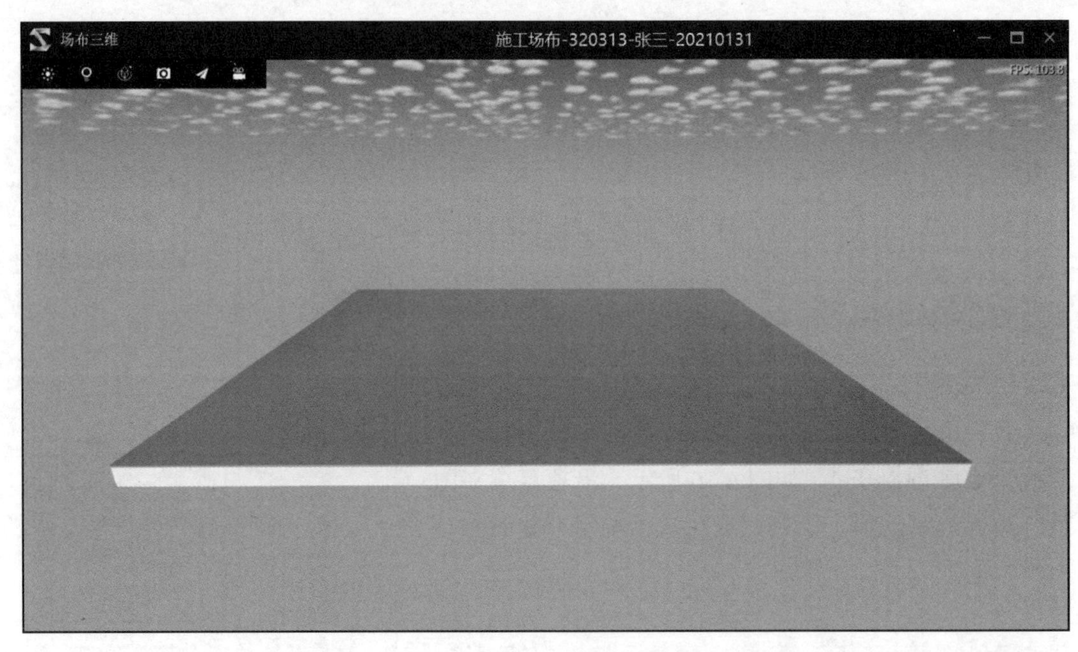

图 4-12

提示

（1）滑动鼠标滚轮进行放大缩小；按住鼠标中键移动鼠标指针可以平移模型；按住鼠标右键移动鼠标指针可以旋转模型。

（2）单击“构件显示”命令，可以对构件进行显示或隐藏操作。如切换三维后在二维中图纸不可见，可单击“构件显示”命令，勾选“CAD 图纸”，如图 4-13 所示。

图　4-13

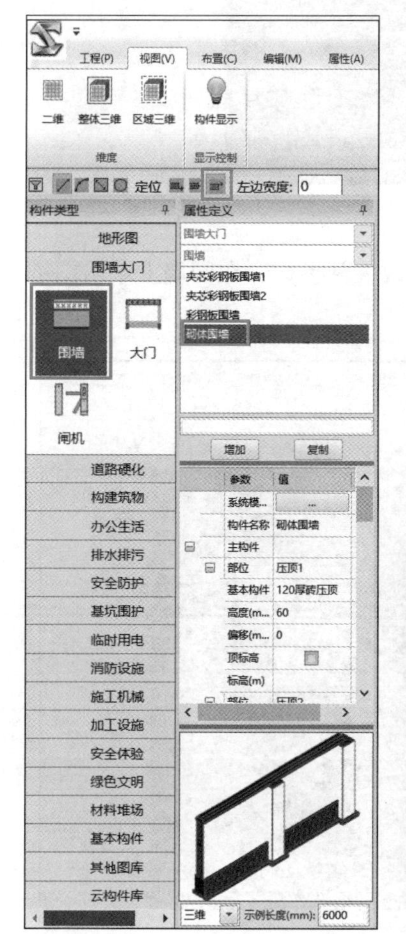

图　4-14

4.2.2　绘制围墙

教学视频：绘制围墙

单击“围墙大门”→“围墙”选项，选择“砌体围墙”选项，按实际工程需要修改围墙参数，选择定位方式，如图 4-14 所示。沿红线范围绘制围墙，完成后切换至三维查看模型，如图 4-15 所示。

提示

（1）在绘制过程中，绘制错误时可以按快捷键 Ctrl+Z 返回上一绘制点，按快捷键 Esc 会退出当前操作，且该操作下前面已绘制的部分会消失。

（2）绘制围墙时，在大门处不需要断开。

图　4-15

教学视频：放置大门

4.2.3 放置大门

（1）单击“工具”选项卡→“对齐”命令，测量1#大门的宽度，如图4-16和图4-17所示。

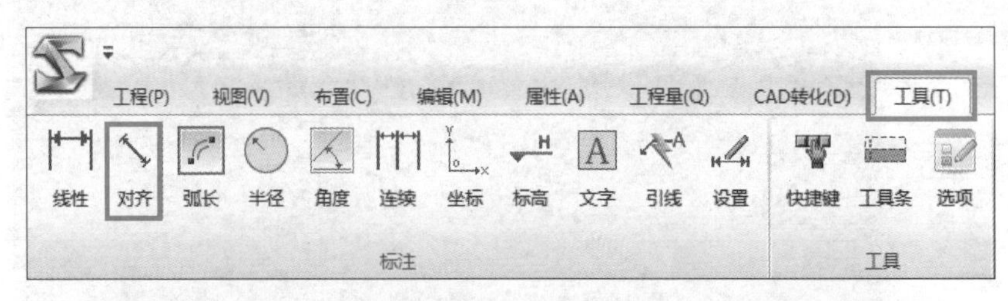

图 4-16

图 4-17

（2）单击“大门”命令，选择“临时大门”选项，修改大门参数，在围墙上单击图纸中1#大门中点放置，如图4-18和图4-19所示。

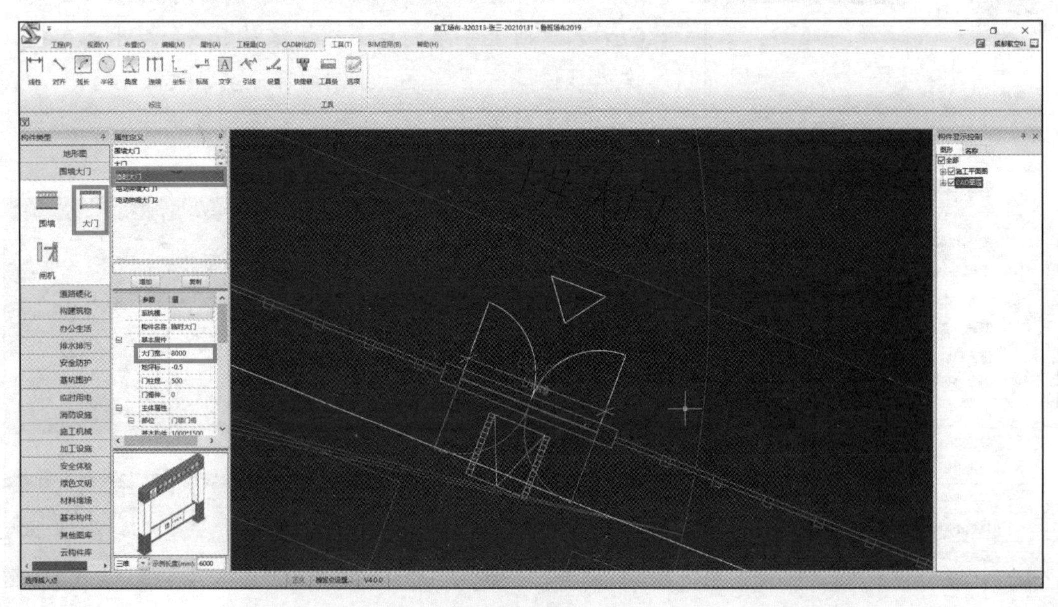

图 4-18

图　4-19

提示

在完成围墙绘制的前提下，在围墙上放置大门，大门才会沿着围墙方向放置。

4.2.4　绘制道路

测量图纸中施工道路宽度为 5000mm，如图 4-20 所示。单击“道路硬化”→“道路”选项，选择“250 厚施工道路”选项，按实际工程需要修改施工道路参数（修改宽度为“5000”），选择定位方式为“靠右”，如图 4-21 和图 4-22 所示。沿图纸中道路线顺时针方向绘制道路，如图 4-23 所示。

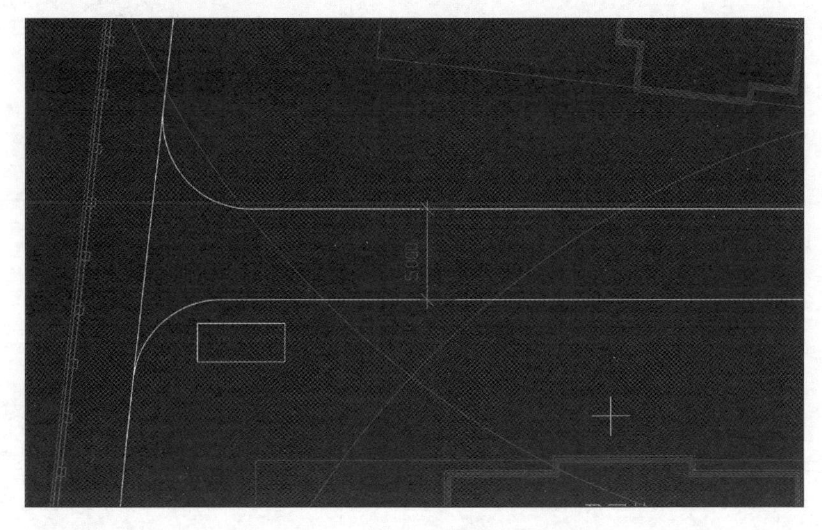

图　4-20

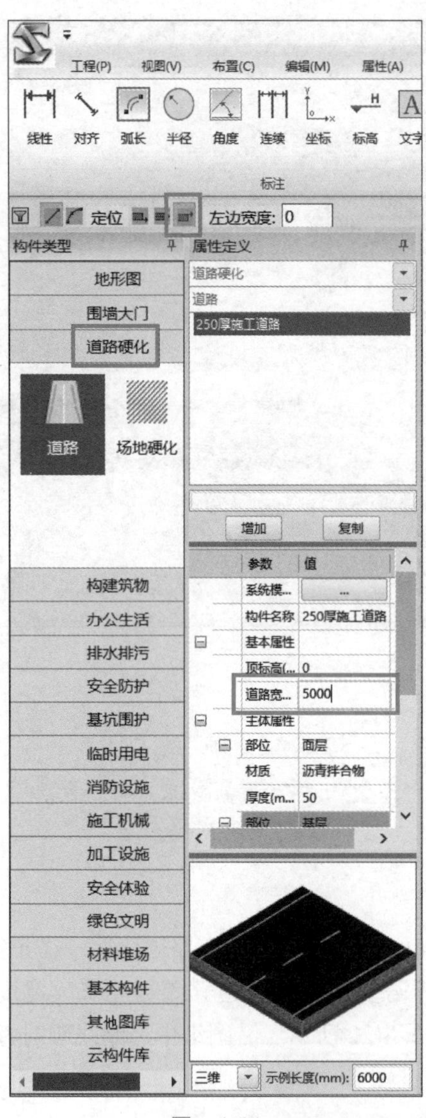

图 4-21

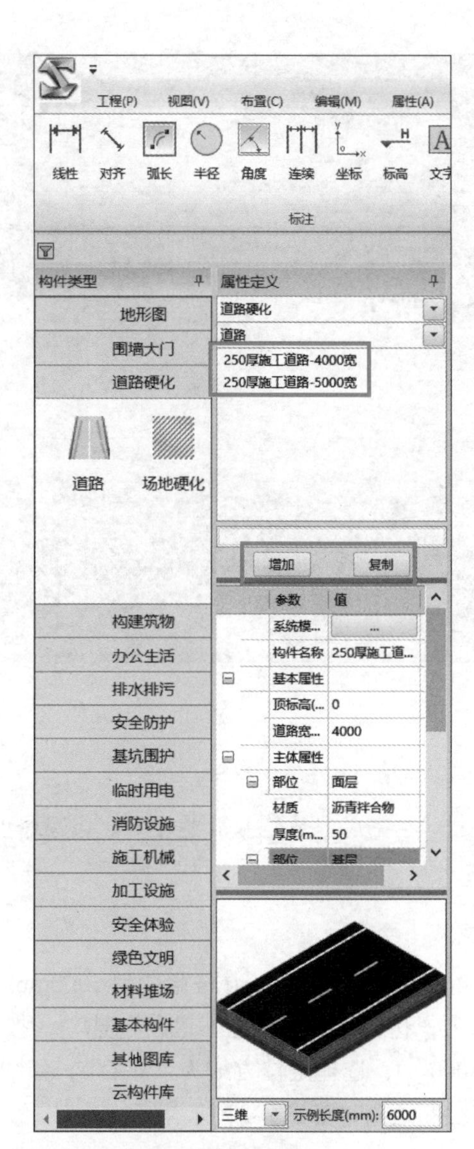

图 4-22

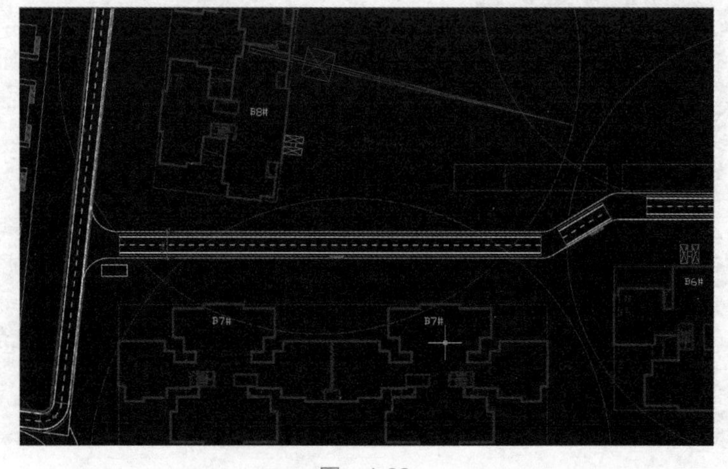

图 4-23

提示

（1）对于交叉或弯曲道路，可以先画直线段，然后拖动道路端点使其与另一段道路相交，软件自动生成交叉路口。

（2）不同宽度的道路在绘制之前应增加或复制一个道路出来，不能直接修改宽度，否则前面的道路宽度会一起修改，如图 4-22 所示。

提示

双击属性定义中的构件，可以放大构件进行查看和修改属性，如图 4-24 所示。

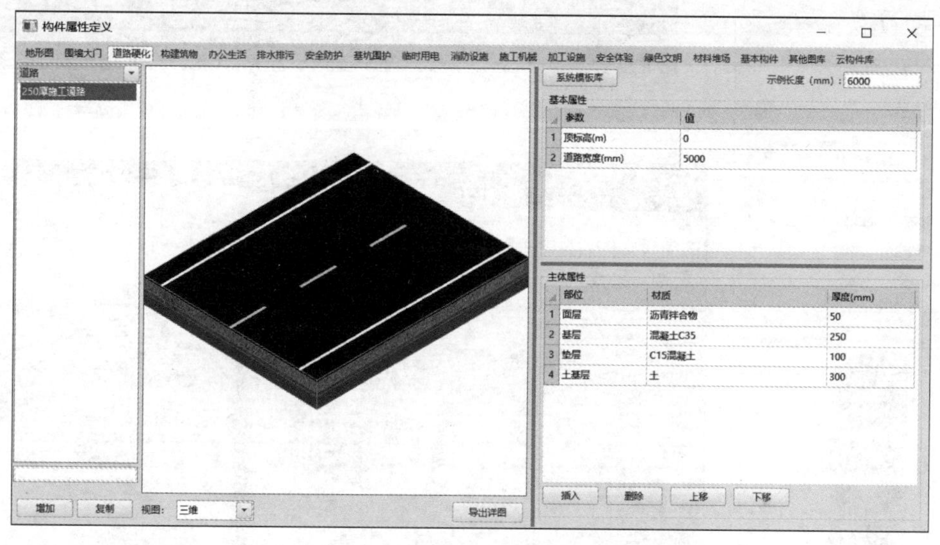

图　4-24

4.2.5　识别拟建建筑

教学视频：识别拟建建筑

单击“CAD 转化”选项卡→“转化拟建”命令，如图 4-25 所示。修改拟建工程参数，如图 4-26 所示。单击图纸中拟建建筑，右击完成识别，如图 4-27 和图 4-28 所示。

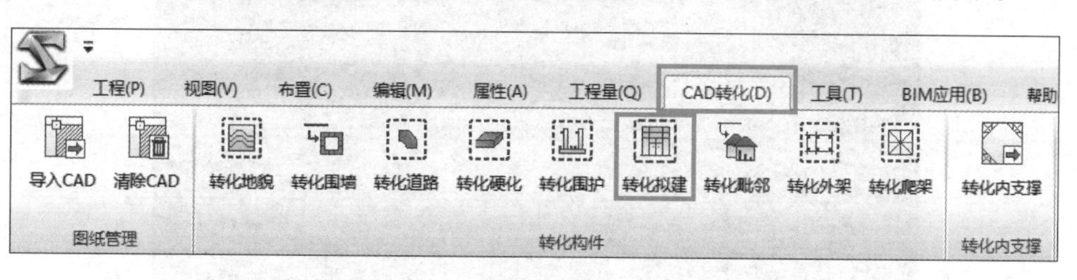

图　4-25

4.2.6　放置板房

测量板房开间和进深，如图 4-29 所示。单击“办公生活”→“活动板房”选项，修改开间、进深、楼梯参数，勾选“放置后旋转”复选框，如图 4-30 所示。单击图纸中板房左右两点，完成放置，如图 4-31 和图 4-32 所示。

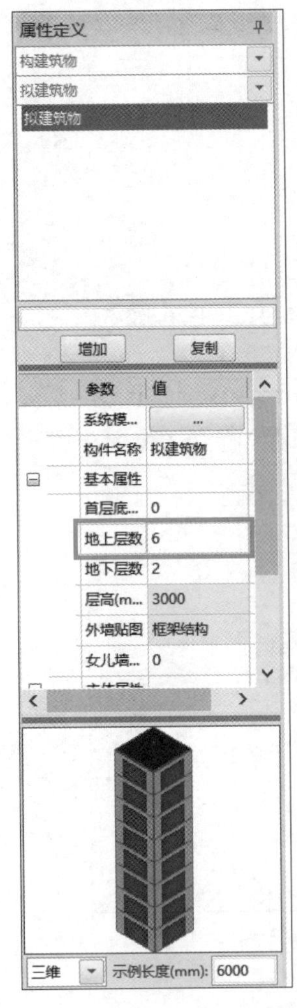

图 4-26

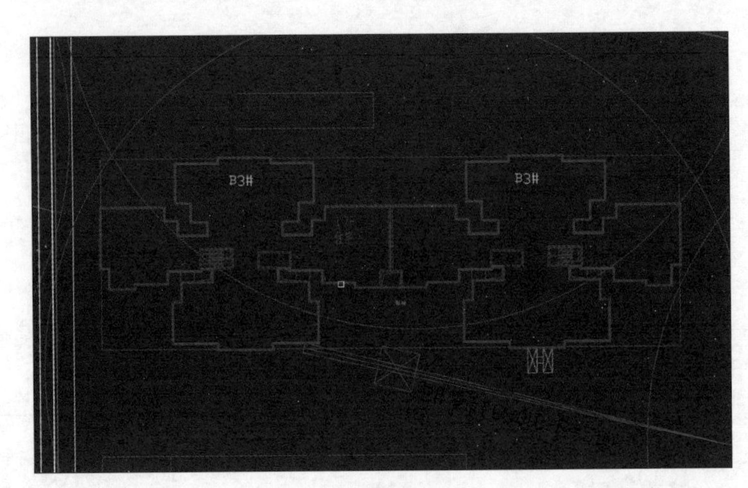

图 4-27

图 4-28

图 4-29

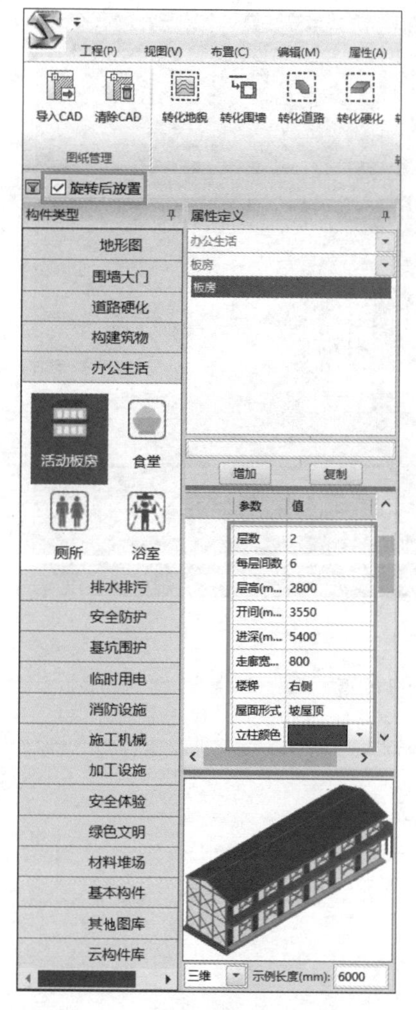

图　4-30

> **提示**
>
> 不同类型的板房在绘制前应增加或复制一个出来，不能直接修改参数，否则前面的板房参数会一起修改。

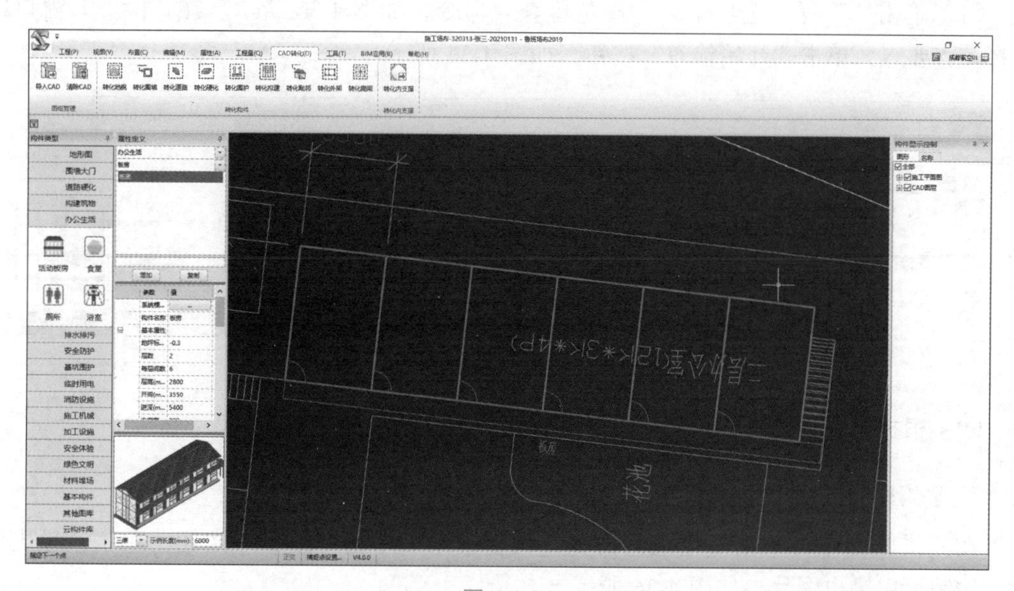

图　4-31

图 4-32

按照相同方式依次完成塔吊、材料堆场等场地构件的布置。

课后作业

根据给定施工场地布置图纸完成构件的绘制、放置或识别。

4.3 规范检查及成果输出

教学视频：规范检查及成果输出

4.3.1 规范检查

（1）单击“工程”选项卡→“规范检查”命令，如图 4-33 所示。在“检查”窗口中选择核查要点，单击“开始检查”按钮，如图 4-34 所示。

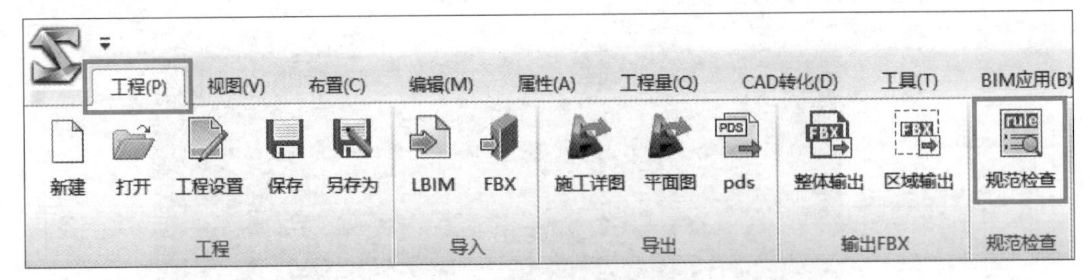

图 4-33

（2）根据问题描述和整改意见进行有针对性的修改，如图 4-35 所示。

4.3.2 输出图片

在三维视图中，单击“相机”命令，调整视角后单击“拍摄”按钮。单击“导出图片”按钮可以输出图片，如图 4-36 所示。

检查

	检查项目	检查依据
☑	安全检查标准JGJ59-2011	
☑	市区主要路段的工地应设置高度不小于2.5m的封闭围挡	3.2.3-1
☑	施工现场进出口应设置大门，并应设置门卫值班室	3.2.3-2
☑	施工现场主要道路及材料加工区地面应进行硬化处理	3.2.3-3
☑	施工现场应有防止扬尘措施	3.2.3-3
☑	施工现场应有防止泥浆、污水、废水污染环境的措施	3.2.3-3
☑	施工现场应设置专门的吸烟处，严禁随意吸烟	3.2.3-3
☑	材料应码放整齐，并应标明名称、规格等	3.2.3-4
☑	施工现场灭火器材应保证可靠有效，布置配置应符合规范要求	3.2.3-6
☑	生活区内应设置供作业人员学习和娱乐的场所	3.2.4-1
☑	应有宣传栏、读报栏、黑板报	3.2.4-2
☑	应设置淋浴室，且能满足现场人员要求	3.2.4-3

开始检查

图 4-34

检查结果

☑ 安全检查标准JGJ59-2011 ☑ 消防安全技术规范GB50720-2011　　导出

序号	构件名称	问题描述	判断依据	整改意见	被检查类
1		未采取防尘措施	3.2.3-3	施工现场应有防止扬尘措施	绿色文明/洒水车
2		未采取防止泥浆、污水、废水污染环境...	3.2.3-3	施工现场应有防止泥浆、污水、废水污染环境的措施	排水排污/沉淀池
3		未设置吸烟处	3.2.3-3	施工现场应设置专门的吸烟处，严禁随意吸烟	构建筑物/茶烟亭
4		生活区未设置供作业人员学习和娱乐场所	3.2.4-1	生活区内应设置供作业人员学习和娱乐的场所	办公生活/篮球场
5		未设置宣传栏、读报栏、黑板报	3.2.4-2	应有宣传栏、读报栏、黑板报	绿色文明/宣传栏
6		未设置淋浴室	3.2.4-3	应设置淋浴室，且能满足现场人员要求	办公生活/浴室
7		在建工程的孔、洞未采取防护措施	3.13.3-5	在建工程的预留洞口、楼梯口、电梯井口等孔洞应采取...	安全防护/临边防护
8		未设置车辆冲洗设施	3.2.3-2	施工现场出入口应标有企业名称或标识，并应设置车辆...	构建筑物/洗车池
9		未进行绿化布置	3.2.3-3	温暖季节应有绿化布置	绿色文明
10	砌体围墙	围挡高度小于2.5M	3.2.3-1	市区主要路段的工地应设置高度不小于2.5m的封闭围挡	围墙大门/围墙
11	临时大门	未设置门卫室	3.2.3-2	施工现场进出口应设置大门，并应设置门卫值班室	围墙大门/大门
12	板房	施工现场灭火器材布局、配置不合理	3.2.3-6	施工现场灭火器材应保证可靠有效，布置配置应符合规...	办公生活/板房
13	拟建筑物	未搭设防护棚	3.13.3-6	应搭设防护棚且防护严密、牢固	构建筑物/拟建筑物
14	250厚施工...	道路与拟建筑物、封闭式临时建筑物之...	3.3.1	施工现场内应设置临时消防车道，临时消防车道与在建...	道路硬化/道路
15	250厚施工...	道路与拟建筑物、封闭式临时建筑物之...	3.3.1	施工现场内应设置临时消防车道，临时消防车道与在建...	道路硬化/道路
16	250厚施工...	道路与拟建筑物、封闭式临时建筑物之...	3.3.1	施工现场内应设置临时消防车道，临时消防车道与在建...	道路硬化/道路
17	250厚施工...	道路与拟建筑物、封闭式临时建筑物之...	3.3.1	施工现场内应设置临时消防车道，临时消防车道与在建...	道路硬化/道路
18	250厚施工...	道路与拟建筑物、封闭式临时建筑物之...	3.3.1	施工现场内应设置临时消防车道，临时消防车道与在建...	道路硬化/道路
19	250厚施工...	道路与拟建筑物、封闭式临时建筑物之...	3.3.1	施工现场内应设置临时消防车道，临时消防车道与在建...	道路硬化/道路
20	250厚施工...	道路与拟建筑物、封闭式临时建筑物之...	3.3.1	施工现场内应设置临时消防车道，临时消防车道与在建...	道路硬化/道路
21	250厚施工...	道路与拟建筑物、封闭式临时建筑物之...	3.3.1	施工现场内应设置临时消防车道，临时消防车道与在建...	道路硬化/道路

图 4-35

4.3.3 输出漫游视频

在三维视图中，单击“视频录制”命令，选择文件存放路径后，单击“开始”按钮，利用 W、A、S、D 键进行移动漫游，使用鼠标右键进行旋转，完成漫游后单击“停止”按钮，完成漫游视频录制。在文件保存路径里查看视频，如图 4-37 所示。

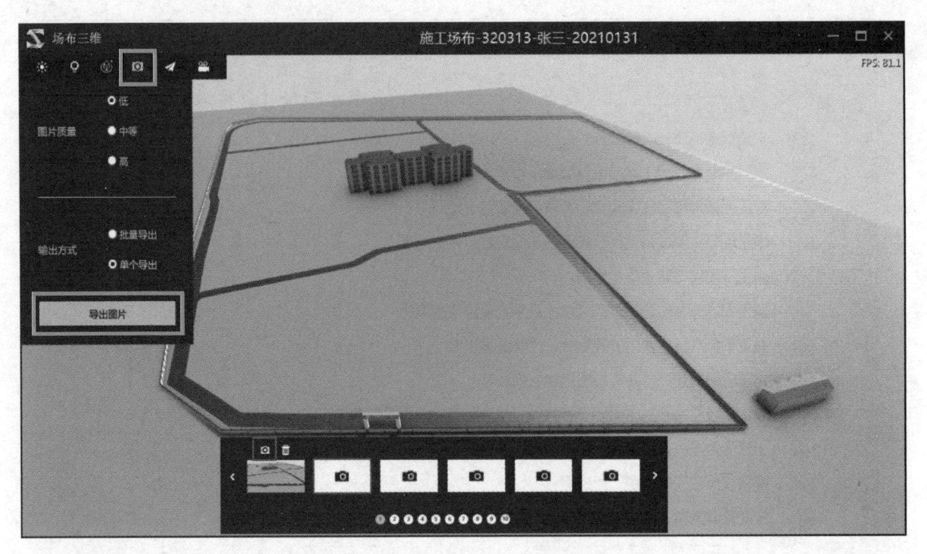

图 4-36

图 4-37

4.3.4 导出 CAD

（1）单击“工程”选项卡→“导出”面板→“平面图”命令，如图 4-38 所示。框选要导出平面图的区域，右击确定，如图 4-39 所示。

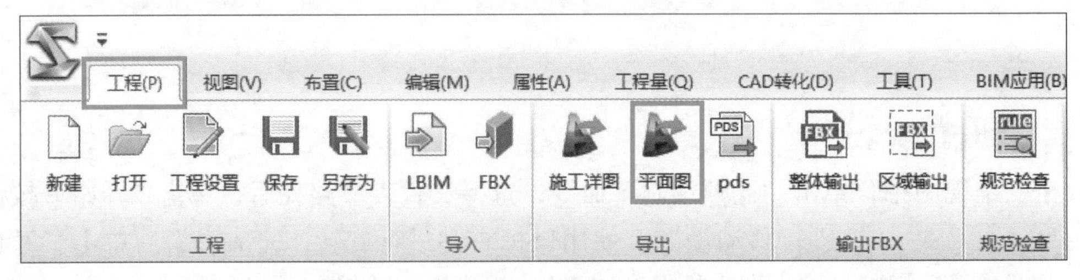

图 4-38

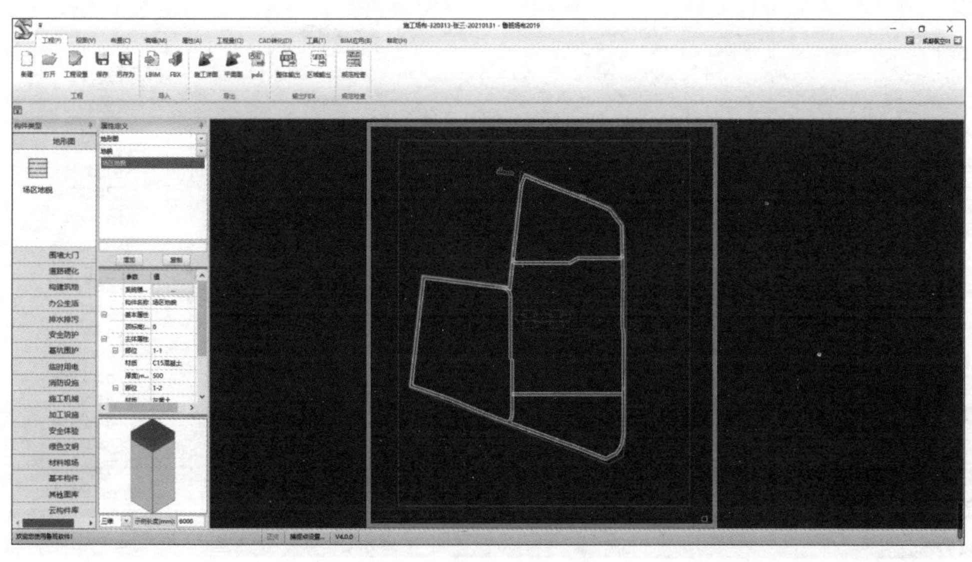

图　4-39

（2）单击“导出 DWG”按钮，导出平面布置图，如图 4-40 所示。

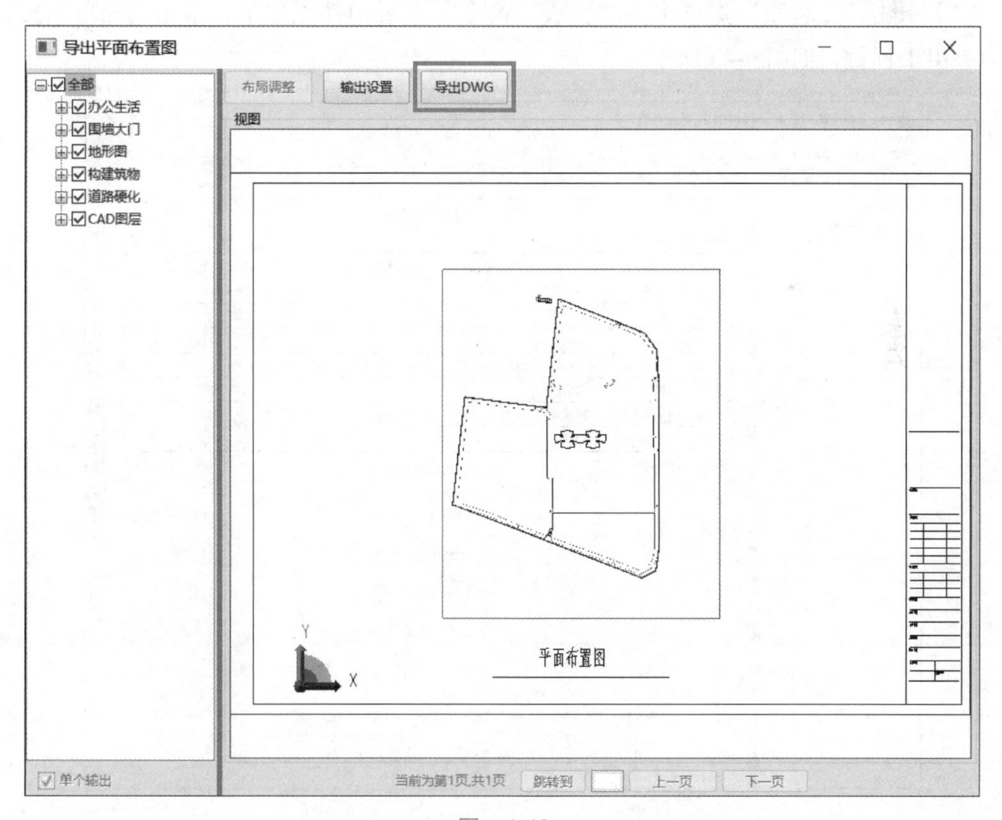

图　4-40

4.3.5　导出工程量

（1）单击“工程量”选项卡→“计算”命令，如图 4-41 所示。选择需要计算的构件，单击“确定”按钮，如图 4-42 所示。

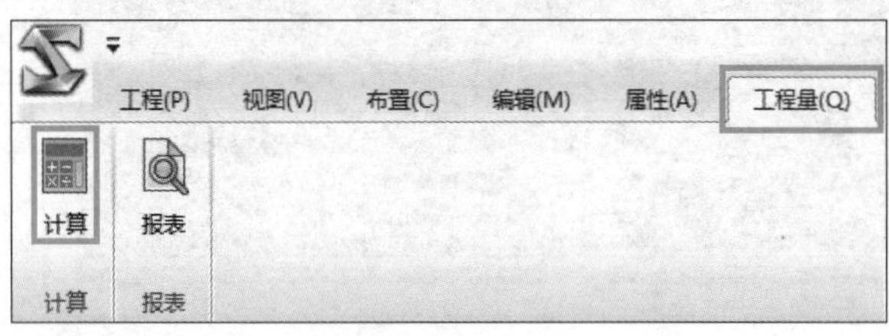

图 4-41

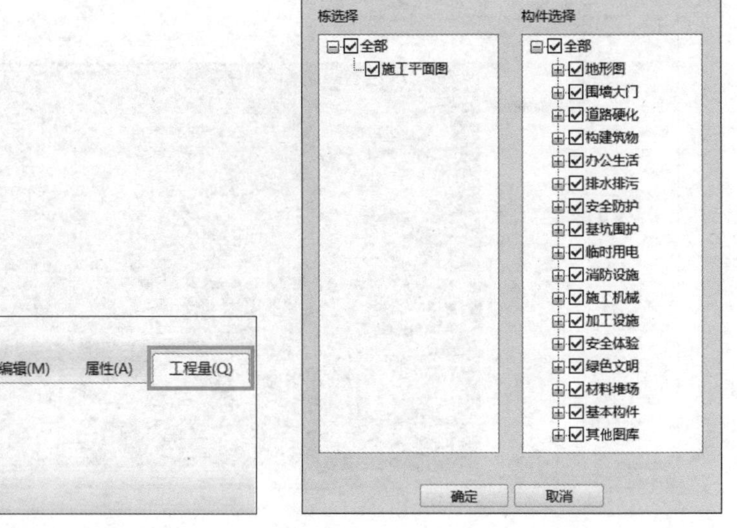

图 4-42

（2）单击“工程量”选项卡→“报表”命令，查看构件工程量，单击“导出”按钮，可以导出工程量，如图 4-43 所示。

序号	构件小类	构件名称	长度(m)	单位	工程量	备注
1	地貌	场区地貌	—	m^2	245594.07	
2	围墙	砌体围墙	—	m	1387.54	
3	大门	临时大门	—	个	1	
4	道路	250厚施工道路-5000宽	—	m	1939.51	
5	路口	路口2	—	m^2	73.83	
6	拟建筑物	拟建筑物	—	个	1	
7	板房	板房	—	m^2	230.04	

图 4-43

课后作业

根据给定施工场地布置图纸完成构件布置后的规范检查及成果输出。

项目 5　BIM 施工模拟

学习目标

1. 掌握视点动画制作方法。
2. 掌握施工模拟文件创建的方法。
3. 掌握 Animator 动画制作的方法。

项目导入

BIM 施工模拟是利用 BIM 软件对复杂施工方案、施工进度计划等进行模拟，提前发现可能存在的施工工序不合理、资源安排及进度计划不能满足工期等问题，以达到可视化沟通、优化施工方案、节约资源、降低成本的目的。

学习任务

本项目的学习任务为根据提供的 BIM 模型完成施工模拟文件的制作及模拟动画的输出。

项目实施

加载模型→创建视点动画→创建施工模拟文件→创建 Animator 动画→整合模拟文件与动画→输出动画。

5.1　创建视点动画

教学视频：创建视点动画

5.1.1　保存视点

（1）打开结构模型，附加建筑模型。单击“视点”选项卡→“保存视点”命令，软件自动在右侧“保存的视点”窗口中保存当前视图，如图 5-1 所示。

（2）旋转模型，每旋转到某一位置，单击“保存视点”命令一次，如图 5-2 所示。

5.1.2　创建视点动画的实施

（1）在右侧“保存的视点”对话框中空白处右击，在弹出的快捷菜单中，选择“添加动画”命令，如图 5-3 所示。按住 Ctrl 键不放，选择上一步保存的视图，拖动到“动画”两个字上，如图 5-4 所示。

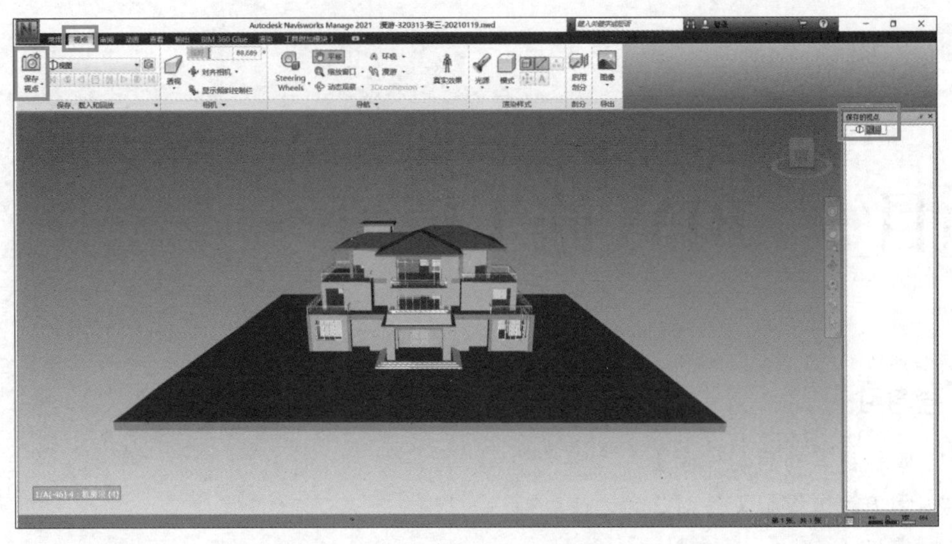

图 5-1

图 5-2

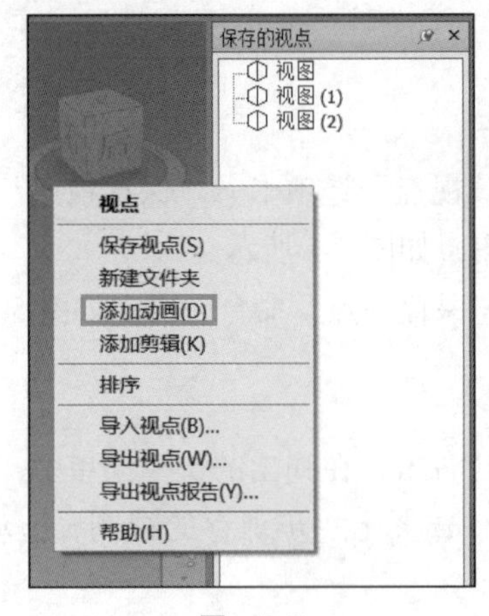

图 5-3

图 5-4

提示

只有将视图放入“动画”里后，动画才有效，如图 5-5 所示。若视图与动画还处于同一级，则动画无效，如图 5-6 所示。

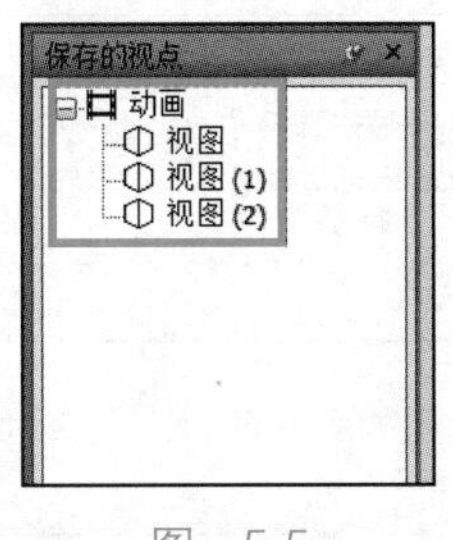

图 5-5

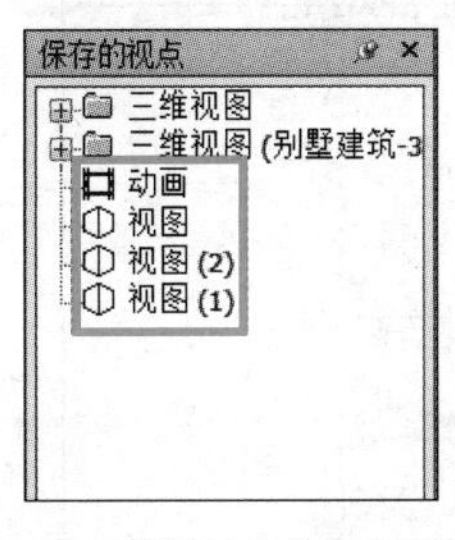

图 5-6

（2）右击“视图 1”，在弹出的快捷菜单中，选择“添加剪辑”命令，如图 5-7 所示。在“视图 1”上方出现“剪切”，右击“剪切”，在弹出的快捷菜单中，选择“编辑”命令，如图 5-8 所示。在弹出的“编辑动画剪辑”对话框中设定剪切延迟时长为 2 秒，如图 5-9 所示。

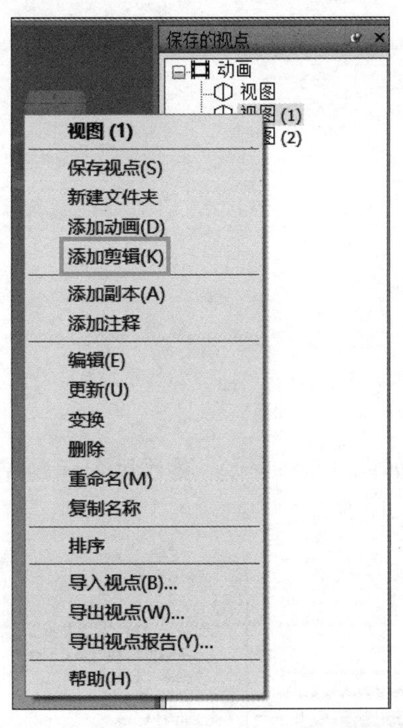

图 5-7

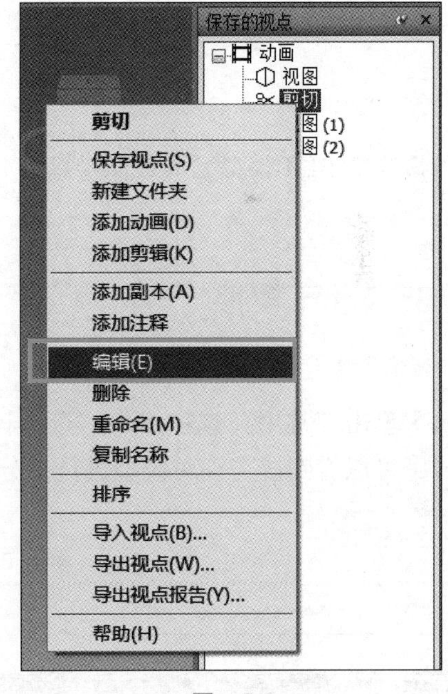

图 5-8

编辑动画剪辑

2 延迟 (秒) 确定 取消

图 5-9

提示

（1）“剪切”的作用在于创建视点动画后，动画在剪切处暂停。

（2）进行暂停的是“剪切”上方的视图。

（3）右击“动画”，在弹出的快捷菜单中，选择“编辑”命令，可以修改动画播放时长，如图 5-10 和图 5-11 所示。

（4）选中“动画”，单击“播放”按钮，可以对动画进行预览，如图 5-12 所示。

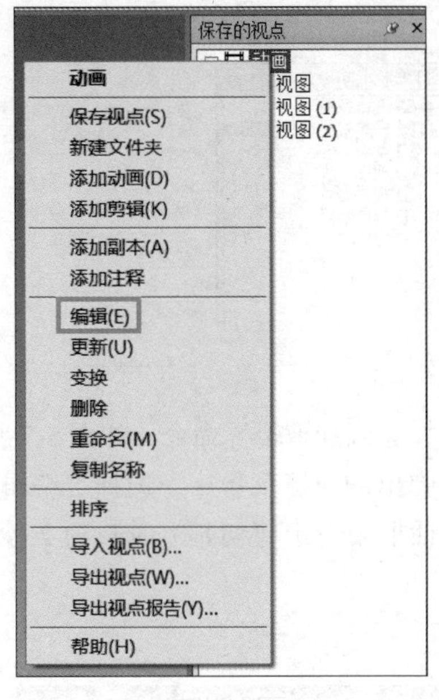

图 5-10

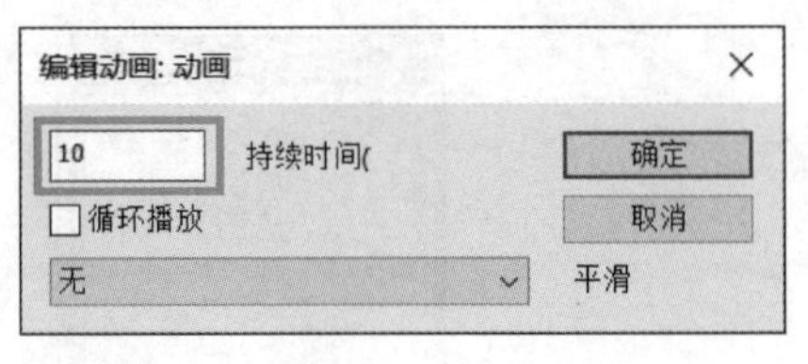

图 5-11

图 5-12

课后作业

根据给定 BIM 模型完成视点动画制作。

5.2 BIM 施工模拟

5.2.1 新建集合

教学视频：新建集合

（1）单击“常用”选项卡→“选择树”命令，如图 5-13 所示。展开每个标题左侧的“+”号，可以看到按类别对模型进行了分类，如图 5-14 所示。

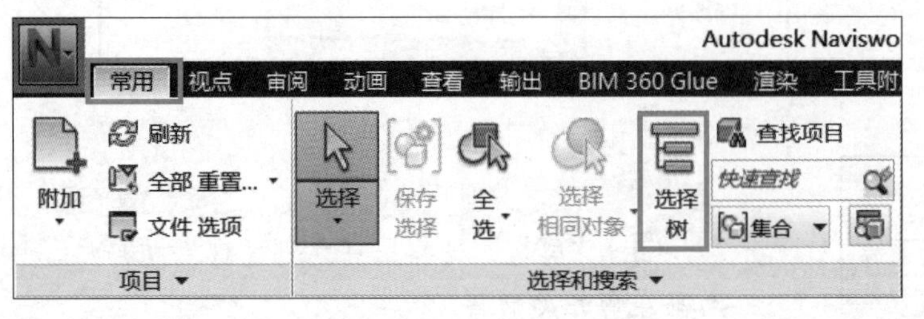

图 5-13

图 5-14

（2）单击“别墅建筑”，所有建筑构件被选中，如图 5-15 所示。单击“隐藏”命令，将建筑模型暂时隐藏，如图 5-16 和图 5-17 所示。

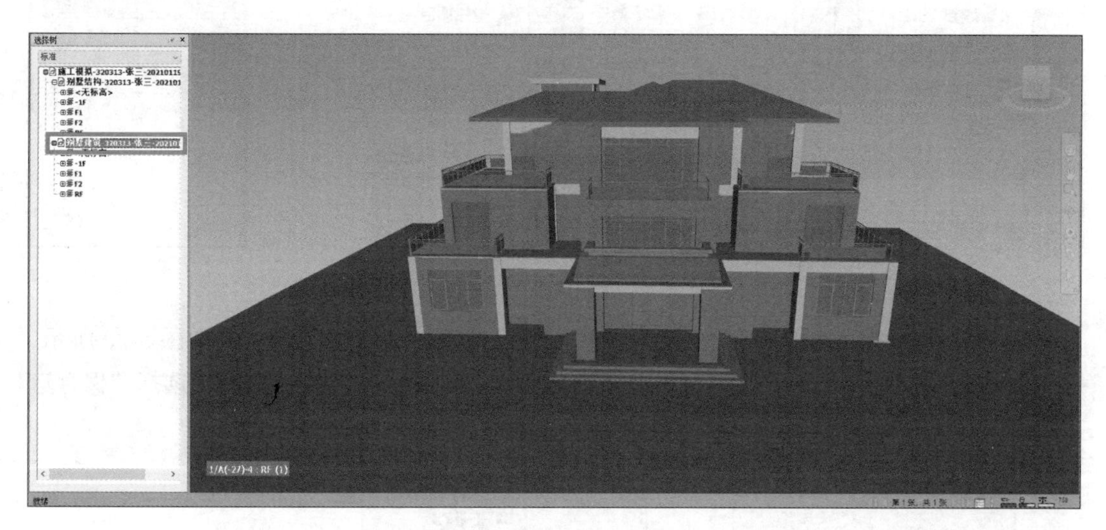

图　5-15

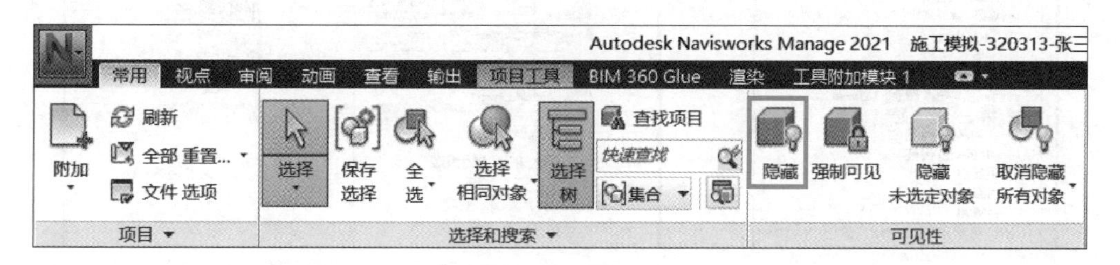

图　5-16

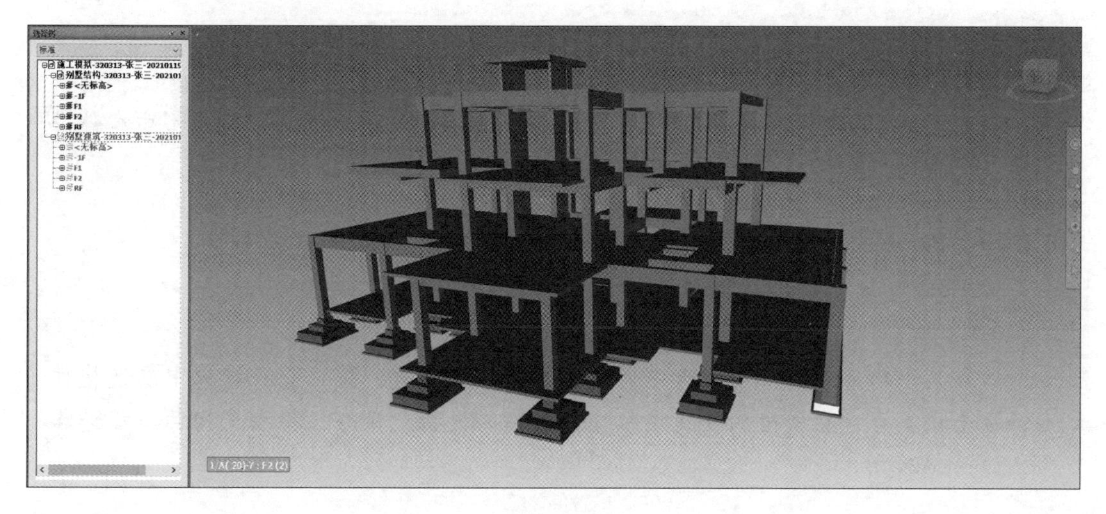

图　5-17

（3）单击“常用”选项卡→“集合”下拉列表“管理集”命令，如图 5-18 所示。弹出“集合”面板，如图 5-19 所示。

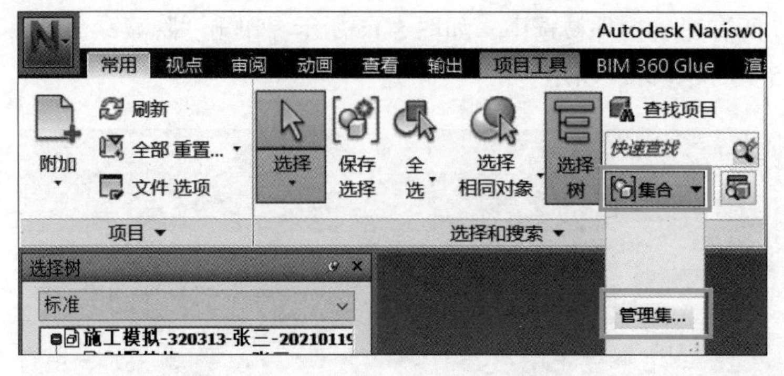

图 5-18

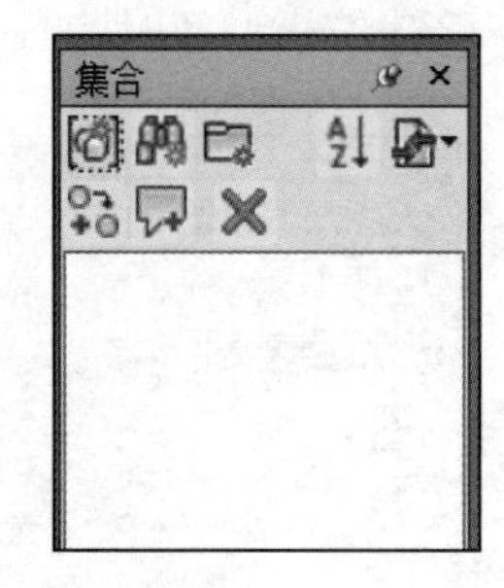

图 5-19

（4）单击“别墅结构”→“-1F”→“楼板”选项→“垫层”选项，如图 5-20 所示，则模型中的垫层全部选中。在集合框的空白处右击，在弹出的快捷菜单中，选择“保存选择”命令，如图 5-21 所示，并将文件命名为“垫层”，如图 5-22 所示。

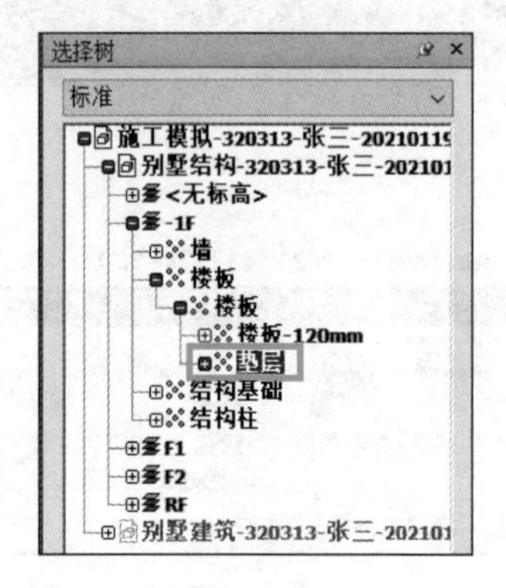

图 5-20

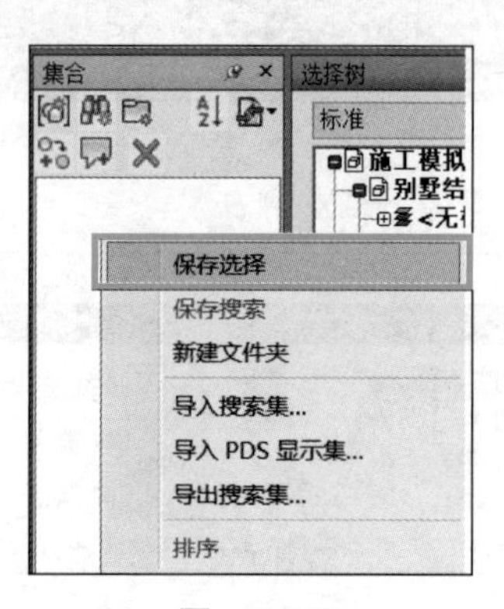

图 5-21

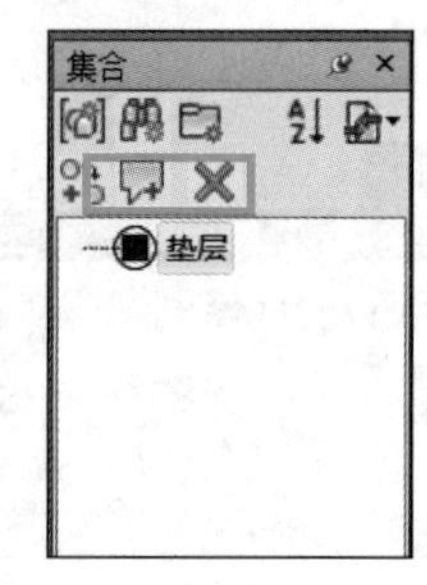

图 5-22

（1）构件在选中状态下，会变成“蓝色”。

（2）通过选择树可以按类别全部选中，也可以按住 Ctrl 键单击三维模型中构件进行多个选中而非全选。

（5）用同样方法，建立基础、柱、梁、板的集合，如图 5-23 所示。

提示

如果某个构件漏选，可以选中需要增加构件的集合，按住 Ctrl 键选中漏选构件后，右击该集合，在弹出的快捷菜单中，选择“更新”命令，将漏选构件添加进集合，如图 5-24 所示。

教学视频：施工模拟

5.2.2 施工模拟

（1）单击“常用”选项卡→“TimeLiner”命令，弹出“进度模拟”窗口，如图 5-25 和图 5-26 所示。

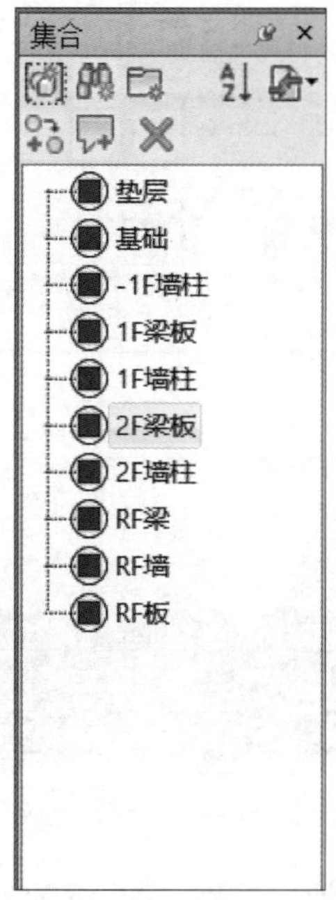

图　5-23

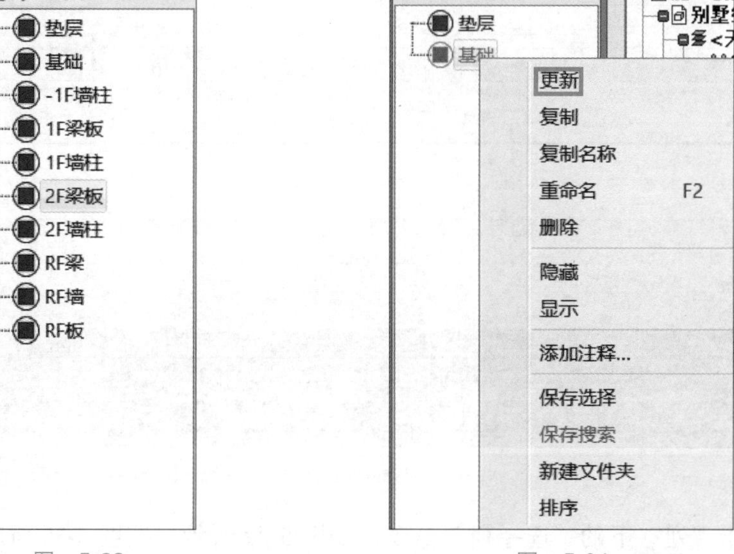

图　5-24

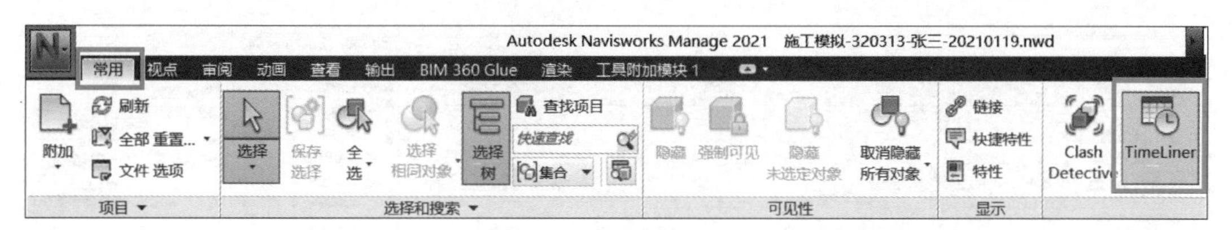

图　5-25

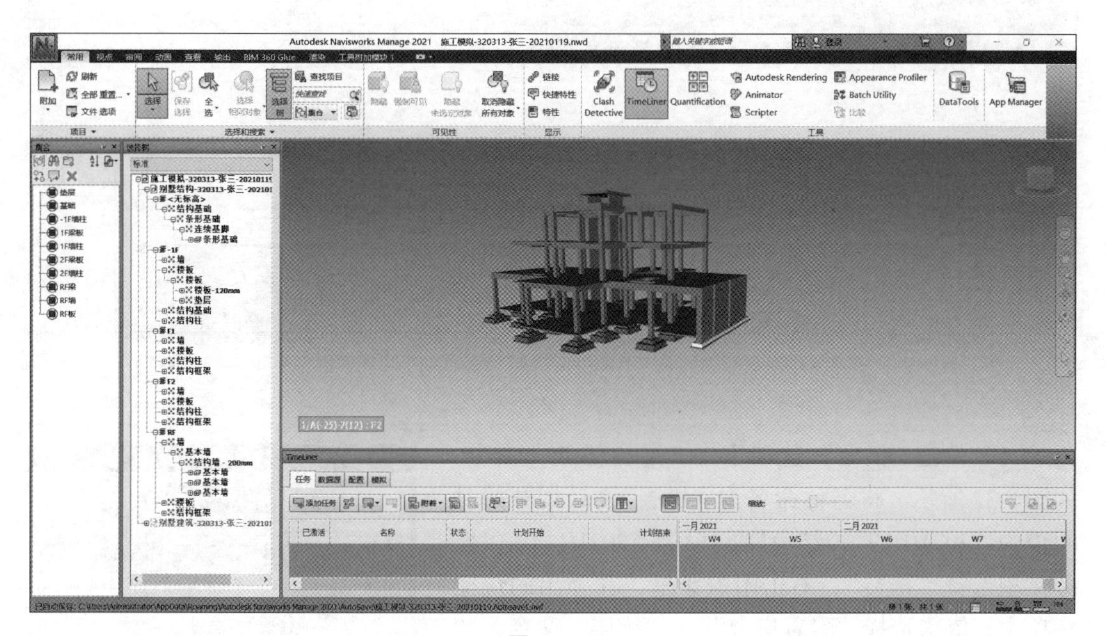

图　5-26

（2）单击“显示或隐藏甘特图”命令，将甘特图隐藏，如图 5-27 和图 5-28 所示。

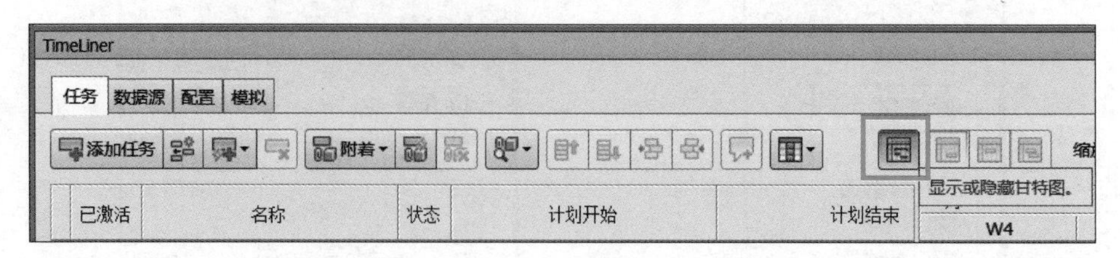

图 5-27

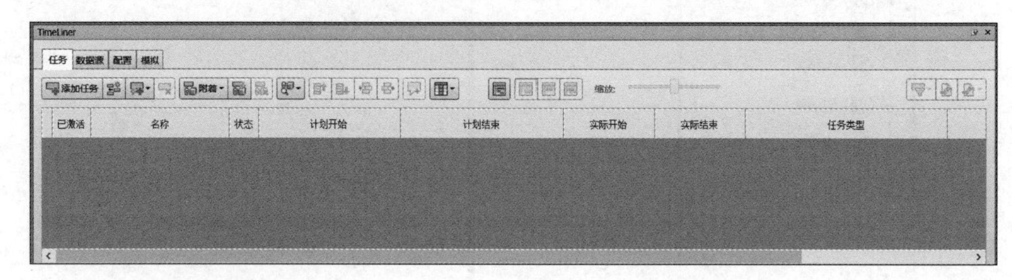

图 5-28

（3）单击“列”下的“选择列”命令，如图 5-29 所示。按图 5-30 所示勾选复选框，单击“确定”按钮，结果如图 5-31 所示。

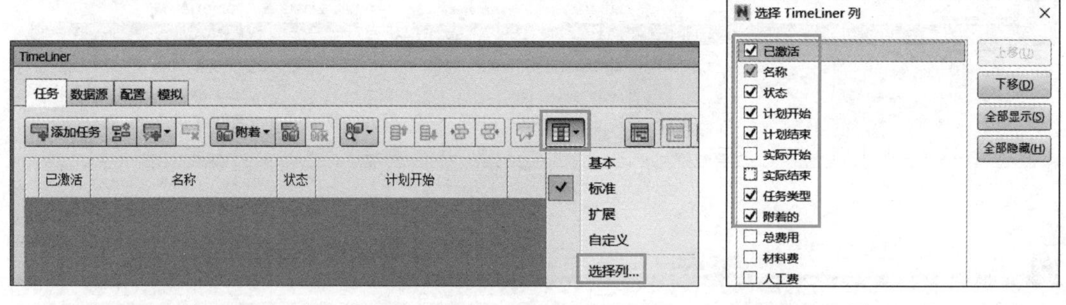

图 5-29　　图 5-30

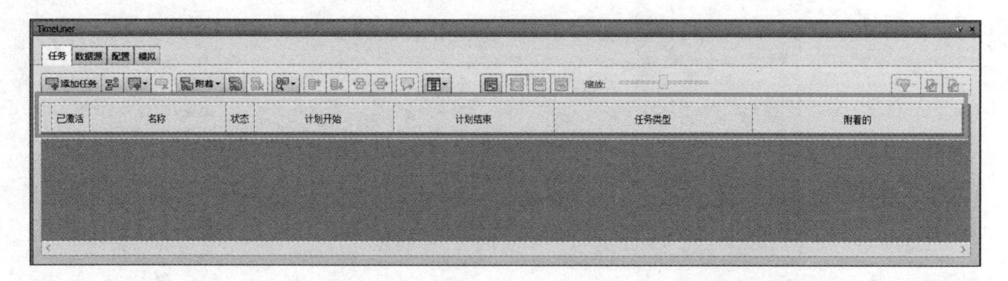

图 5-31

（4）单击“任务”选项卡→“添加任务”命令，如图 5-32 所示。将名称命名为“垫层”，计划开始时间设为“2021/1/19”，结束时间设为“2021/1/20”，任务类型选择“构造”，右击附着条框，在弹出的快捷菜单中，依次选择“附着集合”→“垫层”命令，如图 5-33 所示。

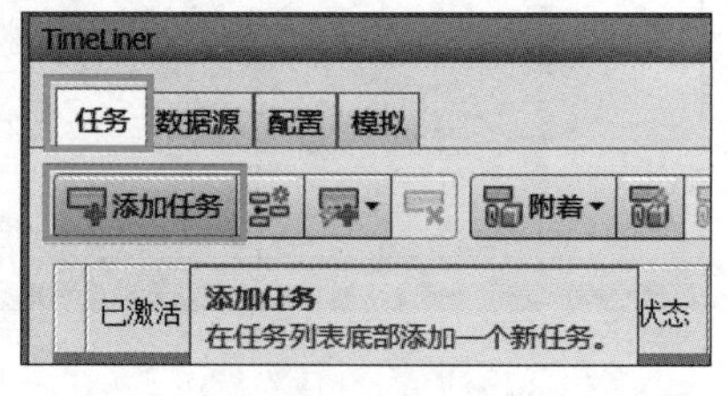

图 5-32

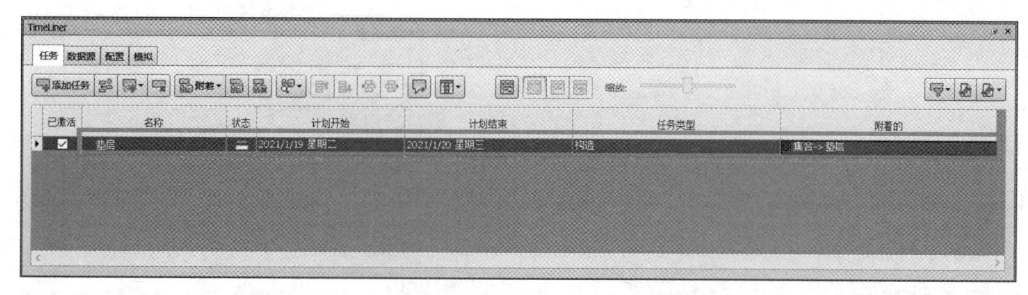

图　5-33

（5）用同样方法添加其他任务，如图 5-34 所示。

图　5-34

（6）单击“模拟”选项卡→“播放”命令，绘制区域出现施工模拟画面，如图 5-35 所示。

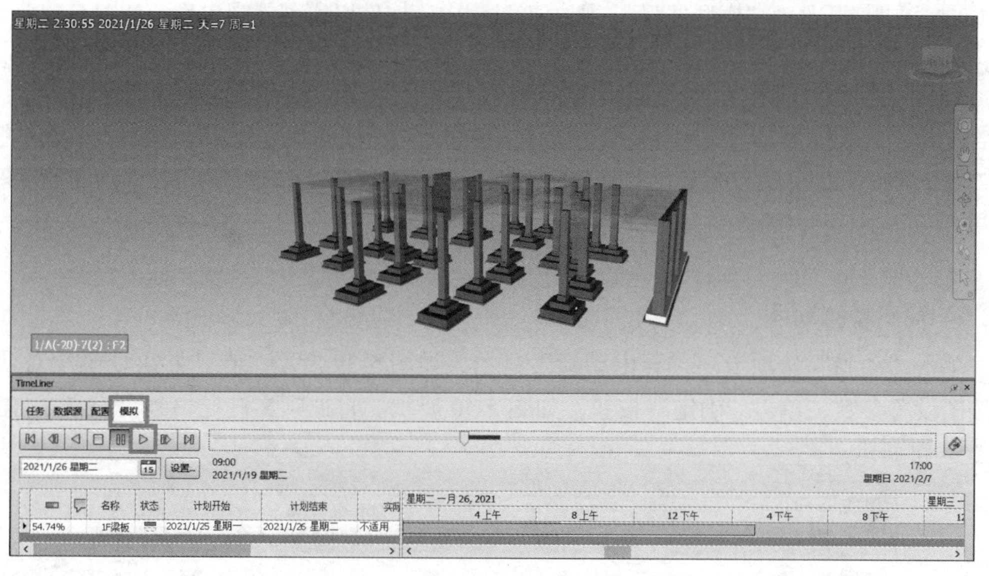

图　5-35

5.2.3　模拟设置

（1）单击“模拟”选项卡→“设置”命令，如图 5-36 所示。弹出“模拟设置”对话框，可以设置开始 / 结束日期、时间间隔大小、回放持续时间等，如图 5-37 所示。

教学视频：
模拟设置

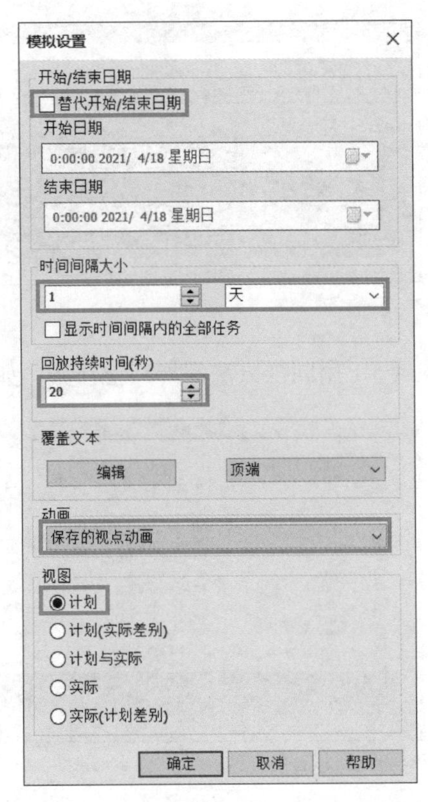

提示

在动画处，可以链接任务5.1中创建的视点动画。

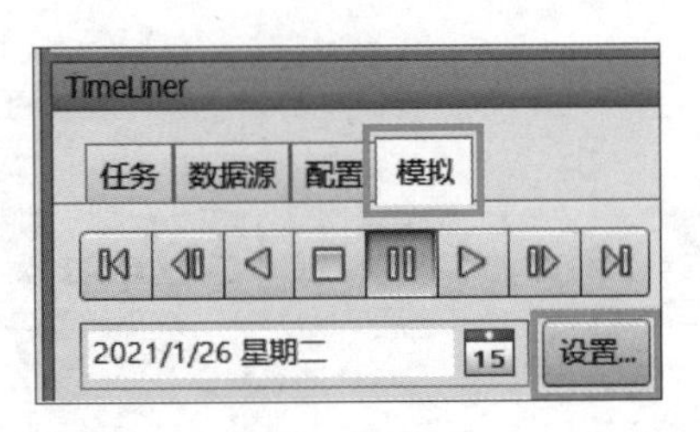

图 5-36

图 5-37

（2）单击“配置”选项卡，可以更改模拟展示外观，如把构造里的开始外观，由“绿色（90%透明）”改为“模型外观”，则模拟过程中，构件以模型外观出现，如图 5-38 所示。

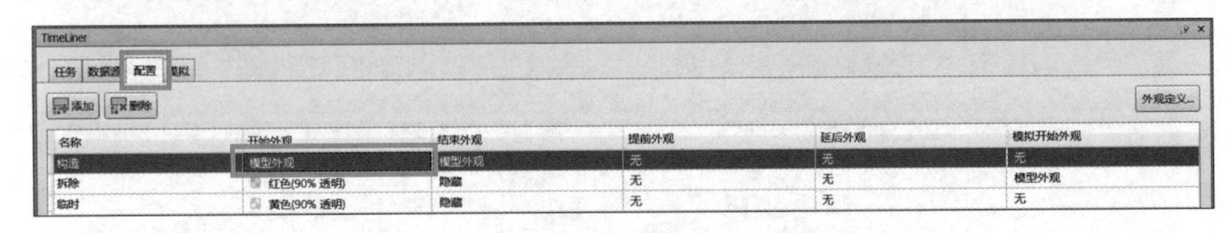

名称	开始外观	结束外观	提前外观	延后外观	模拟开始外观
构造	模型外观	模型外观	无	无	无
拆除	红色(90% 透明)	隐藏	无	无	模型外观
临时	黄色(90% 透明)	隐藏	无	无	无

图 5-38

5.2.4 输出模拟动画

单击“动画”选项卡→“导出动画”命令，如图 5-39 所示。在“导出动画”对话框中按图设置参数，单击“确定”按钮，如图 5-40 所示。将视频文件导出到自定义文件夹，如图 5-41 所示。

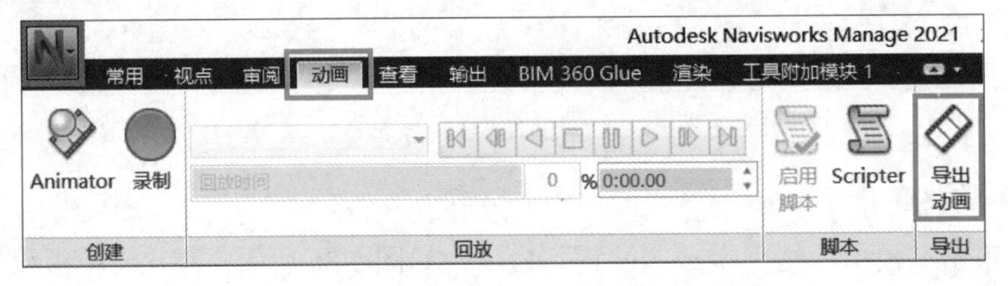

图 5-39

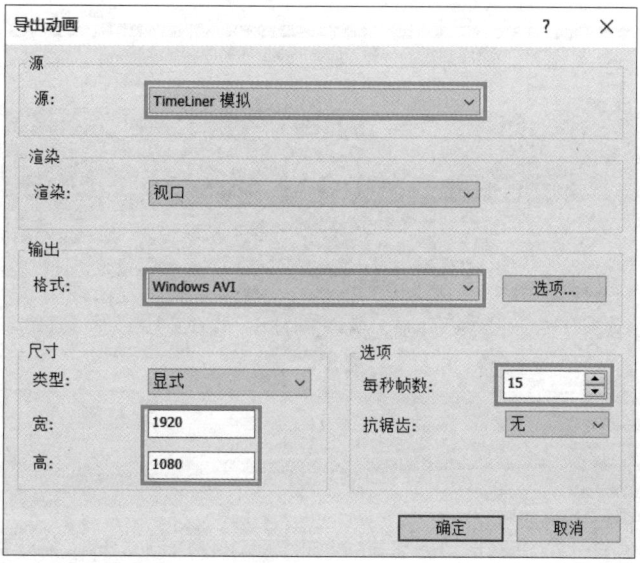

图　5-40

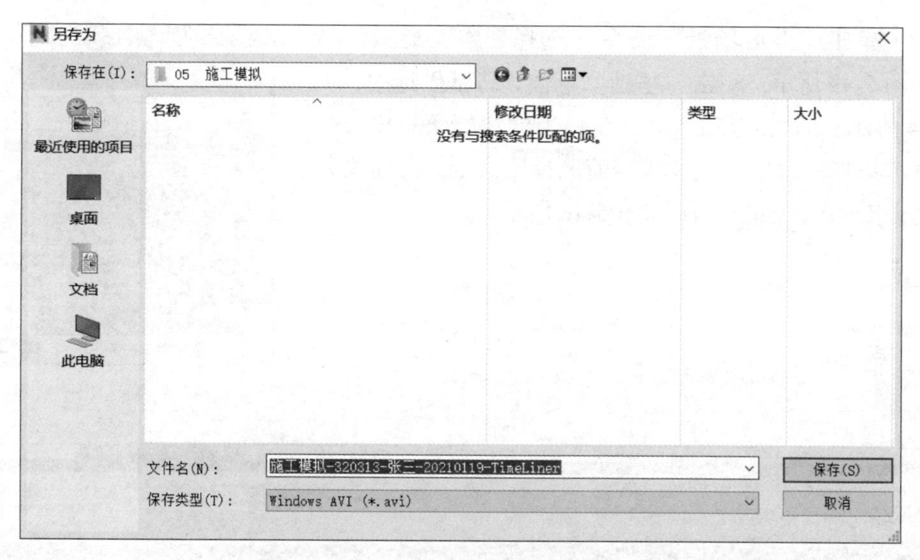

图　5-41

课后作业

根据给定 BIM 模型完成施工模拟文件制作。

5.3　创建 Animator 动画

5.3.1　创建动画集

以基础、-1F 墙柱、1F 梁板为例演示创建 Animator 动画过程。

（1）隐藏建筑模型，打开管理集，依次单击“常用”选项卡→ Animator 命令，如图 5-42 所示。

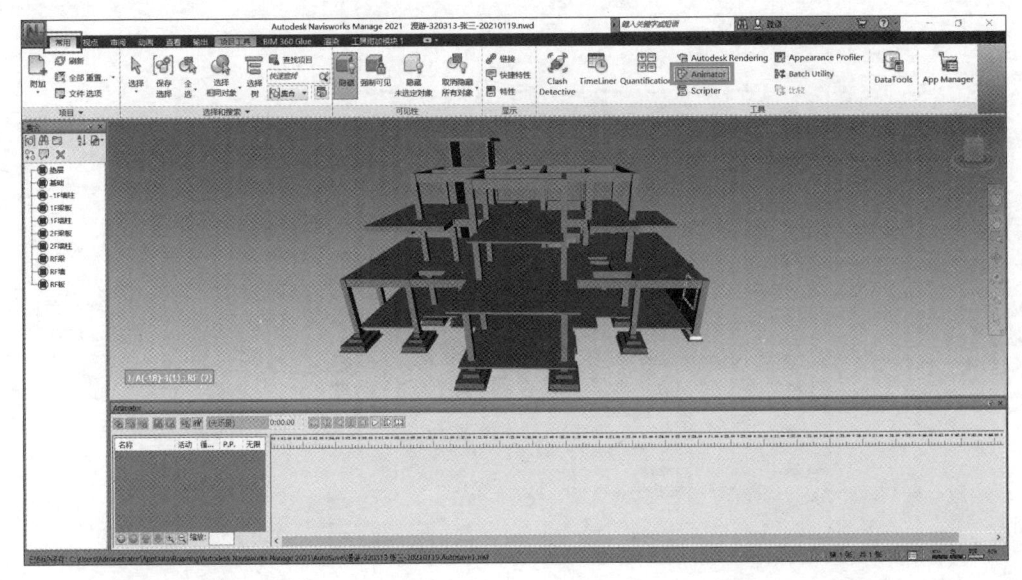

图 5-42

（2）单击“添加场景”命令，选择“添加场景”选项，如图 5-43 所示。单击“基础”集合，将基础选中，如图 5-44 所示。右击“场景 1”，在弹出的快捷菜单中，依次选择“添加动画集”→“从当前选择”命令，并将文件命名为“jichu”，如图 5-45 和图 5-46 所示。

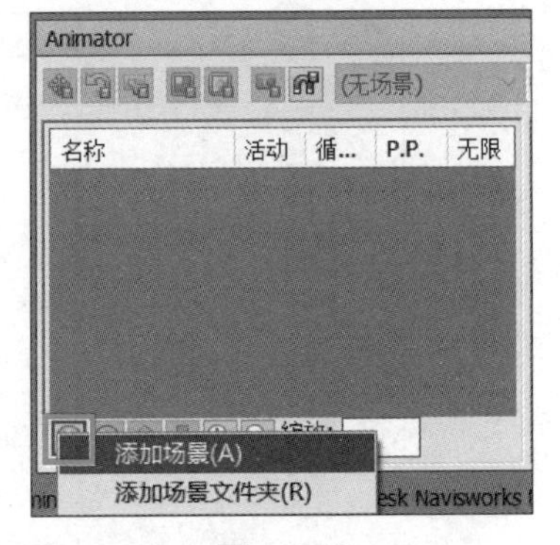

图 5-43

提示

场景动画名称输入时只能是英文状态，如果要命名为中文，可以在别处创建好中文后复制、粘贴到此处。

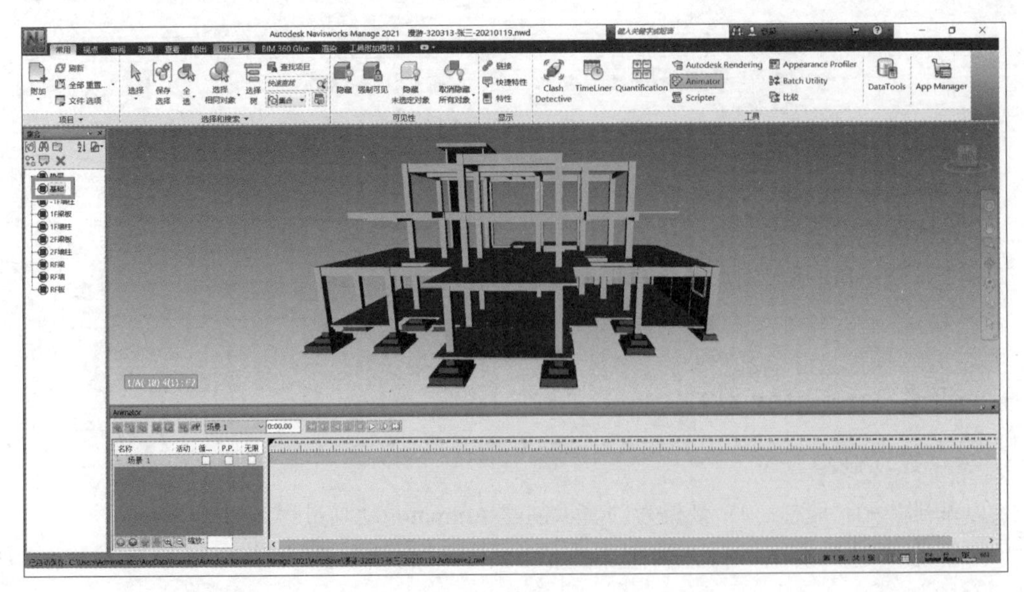

图 5-44

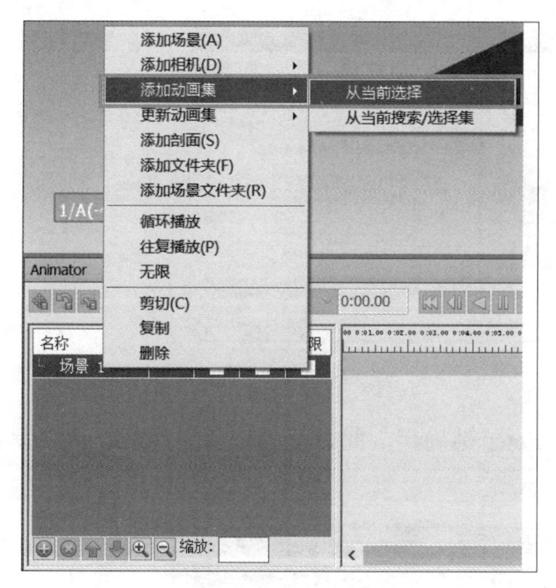

图　5-45

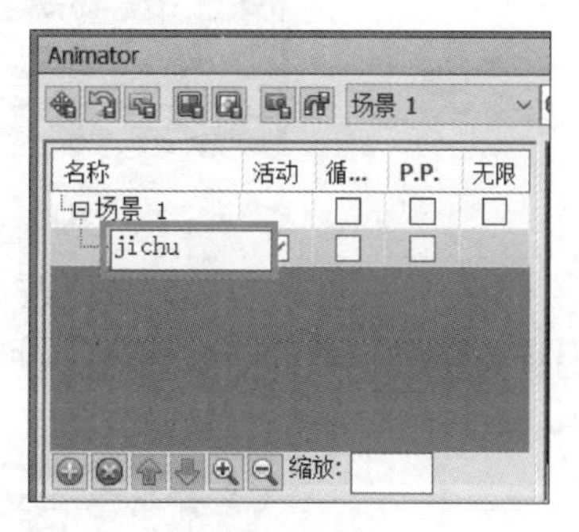

图　5-46

5.3.2　创建 Animator 动画的实施

教学视频：创建 Animator 动画的实施

（1）选中创建的“jichu”动画集，单击“平移动画集”命令，如图 5-47 所示。

（2）拖动蓝色向上箭头，往上移动，将基础移动至模型上方，此时单击“捕捉关键帧”按钮，如图 5-48 和图 5-49 所示。

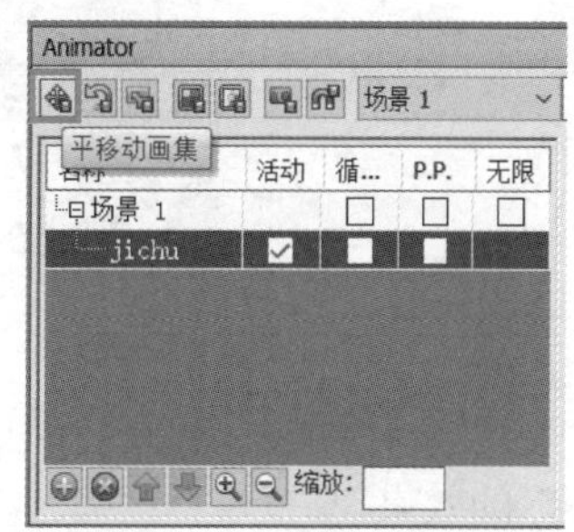

图　5-47

> **提示**
>
> 除拖动箭头进行构件移动外，也可以直接在下方的 X、Y、Z 处输入数值进行构件平移。

图　5-48

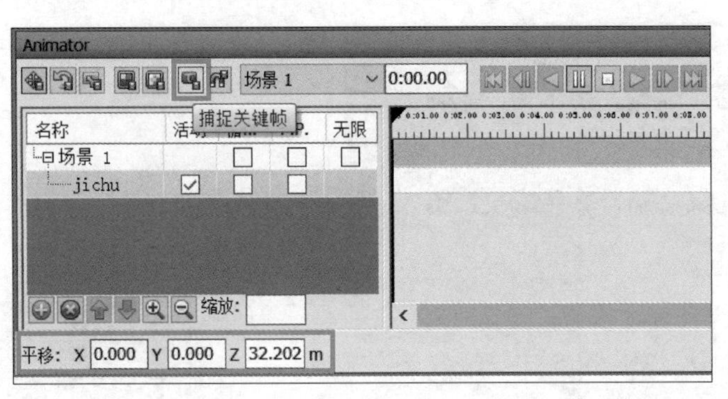

图 5-49

（3）将时间改为 2s，*Z* 值改为 0，按 Enter 键确定。此时基础恢复至原位，再次单击“捕捉关键帧”按钮，如图 5-50 所示。

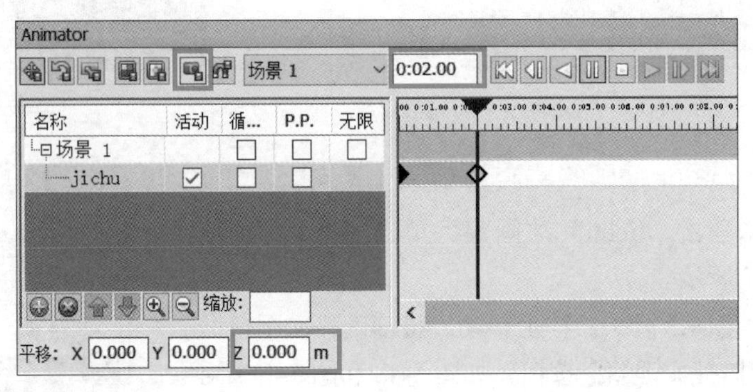

图 5-50

（4）单击“停止”按钮后单击“播放”按钮，如图 5-51 所示。可以看到基础从上落下的效果。

（5）创建 -1F 墙柱动画集，单击“旋转动画集”命令，如图 5-52 所示。

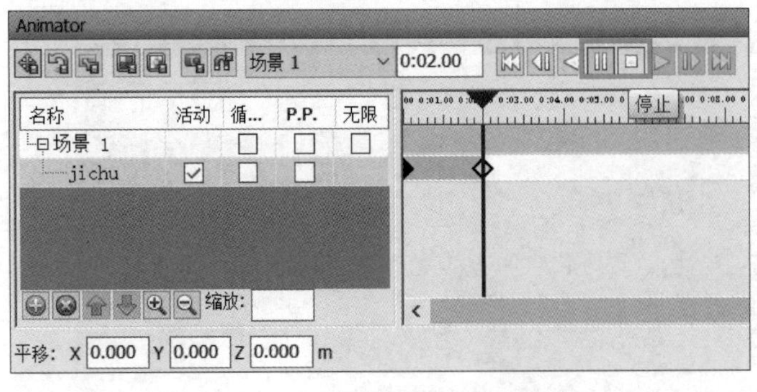

图 5-51

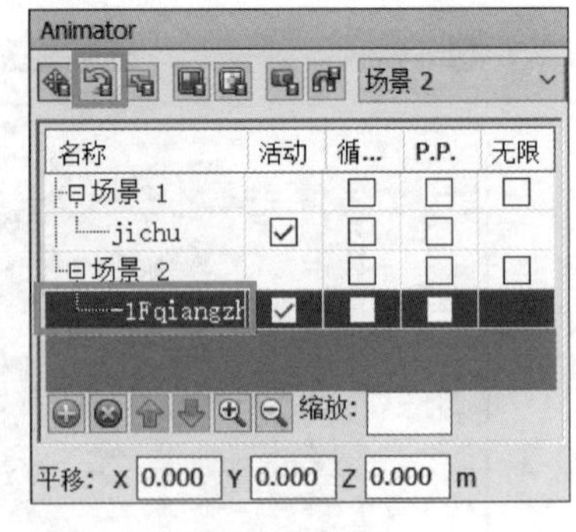

图 5-52

（6）拖动蓝色扇形图标旋转，旋转一定角度后单击“捕捉关键帧”按钮，如图 5-53 和图 5-54 所示。

（7）将时间改为 2s，*Z* 值改为 0，其余值不用修改，按 Enter 键确定。此时 -1F 墙柱恢复至原位，再次单击“捕捉关键帧”按钮，如图 5-55 所示。

图 5-53

图 5-54

图 5-55

（8）单击“停止”按钮后再单击“播放”按钮，可以看到 -1F 柱出现旋转的效果。

（9）创建 1F 梁板动画集，单击“缩放动画集”命令，如图 5-56 所示。

（10）将 X、Y、Z 值均设定为 1.5，梁板放大后单击“捕捉关键帧”按钮，如图 5-57 所示。

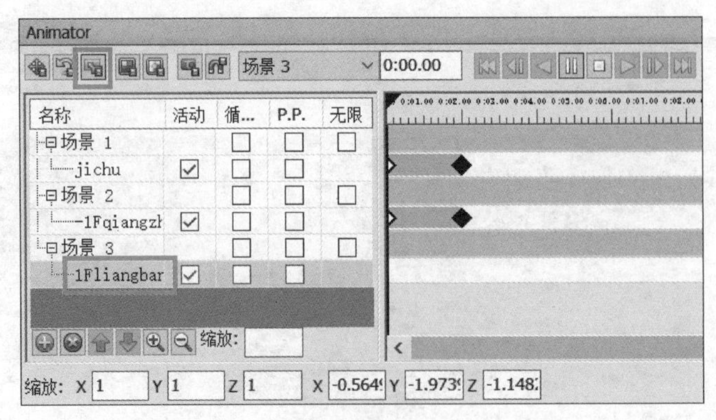

图 5-56

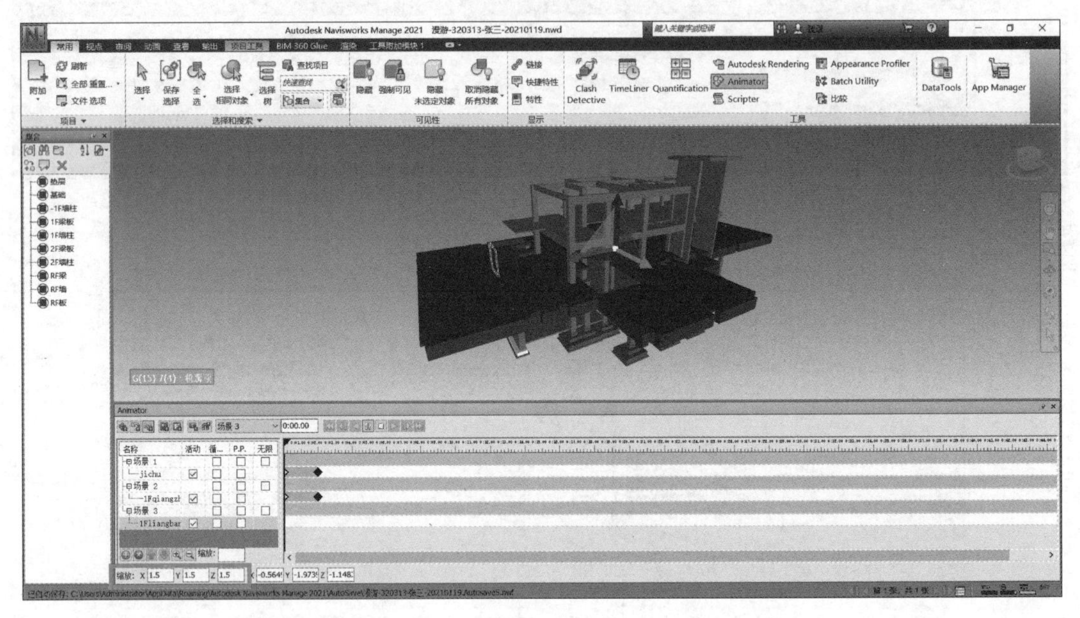

图 5-57

（11）将时间改为 2s，X、Y、Z 值均设定为 1，梁板变回原形状后再次单击“捕捉关键帧”按钮，如图 5-58 所示。

（12）单击“停止”按钮后再单击“播放”按钮，可以看到 -1F 柱出现缩放的效果。

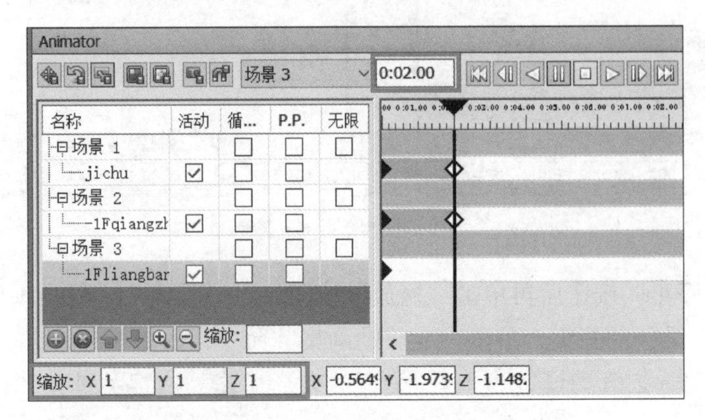

图 5-58

提示

切换至 TimeLiner 界面，添加“动画”列，在“动画”列分别选择创建的 Animator 动画，如图 5-59 所示。可以实现施工模拟过程中展现构件动画的目的。

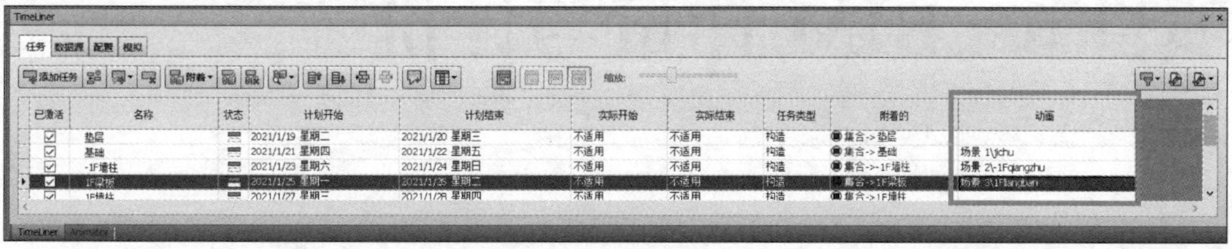

图　5-59

课后作业

根据给定 BIM 模型完成 Animator 动画制作。

项目 6　BIM 计量与计价

学习目标

1. 掌握算量 BIM 模型创建的方法。
2. 掌握工程量计算的方法。
3. 掌握 BIM 计价的方法。

项目导入

BIM 计量与计价是利用 BIM 软件对工程建模后进行工程量计算及工程计价，相较于传统计量与计价方式效率更高、结果更准确。利用 BIM 进行计量与计价可以达到节约资源、降低成本的目的。

学习任务

本项目的学习任务为根据工程图纸完成算量 BIM 建模，并进行工程量计算及工程计价。

项目实施

新建项目→创建标高、轴网→构件建模→布置装饰→计量与计价。

6.1　新建项目、楼层设置、创建轴网

6.1.1　新建项目

教学视频：新建项目

打开“鲁班大师（钢筋）”软件，单击“新建工程”命令，如图 6-1 所示。在“工程概况”里修改工程名称为“算量 -320313- 张三 -20210122”，并录入建设单位、施工单位等信息，如图 6-2 所示。

6.1.2　楼层设置

（1）切换至楼层设置，单击“增加”按钮，将增加出来的一层名称改为“−1”，层高改为“5100”，首层楼地面标高改为“−0.15”，单击“确定”按钮，如图 6-3 所示。

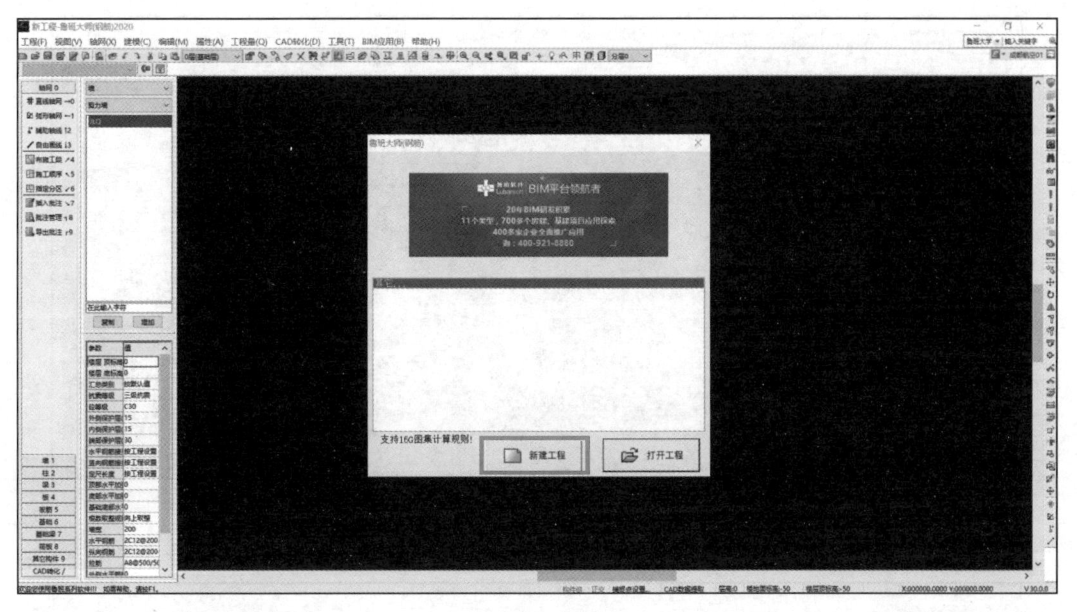

图　6-1

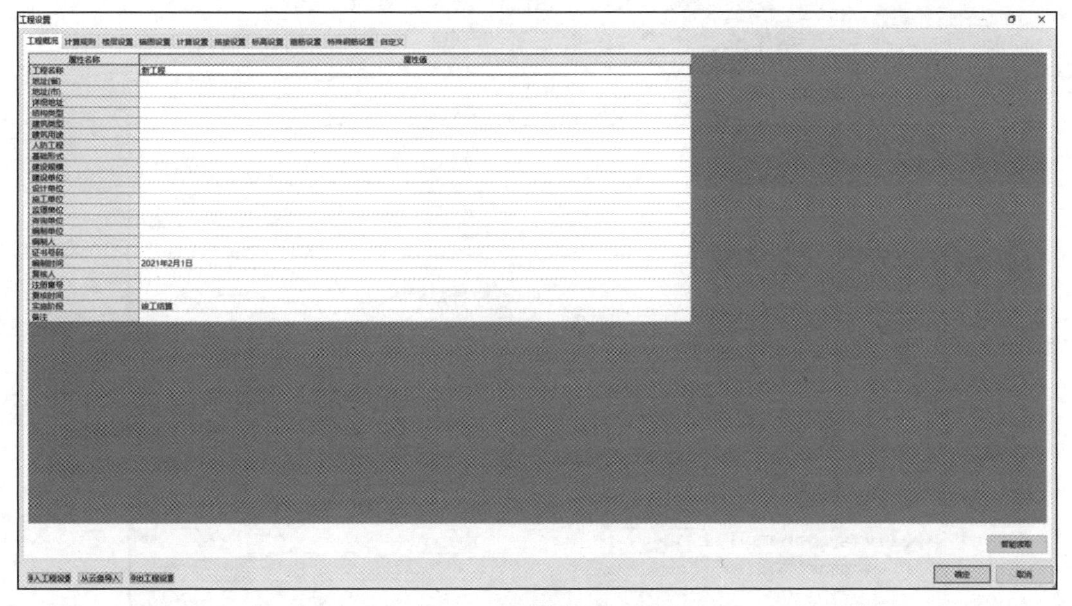

图　6-2

在工程设置里面，包含工程概况、计算规则、锚固设置等内容，可以在建模前设置，也可以在建模后设置。

（2）单击“保存”按钮，如图6-4所示。将文件命名为“算量-320313-张三-20210122”，保存到自定义文件夹，如图 6-5 所示。

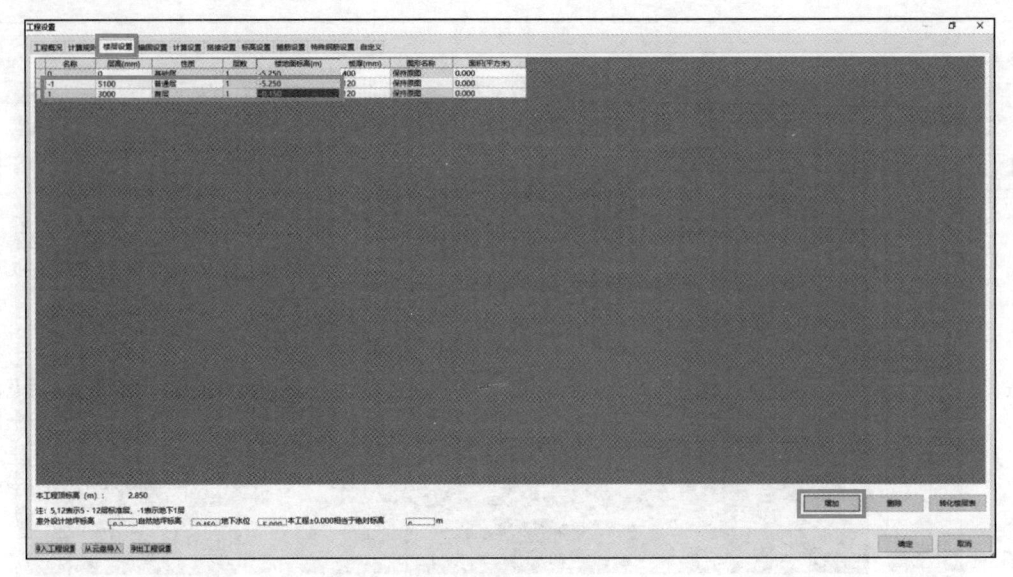

图 6-3

图 6-4

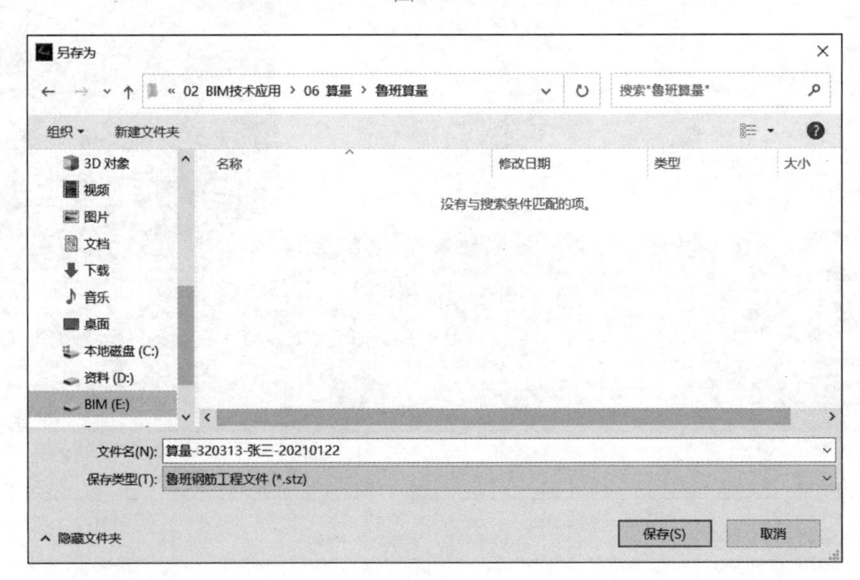

图 6-5

教学视频：导入图纸

6.1.3 导入图纸

（1）本工程案例只进行 -1 层的计量与计价，将楼层切换为“-1 层”，如图 6-6 所示。

图 6-6

（2）单击“CAD 转化”→“CAD 草图”→“导入 CAD 图”选项，如图 6-7 所示。选择“负一层~一层柱平面图”图纸，单击“打开”按钮，如图 6-8 所示。在“原图比例调整”对话框中单击“确定”按钮，在绘图区域任意位置单击放置图纸，如图 6-9 和图 6-10 所示。

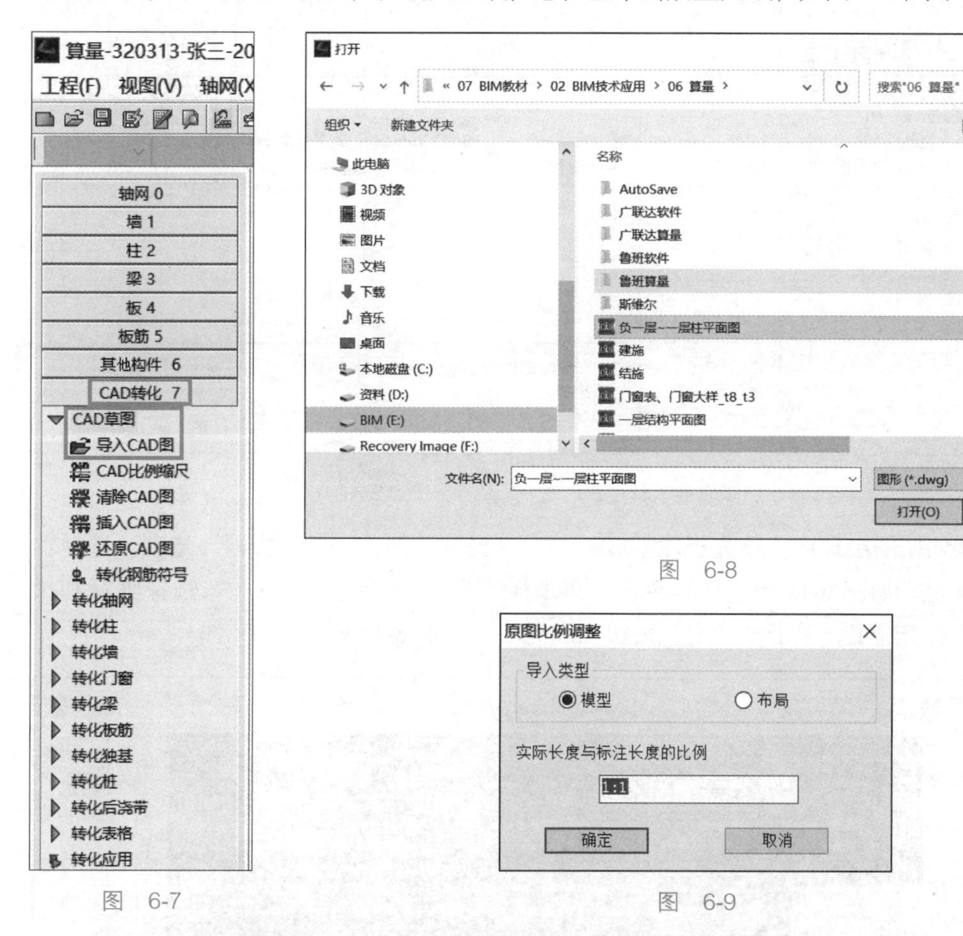

图　6-7

图　6-8

图　6-9

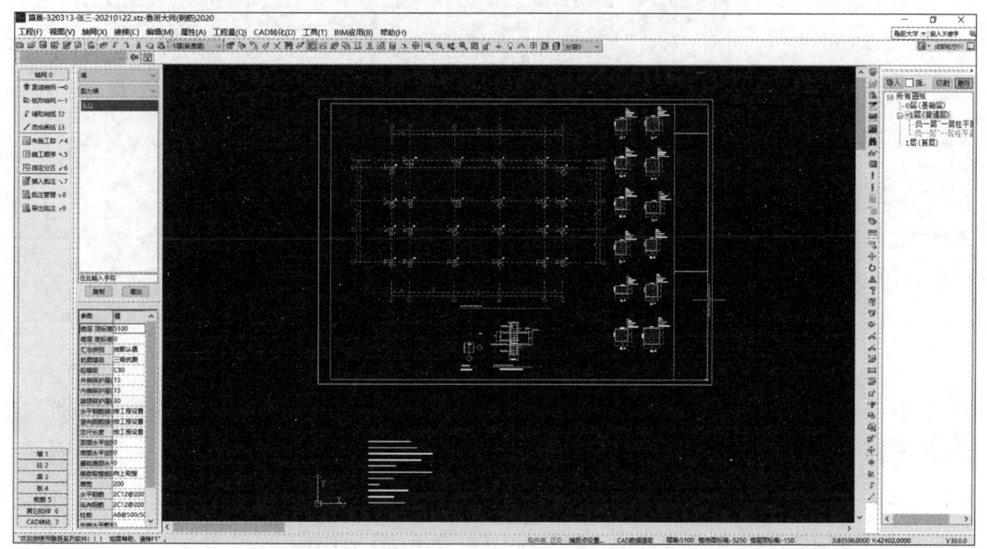

图　6-10

6.1.4 识别轴网

（1）依次单击“CAD 转化”→“转化轴网”→“提取轴网”选项，弹出“提取轴网”对话框，如图 6-11 和图 6-12 所示。

图 6-11

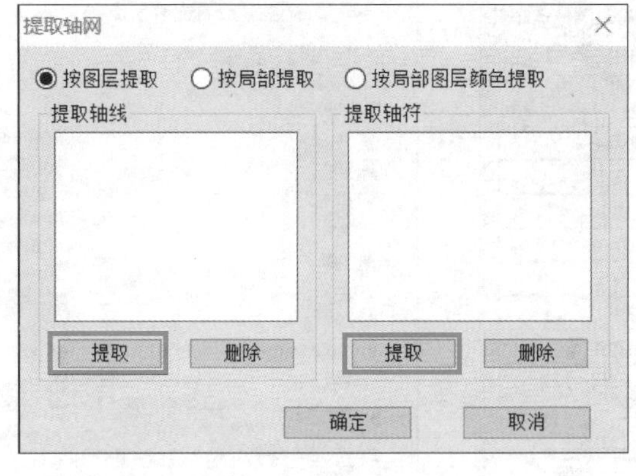

图 6-12

（2）默认按图层提取，首先提取轴线，单击“提取轴线”下的“提取”选项，选择轴线，右击确定，如图 6-13 所示。再单击“提取轴符”下的“提取”选项，选择轴符和尺寸标注线，右击确定，单击“确定”按钮完成提取，如图 6-14 所示。

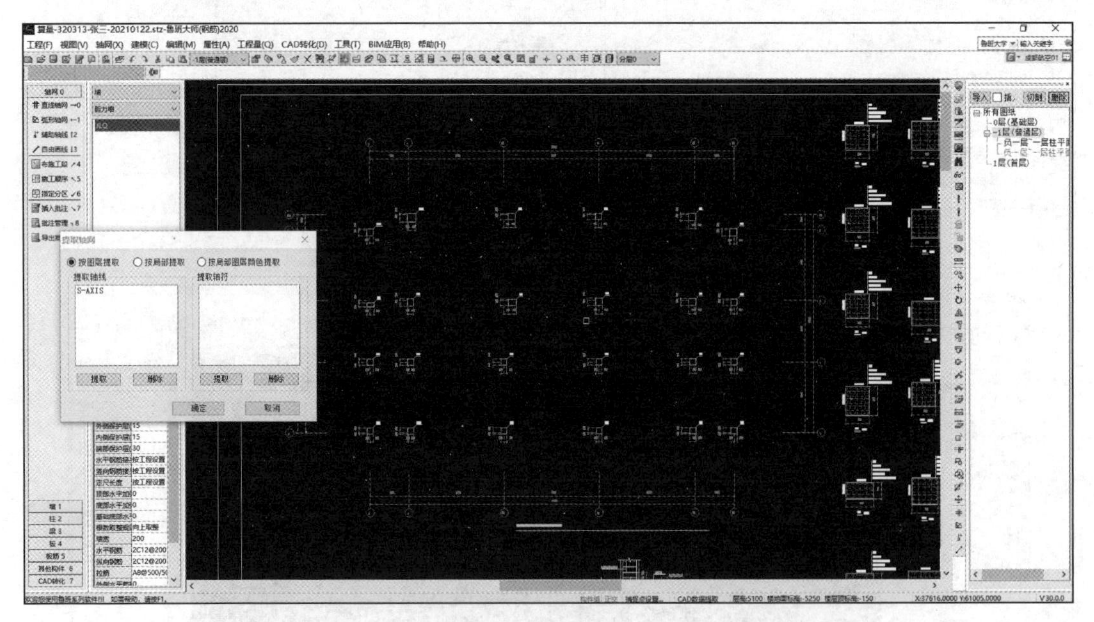

图 6-13

（3）单击“自动识别轴网”选项，弹出“识别轴网”对话框，默认选中“识别为主轴网”单选按钮，单击“确定”按钮，如图 6-15 所示。

（4）单击“转化应用”选项，在对话框中勾选“轴网”和“删除已有构件”复选框，单击“确定”按钮，完成轴网转化，如图 6-16 ~ 图 6-18 所示。

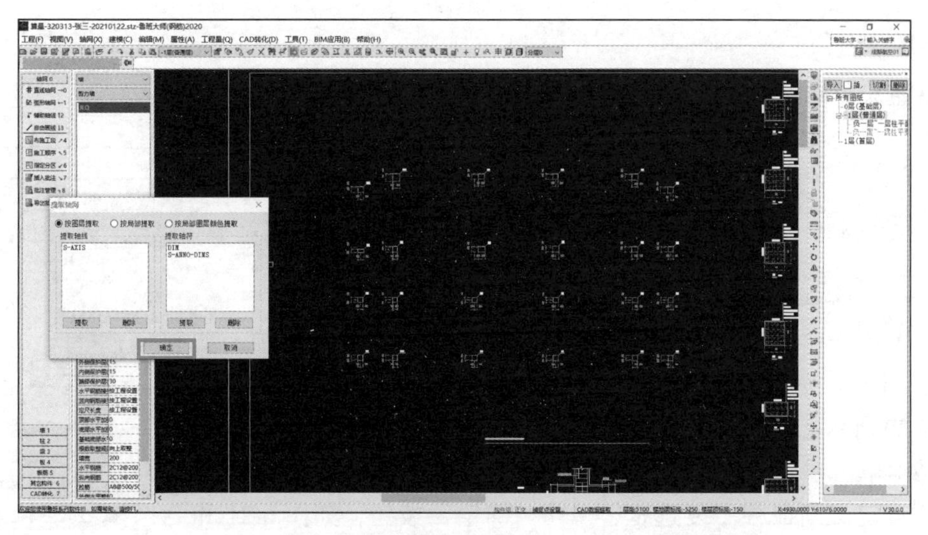

图　6-14

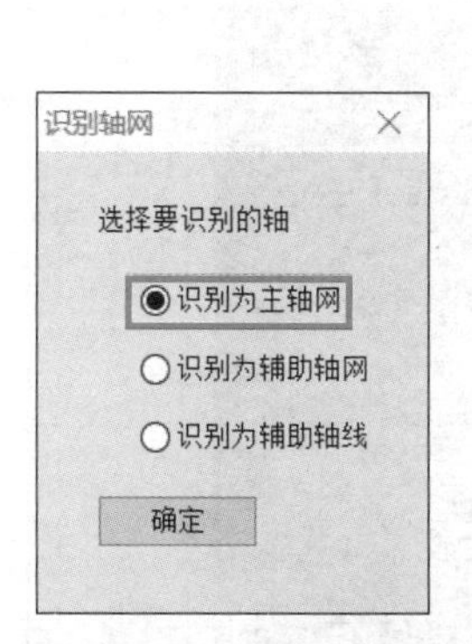

图　6-15

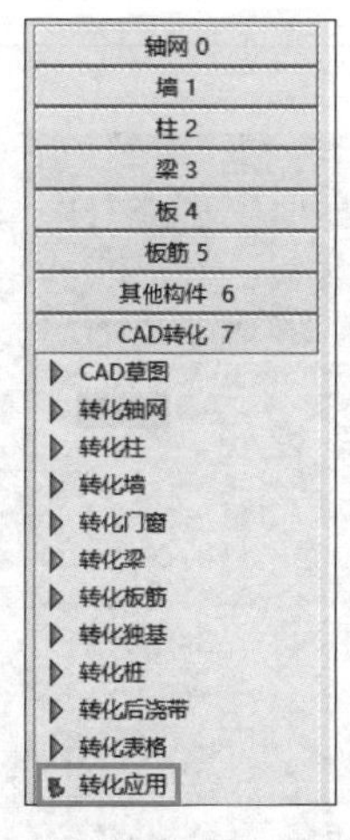

图　6-16

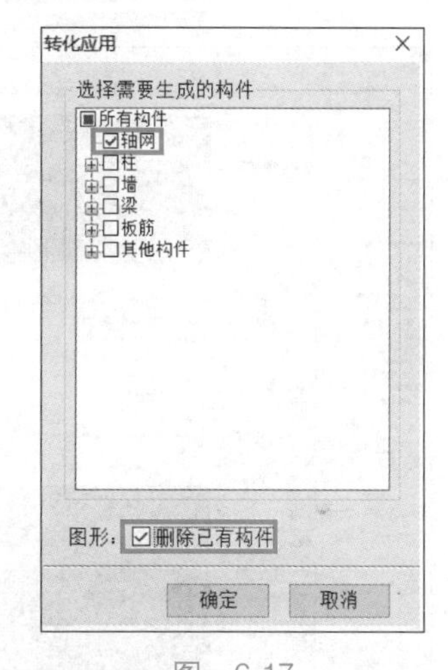

图　6-17

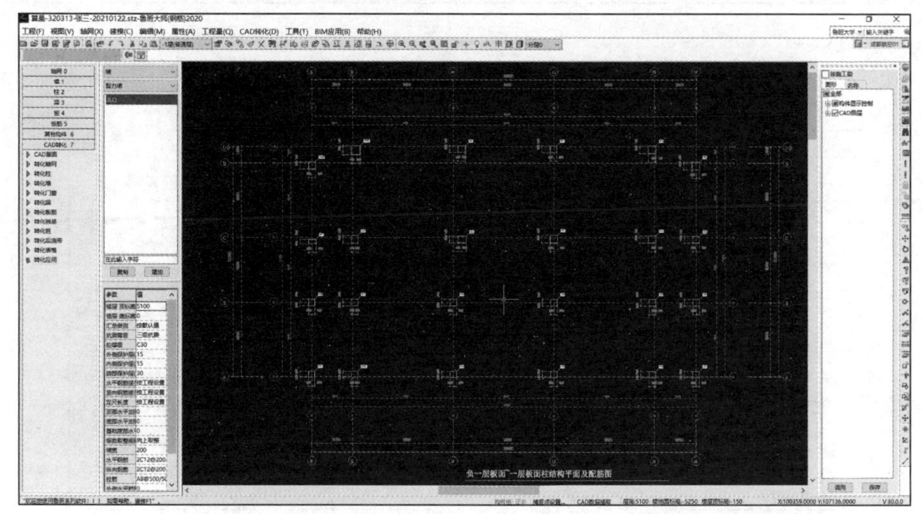

图　6-18

课后作业

根据给定图纸完成新建项目、楼层设置、轴网的创建。

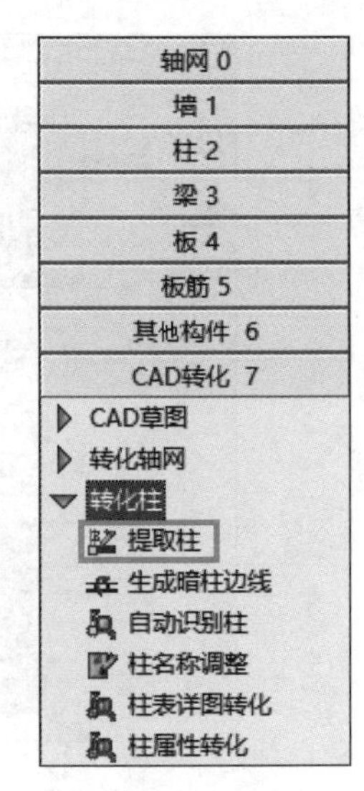

图 6-19

6.2 创建柱

6.2.1 识别柱

教学视频：识别柱

（1）单击“CAD 转化”→“转化柱”→“提取柱”选项，如图 6-19 所示。按提示分别提取柱边线和柱标注，单击“确定”按钮，如图 6-20 所示。

（2）单击“自动识别柱”选项，在“自动识别分类”对话框中勾选“自定义断面柱”复选框，单击“确定”按钮，如图 6-21 和图 6-22 所示。

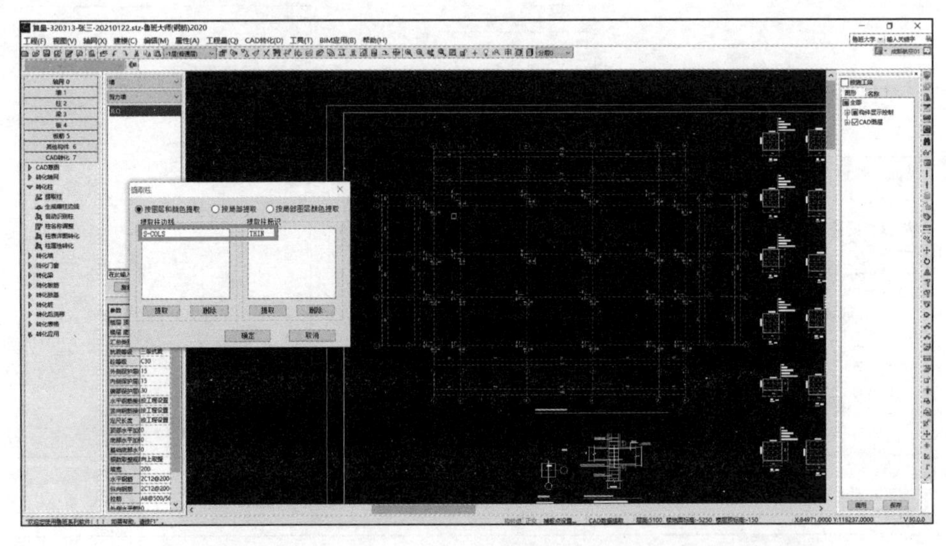

图 6-20

图 6-21

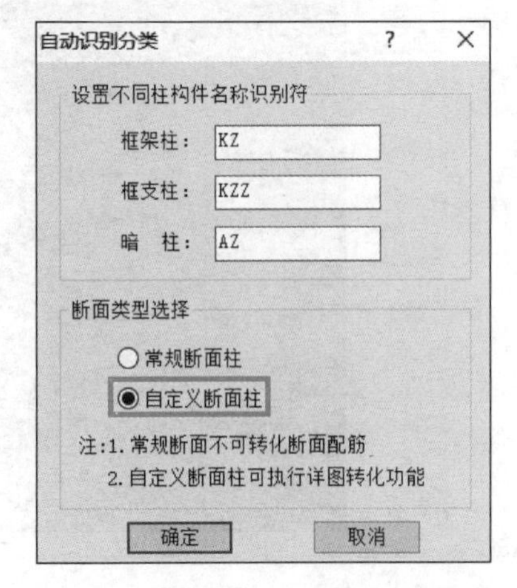

图 6-22

（3）单击“转化应用”选项，在对话框中勾选“柱”和“删除已有构件”复选框，单击“确定”按钮，如图 6-23 和图 6-24 所示。

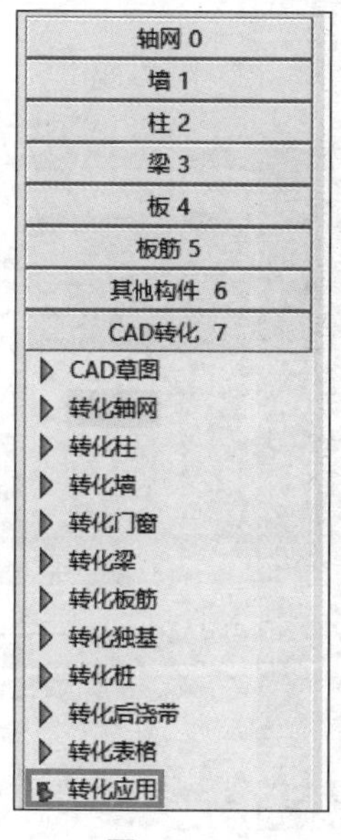

图　6-23

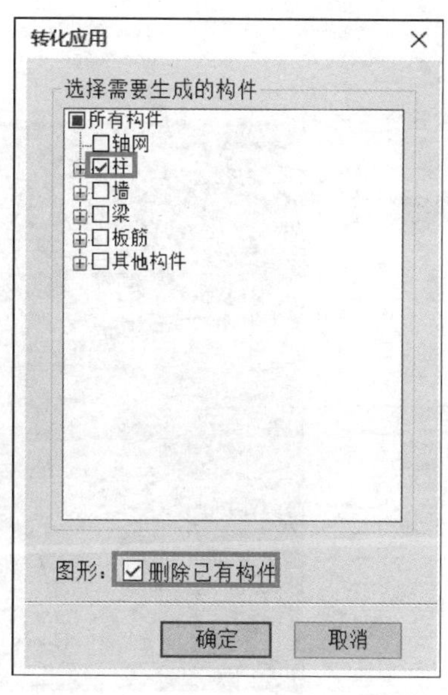

图　6-24

6.2.2　手动布置柱钢筋

软件对于柱钢筋识别的成功率不高，且为了计算的准确性，柱钢筋通常采取手动方式进行布置，以 KZ1 柱钢筋手动布置为例，如图 6-25 所示。

（1）单击“柱”，然后双击柱列表中的KZ1，弹出“构件属性定义”对话框，如图6-26 和图 6-27 所示。

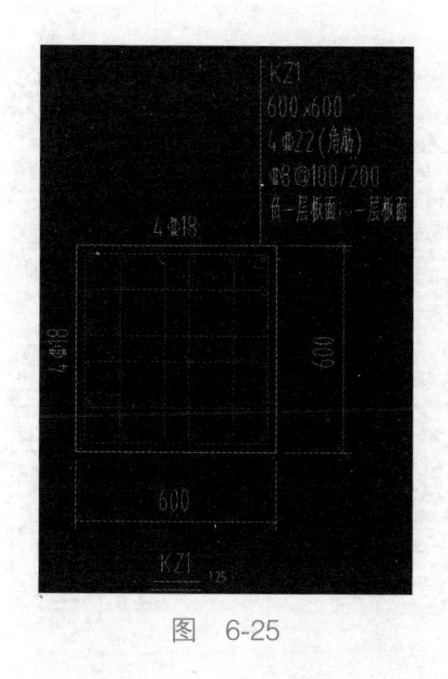

图　6-25

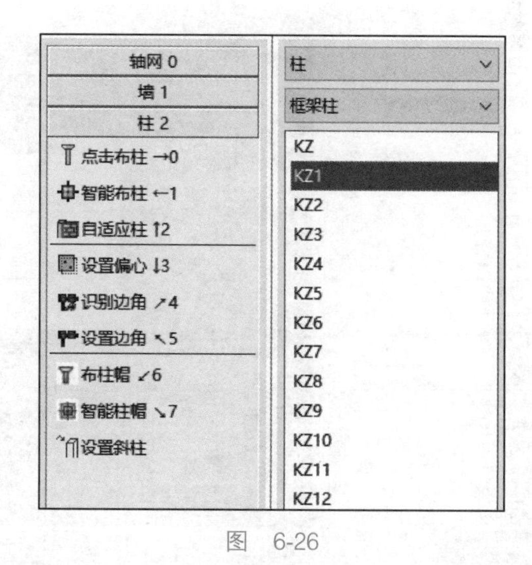

图　6-26

（2）单击“全部纵筋”命令，输入“20C18”，勾选“纵筋生成在外边线”复选框，单击“确定”按钮，如图 6-28 所示。将角筋配筋修改为“4C22”，如图 6-29 所示。

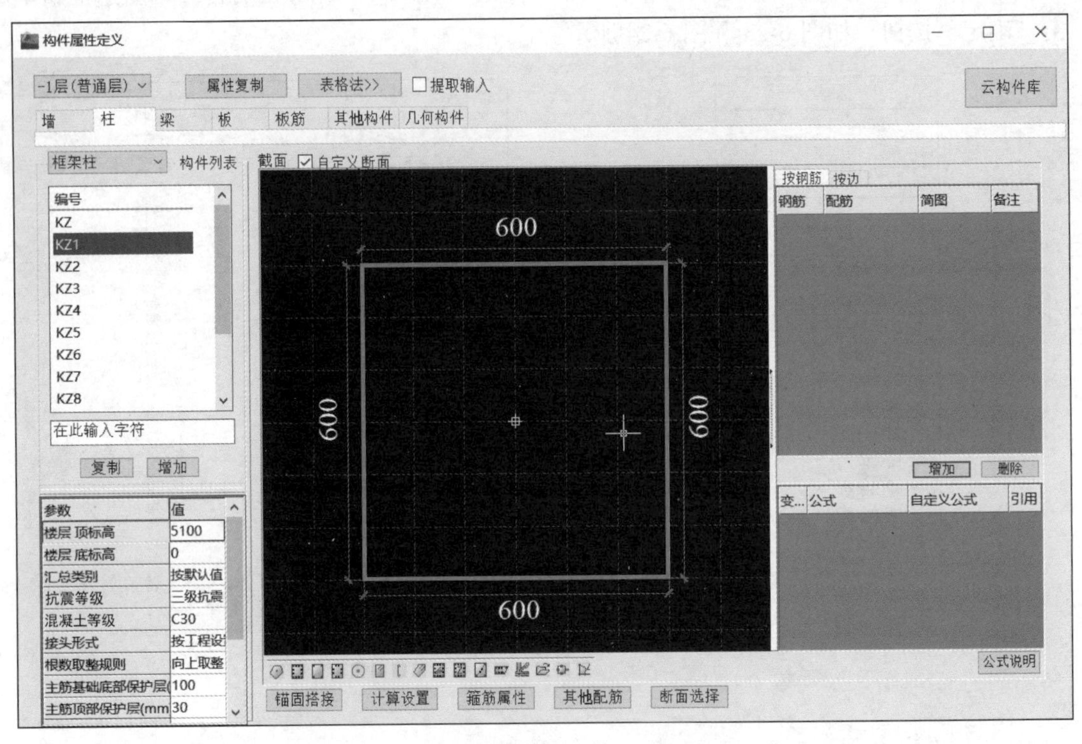
构件属性定义
-1层(普通层)
属性复制
表格法>>
提取输入
云构件库
墙
柱
梁
板
板筋
其他构件
几何构件
框架柱
构件列表
截面
自定义断面
编号
KZ
KZ1
KZ2
KZ3
KZ4
KZ5
KZ6
KZ7
KZ8
在此输入字符
复制
增加
参数
值
楼层顶标高
5100
楼层底标高
0
汇总类别
按默认值
抗震等级
三级抗震
混凝土等级
C30
接头形式
按工程设
根数取整规则
向上取整
主筋基础底部保护层(
100
主筋顶部保护层(mm
30
600
600
600
600
按钢筋
按边
钢筋
配筋
简图
备注
增加
删除
变...
公式
自定义公式
引用
公式说明
锚固搭接
计算设置
箍筋属性
其他配筋
断面选择

图 6-27

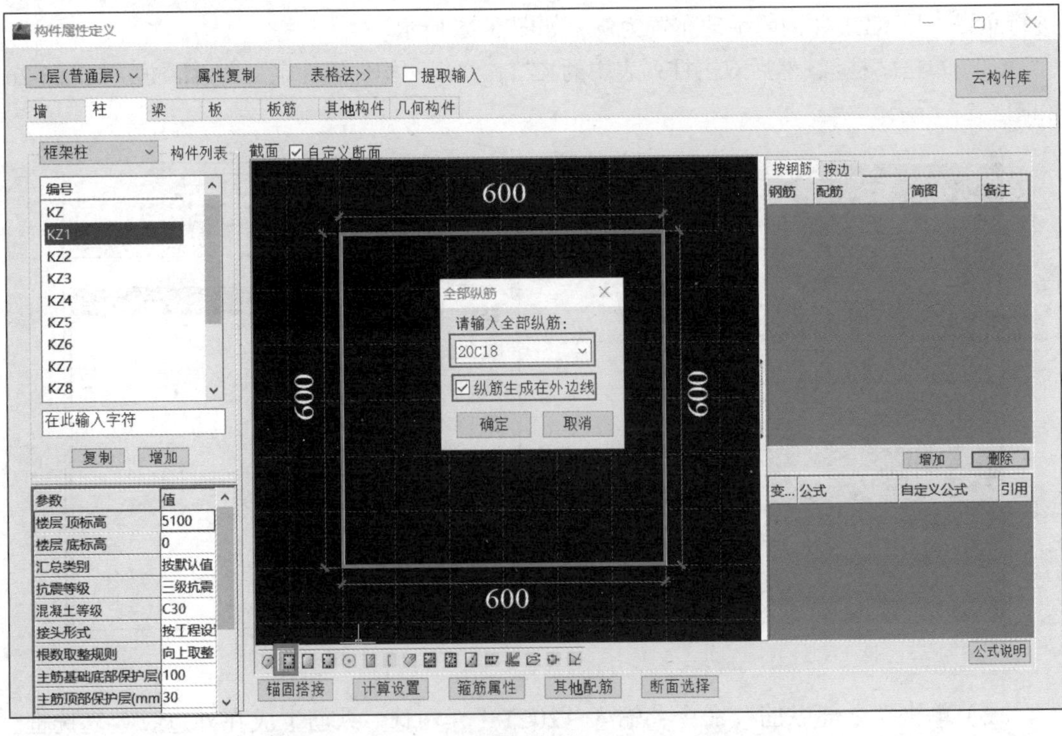
构件属性定义
-1层(普通层)
属性复制
表格法>>
提取输入
云构件库
墙
柱
梁
板
板筋
其他构件
几何构件
框架柱
构件列表
截面
自定义断面
编号
KZ
KZ1
KZ2
KZ3
KZ4
KZ5
KZ6
KZ7
KZ8
在此输入字符
复制
增加
参数
值
楼层顶标高
5100
楼层底标高
0
汇总类别
按默认值
抗震等级
三级抗震
混凝土等级
C30
接头形式
按工程设
根数取整规则
向上取整
主筋基础底部保护层(
100
主筋顶部保护层(mm
30
600
600
600
600
全部纵筋
请输入全部纵筋:
20C18
纵筋生成在外边线
确定
取消
按钢筋
按边
钢筋
配筋
简图
备注
增加
删除
变...
公式
自定义公式
引用
公式说明
锚固搭接
计算设置
箍筋属性
其他配筋
断面选择

图 6-28

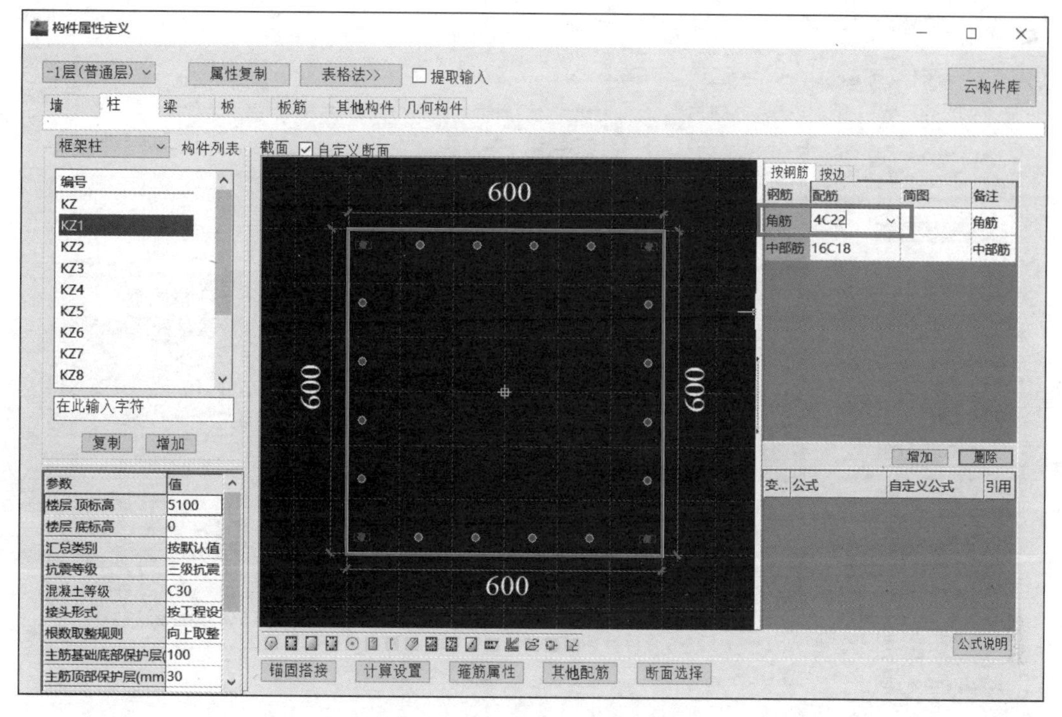

图　6-29

（3）单击“箍筋”命令，对角线绘制箍筋，右击确定，输入箍筋配筋信息 C8-100/200，单击“确定”按钮，如图 6-30 和图 6-31 所示。按同样方式手动布置其他柱子钢筋，如图 6-32 所示。完成后直接关闭对话框。

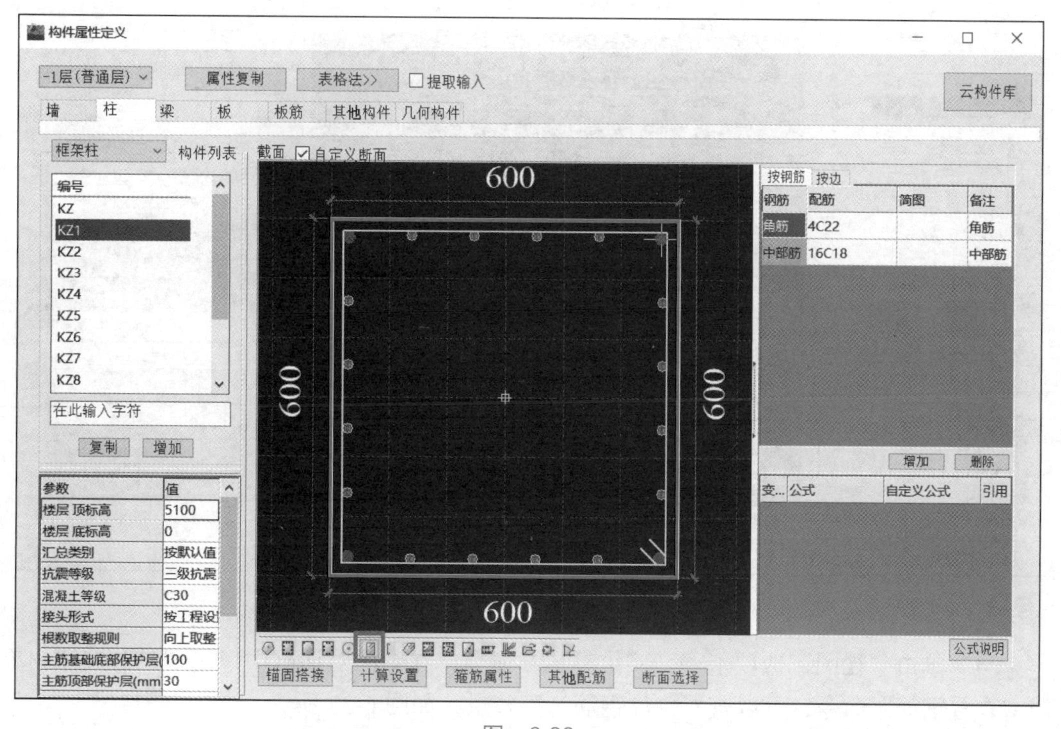

图　6-30

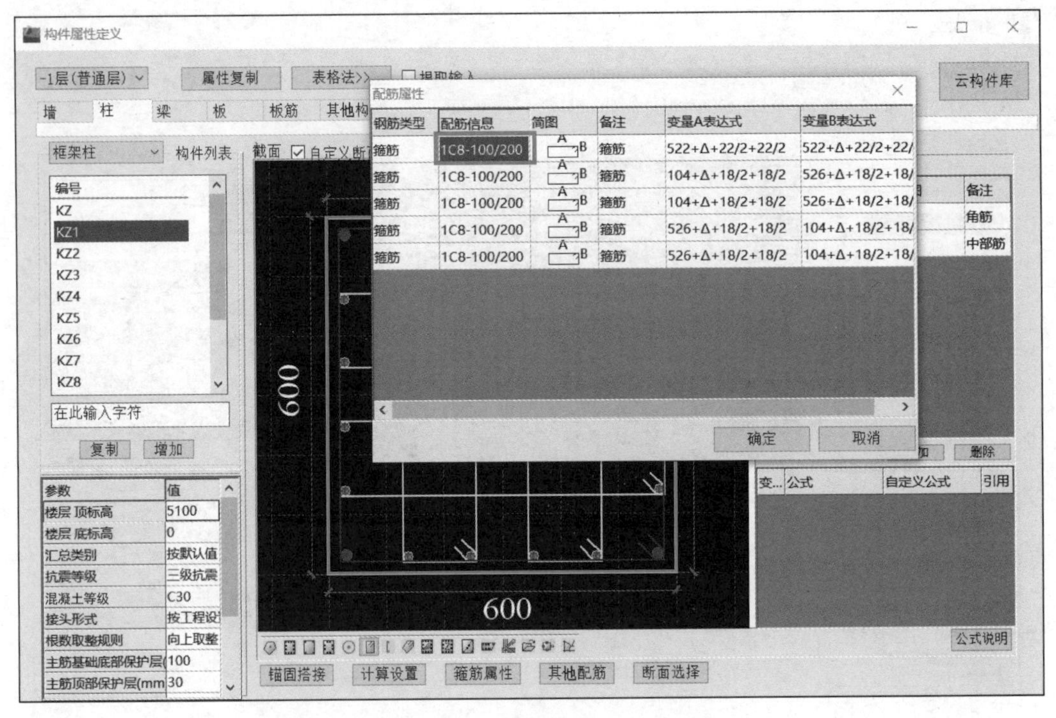

图 6-31

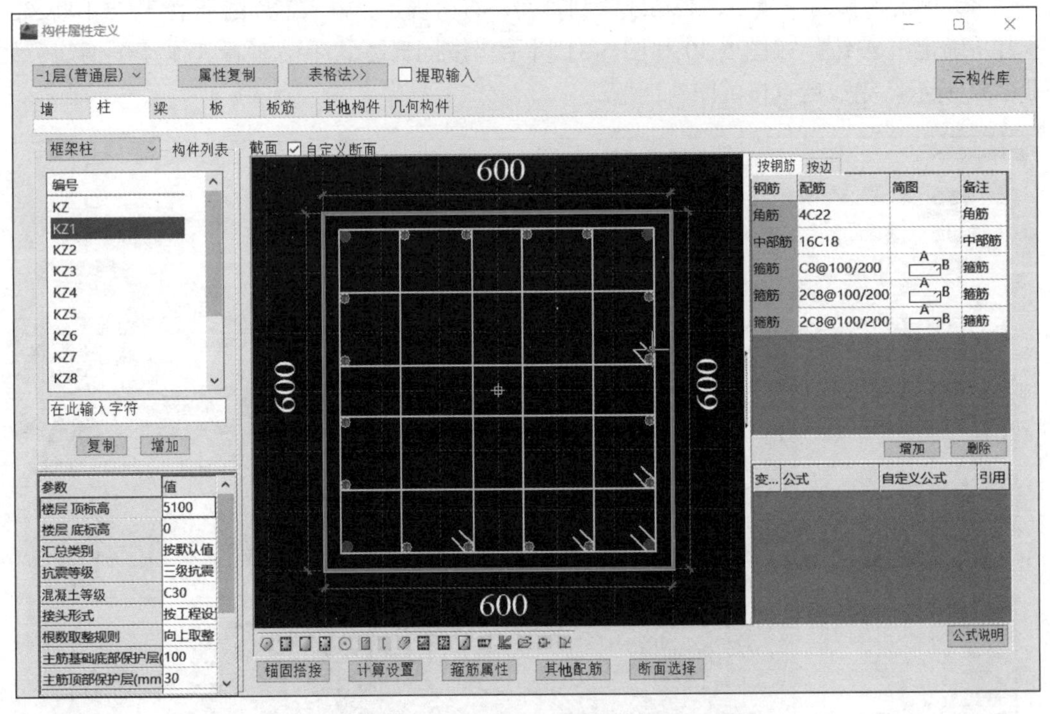

图 6-32

（4）单击“视图”选项卡→“三维显示”命令，在弹出对话框中单击“是”按钮。单击“查看钢筋”命令，可以查看构件钢筋三维效果，如图 6-33 所示。

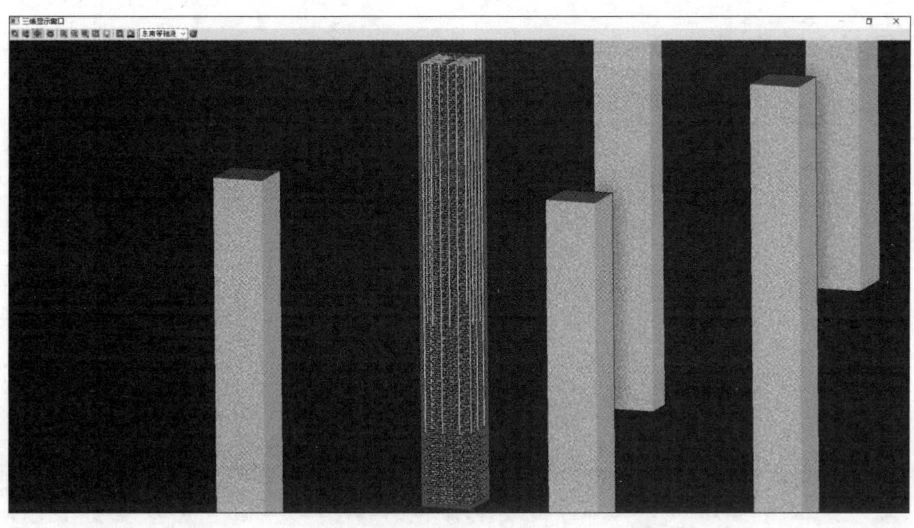

图　6-33

课后作业

根据给定图纸完成柱的创建。

6.3　创建梁

教学视频：创建梁

1. 导入梁图

（1）在当前楼层导入一层梁配筋图，在空白处单击放置一层梁图，如图 6-34 所示。

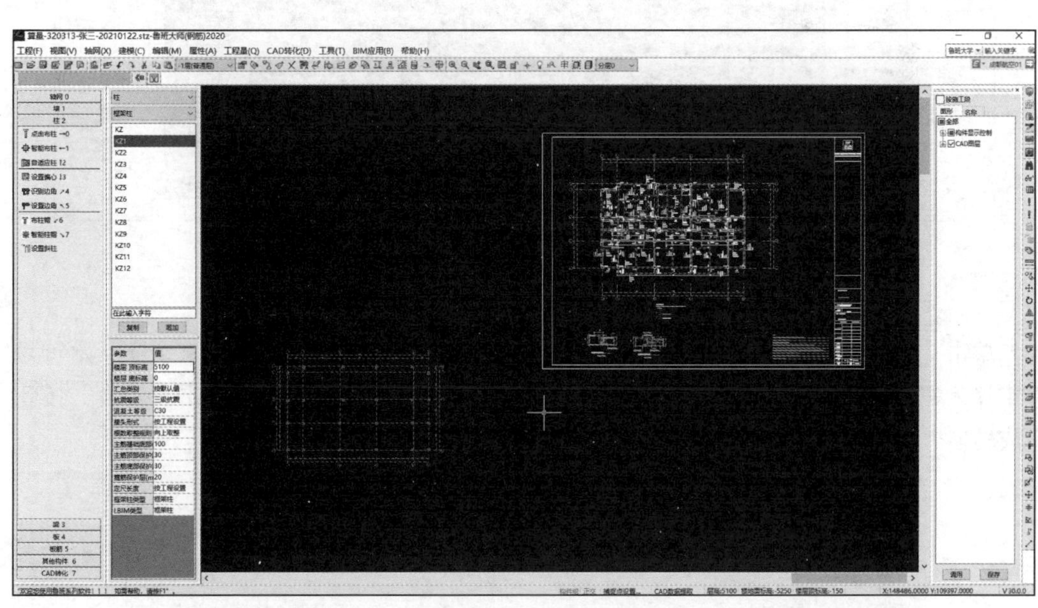

图　6-34

（2）框选图纸，单击“移动”命令，如图 6-35 所示。选择图纸中 A 轴和 8 轴的交点，再选择模型中 A 轴和 8 轴的交点，完成图纸移动，如图 6-36 所示。

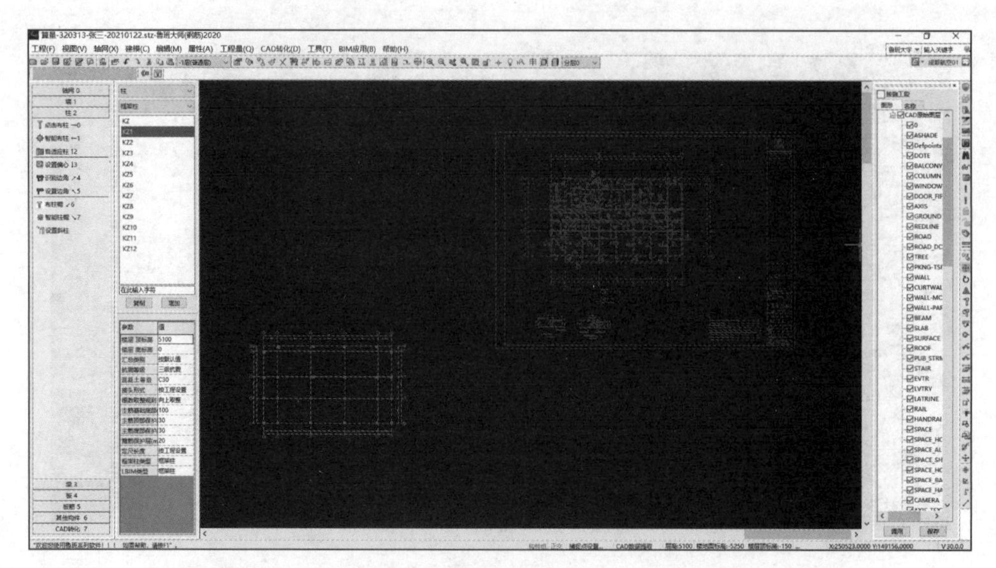

图 6-35

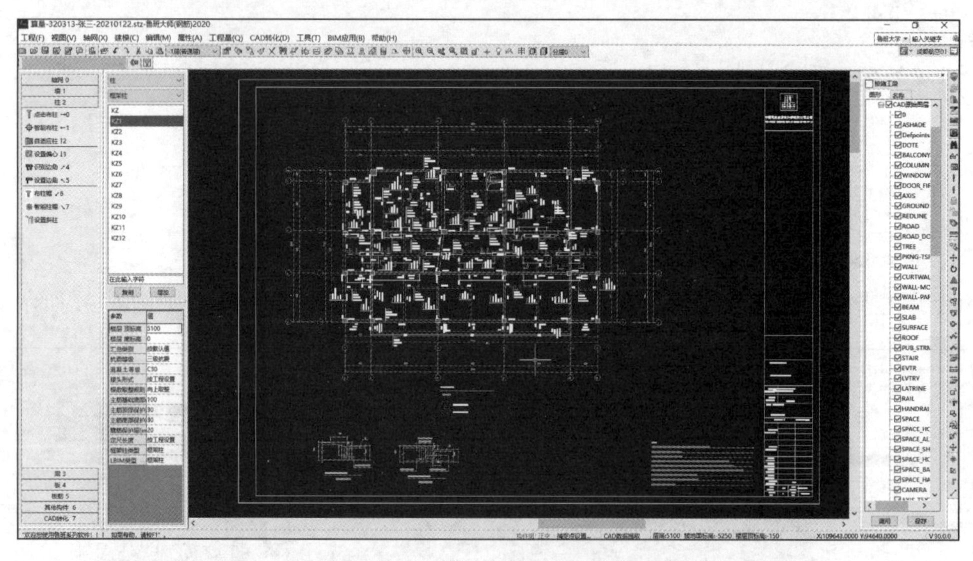

图 6-36

2. 转化钢筋符号

单击“CAD 转化”—“转化钢筋符号”选项，如图 6-37 所示。在“CAD 原始符号”框中输入需要转化的符号“_”,“钢筋软件符号”选择“C 三级钢”，单击“转换”按钮，完成转换，单击“结束”退出当前命令，如图 6-38 所示。

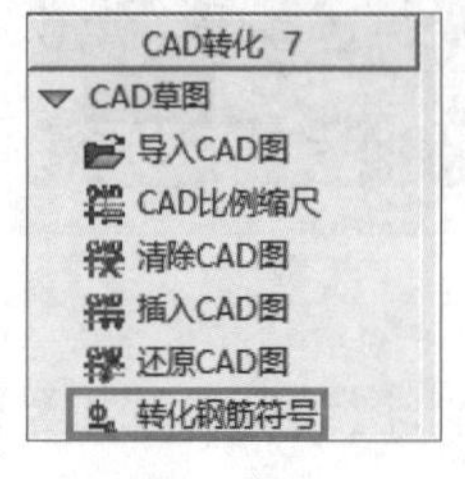

图 6-37

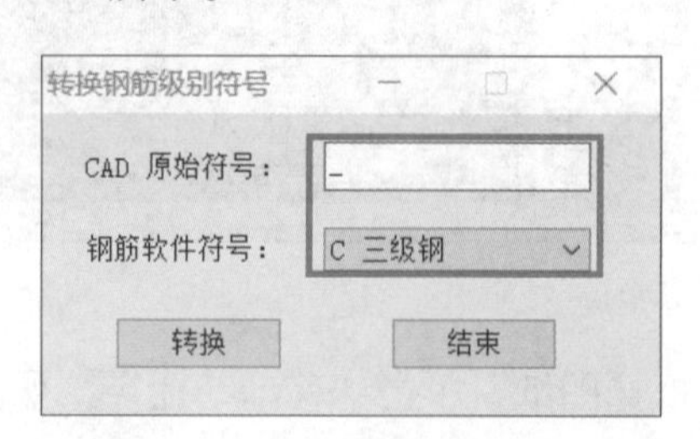

图 6-38

提示

多种符号转换时，输入一种需要转换的符号后单击“转换”按钮，再输入另一种符号单击“转换”按钮，直到全部转换完成后再单击“结束”按钮，如图 6-39 所示。

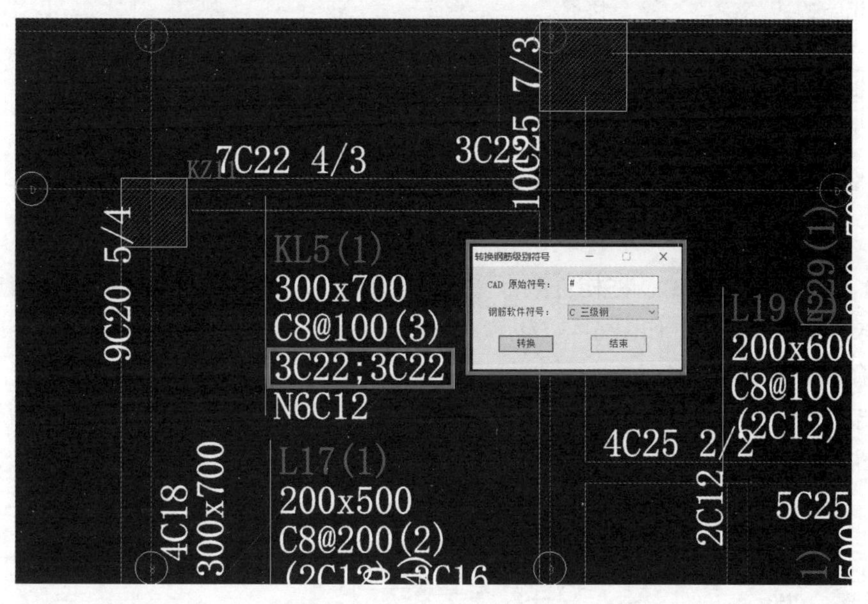

图 6-39

3. 提取梁

单击“CAD 转化”→“转化梁”→“提取梁”选项，如图 6-40 所示。按提示分别提取梁边线和梁标注，单击“确定”按钮，如图 6-41 所示。

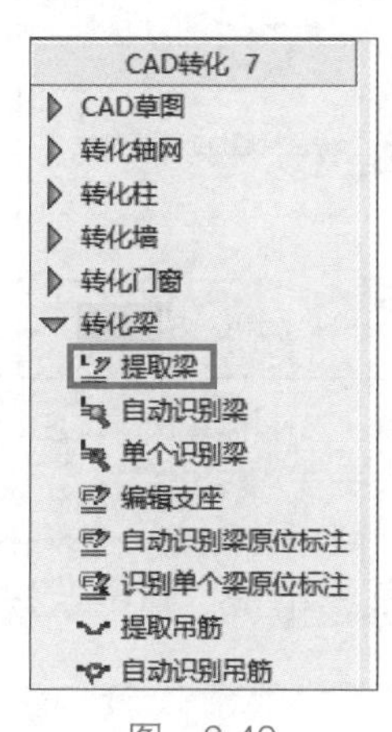

图 6-40

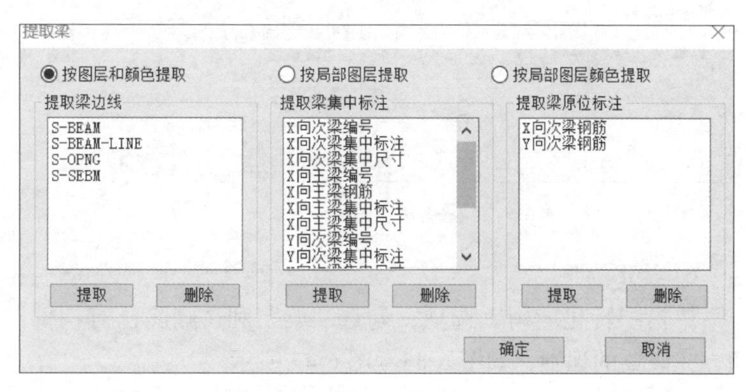

图 6-41

4. 自动识别梁

（1）单击“自动识别梁”选项，弹出“加载集中标注”对话框，可以切换“显示没有断面的集中标注”和“显示没有配筋的集中标注”查看识别有误的梁，单击“下一步”按钮，如图 6-42 所示。

加载集中标注

序号	梁名称	断面	上部筋(基础梁...	下部筋(基础梁...	箍筋	腰筋	面标高
1	KL1(8)	350x700	4C25		C8@100/200(4)		
2	KL2(5)	300x700	4C25		C8@100/200(4)		
3	KL3(5)	350x850	4C25		C8@100/200(4)	N6C12	
4	KL5(1)	300x700	3C22	3C22	C8@100(3)	N6C12	
5	KL6(1)	350x700	4C20	5C25	C8@100/200(4)	N4C12	
6	KL7(3)	300x800	4C25		C8@100/200(4)	N6C12	
7	KL8(3)	350x700	4C20		C8@100/200(4)	N6C12	
8	KL9(3A)	300x700	3C25		C8@100/200(3)		

◉显示全部集中标 ☐显示没有断面的集中 ☐显示没有配筋的集中 梁表提取 高级设置 下一步

图 6-42

（2）选中“以已有墙、柱构件判断支座”单选按钮和勾选梁宽识别“按标注”复选框，单击“确定”按钮，如图 6-43 所示。

5. 自动识别梁原位标注

单击“自动识别梁原位标注”，软件提示“完成梁原位标注识别”，单击“确定”按钮，如图 6-44 所示。

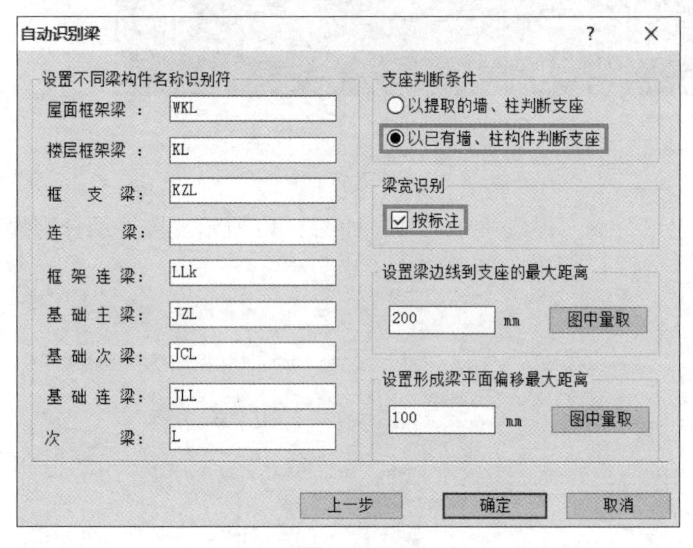

图 6-43

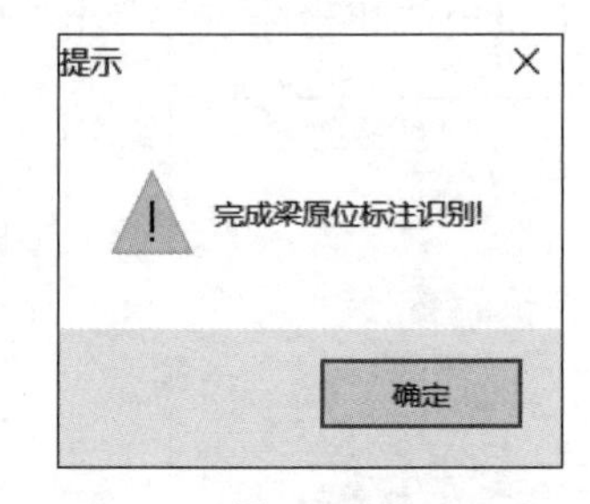

图 6-44

6. 转化应用

单击“转化应用”选项，勾选“梁”和“删除已有构件”复选框，单击“确定”按钮，完成梁的识别，如图 6-45～图 6-47 所示。

7. 核查和修改梁

（1）在梁识别后的界面出现了蓝色标注，为软件判定识别时可能有误的地方，需要人工核查或修改。如 KL1，图纸中标注为 8 跨，但识别出来为 5 跨，就会用蓝色字体标注为 KL1（8）[5]，如图 6-48 所示。对 KL1 进行核查发现只有 5 跨，属于图纸标注错误，这种问题不做修改。

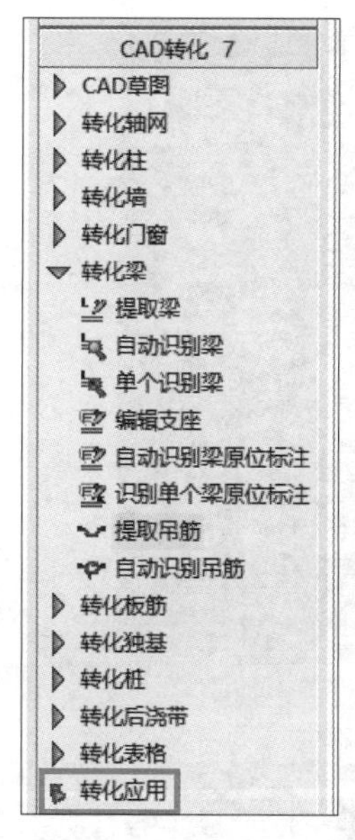

图　6-45

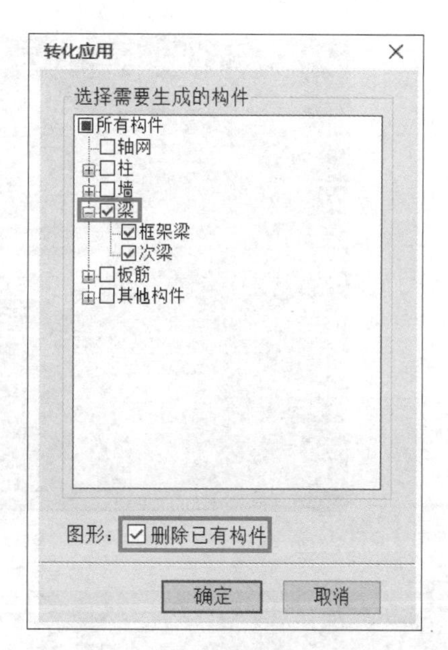

图　6-46

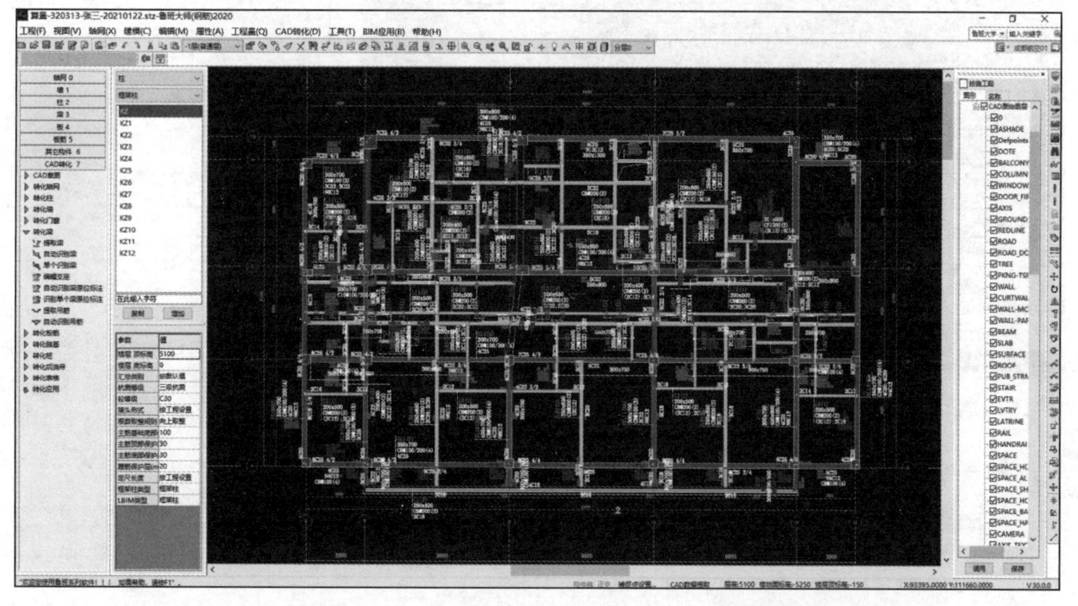

图　6-47

（2）如 L11，图纸中标注为 1 跨，但识别出来为 0 跨 1 端悬挑，就会用蓝色字体标注为 L11（1）[A]，对 L11 进行核查发现作为左端支座的 KL10 梁缺失导致 L11 无支座从而形成一端悬挑的情况，如图 6-49 所示。因此，需对此类问题进行处理。

处理方式如下。

① 单击“梁”选项卡，双击右侧的 KL10（3A），按照图纸修改 KL10（3A）的集中标注信息，修改完成后关闭对话框，如图 6-50 所示。

② 单击“绘制梁”命令，选择定位方式和直线绘制命令，如图 6-51 所示。沿图纸中梁边线绘制梁，新绘制梁呈紫色，如图 6-52 所示。

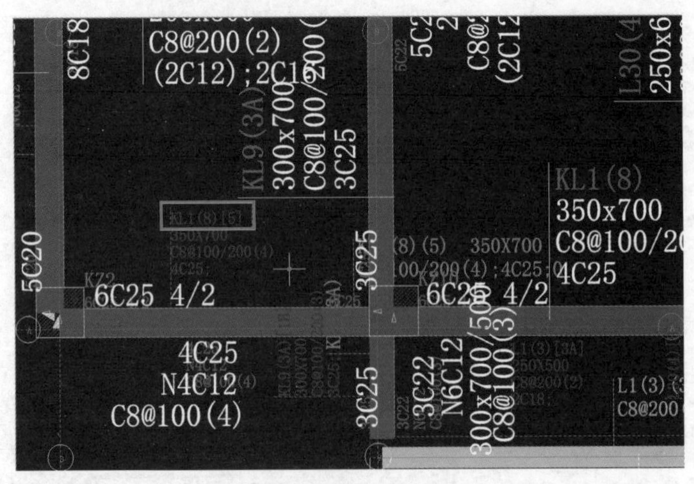

图 6-48

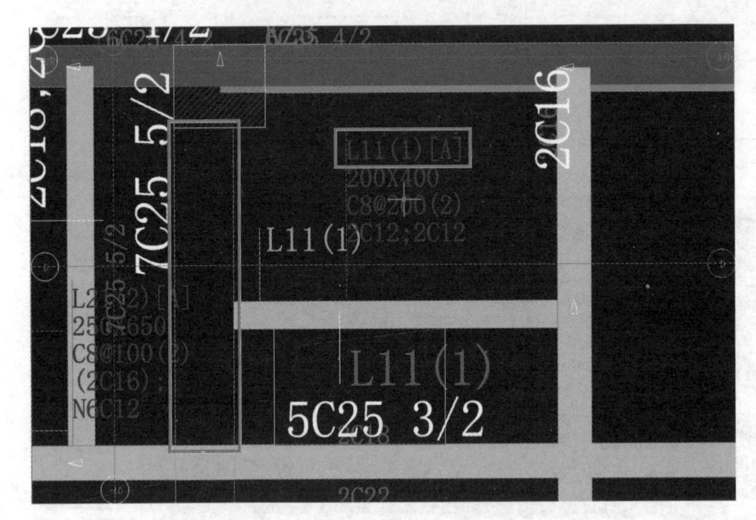

图 6-49

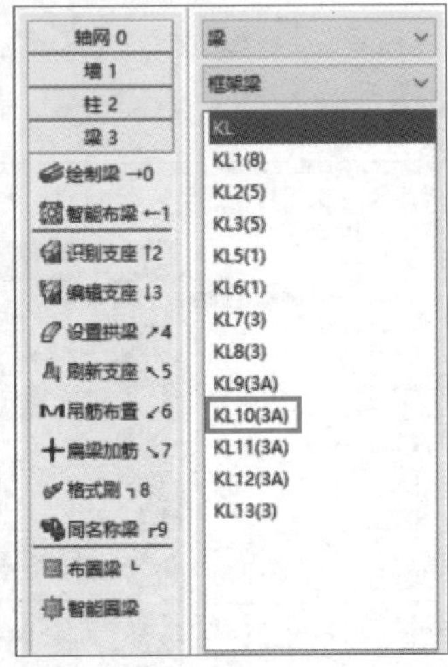

图 6-50

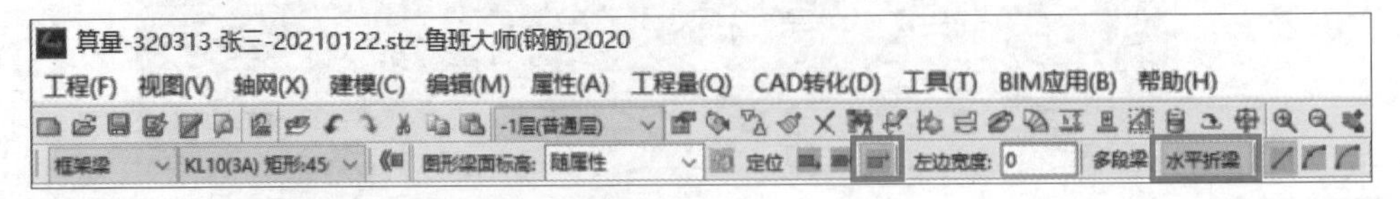

图 6-51

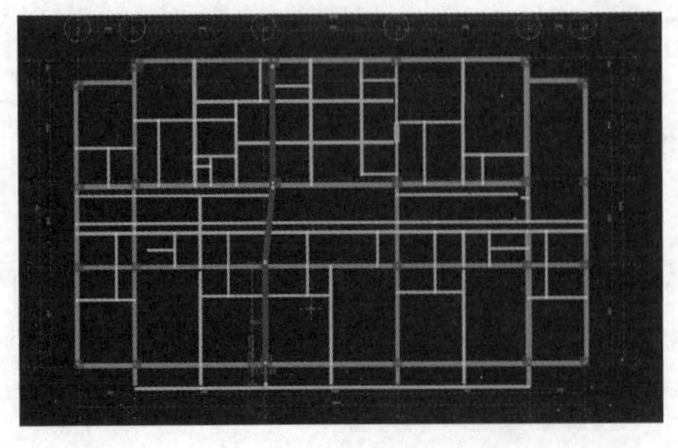

图 6-52

提示

（1）梁形式选择“水平折梁”。

（2）从下往上绘制。

③ 单击“识别支座”命令，如图 6-53 所示。单击选择上一步绘制的梁，右击确定，梁变成绿色，表示成功添加支座。

提示

选择支座识别后的 KL10（3A），会发现名称为 KL10（3A）(3A），如图 6-54 所示。第一个 3A 为图纸中梁应该达到的支座情况；第二个 3A 为识别后的支座情况，两者一致，表示支座识别正确。

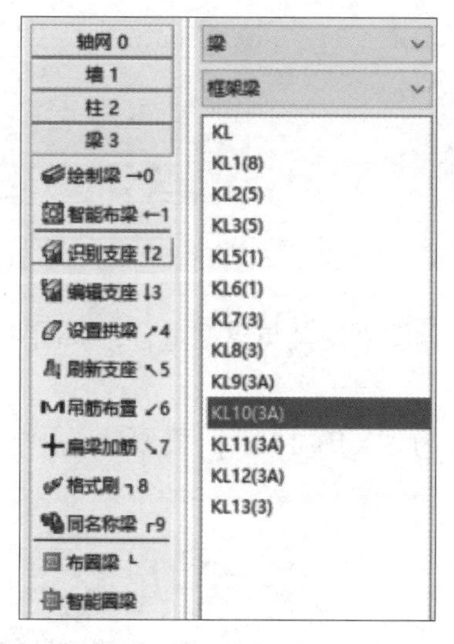

图　6-53

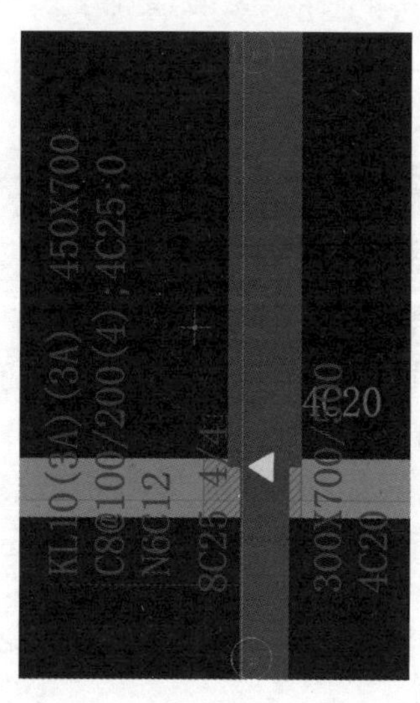

图　6-54

④ 选择 KL10（3A），单击“平法标注”命令，如图 6-55 所示。然后单击相应位置的矩形框后，为每跨添加钢筋和尺寸信息，如图 6-56 所示。

图　6-55

⑤ 单击“识别支座”命令，选择 L11，右击确定，完成识别，则 L11 的跨数问题解决，如图 6-57 所示。

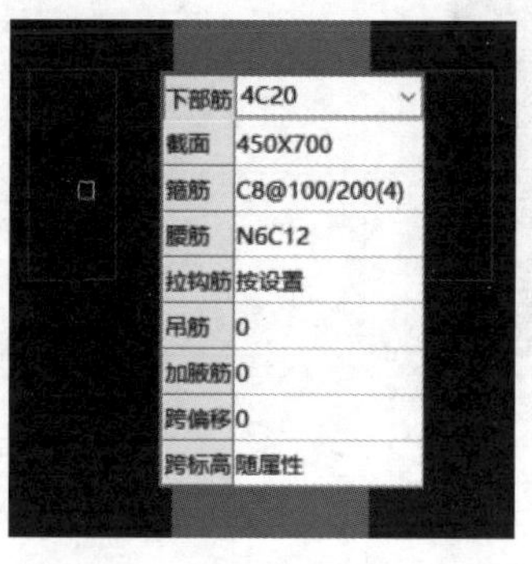

图　6-56

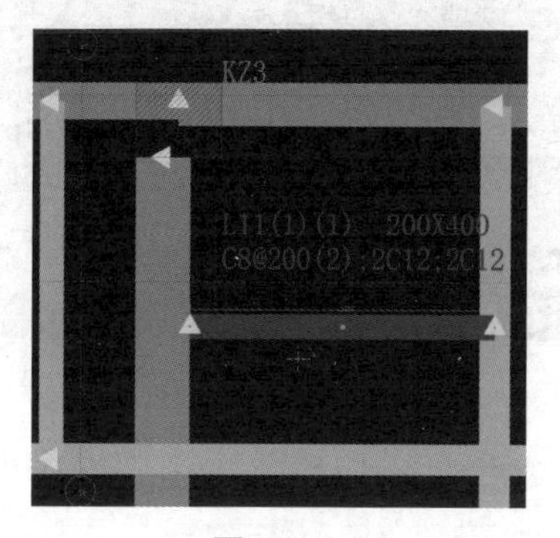

图　6-57

提示

（1）以上操作包含手动绘制梁的过程，对于识别后出现的跨数、钢筋信息不正确的问题均可通过上述方法解决。

（2）修改后蓝色的位置不会改变颜色。

课后作业

根据给定图纸完成梁的创建。

6.4 创建板

教学视频：自动生成板

6.4.1 自动生成板

1. 导入梁图

在当前楼层导入“一层结构平面布置图”，并移动图纸使其与模型重合，如图 6-58 所示。

2. 自动生成板

（1）单击“板”选项卡，修改现浇板的名称为“XJB-130”，板厚改为“130”，如图 6-59 所示。

图 6-58

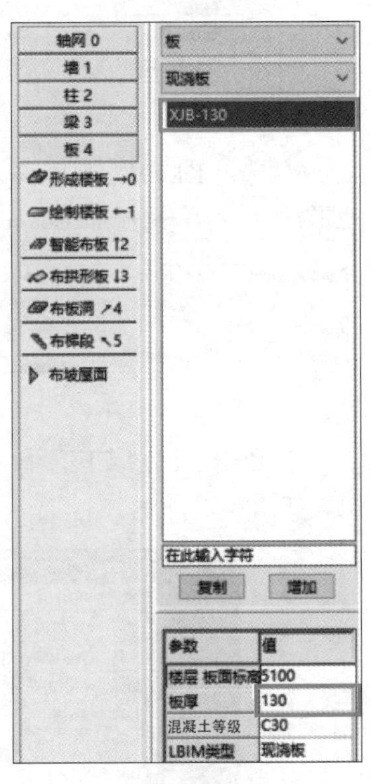

图 6-59

（2）单击“形成楼板”命令，默认“按墙梁中线生成”，单击“确定”按钮，如图 6-60 和图 6-61 所示。

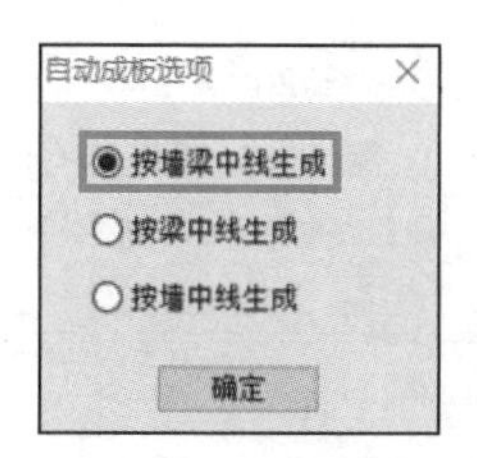

图　6-60

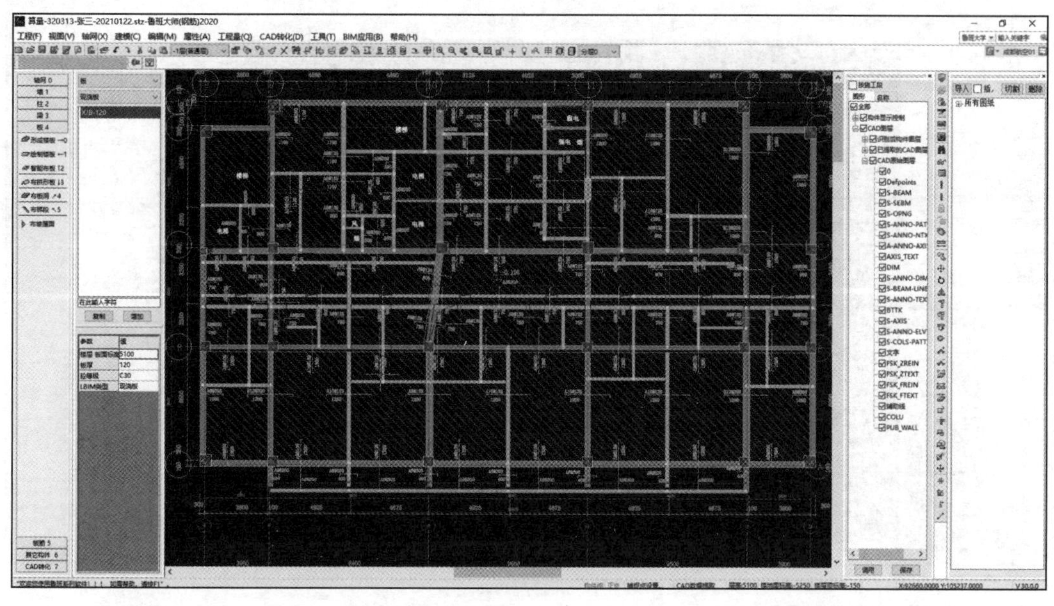

图　6-61

6.4.2　布置受力筋

1. 布置板底钢筋

（1）单击“板筋”选项卡，将底筋名称修改为“C8-125”，钢筋描述同样修改为“C8-125”如图 6-62 所示。

（2）单击“布受力筋”命令，选择布置方式为“单板布置”和“XY 向布置”，如图 6-63 所示。单击绘图区域中的板，右击确定，完成布置，如图 6-64 所示。

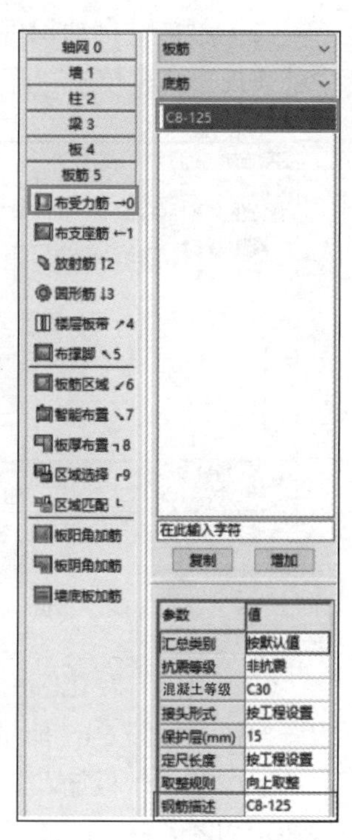

图　6-62

教学视频：布置受力筋

提示

对于钢筋布置区域不规则或者跨越多块板时，可以选择“板筋区域”命令绘制布置钢筋的区域和该区域下的钢筋信息。

2. 转化支座钢筋

（1）依次单击“CAD 转化”→“转化板筋”→“提取板筋”选项，按提示分别提取板筋线和标注，单击“确定”按钮，如图 6-65 所示。

图 6-63

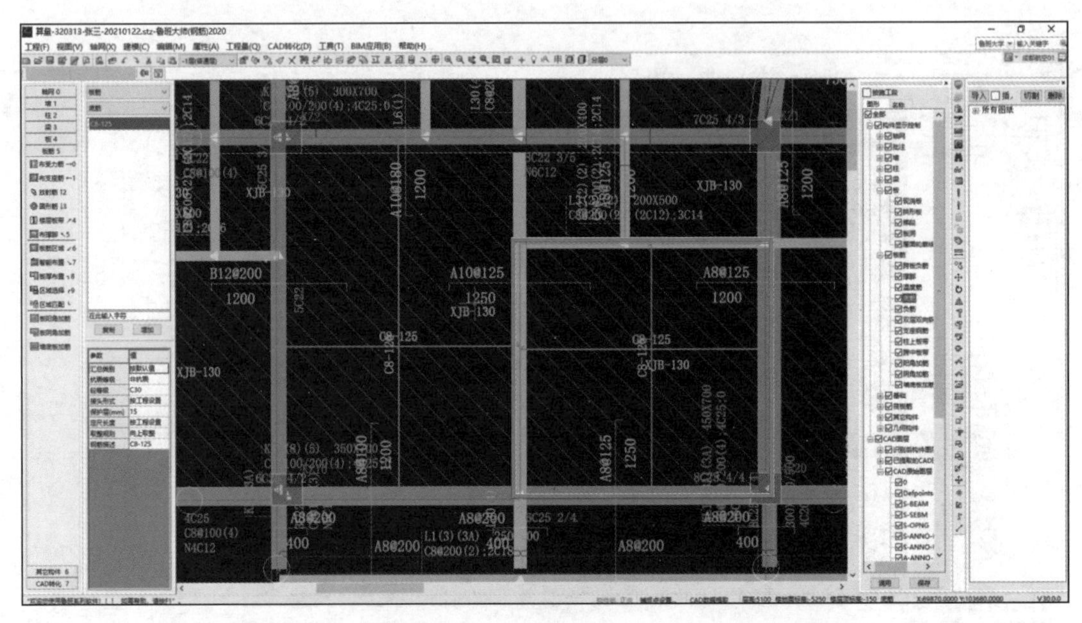

图 6-64

（2）单击“自动识别板筋”，选择“以已有墙、梁构件判断支座”，选择钢筋在图纸中的表现形式，单击“确定”按钮，如图 6-66 所示。

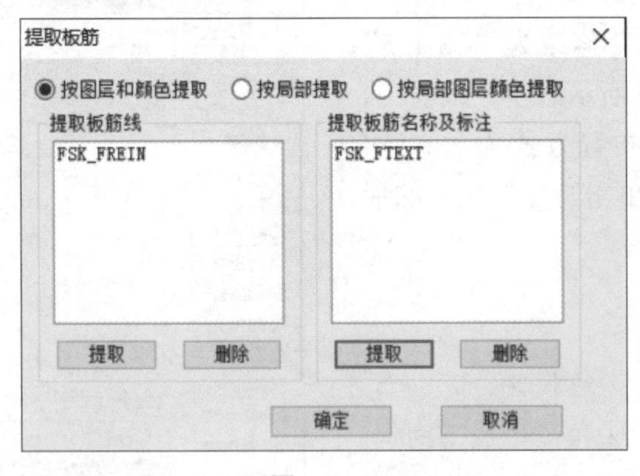

图 6-65

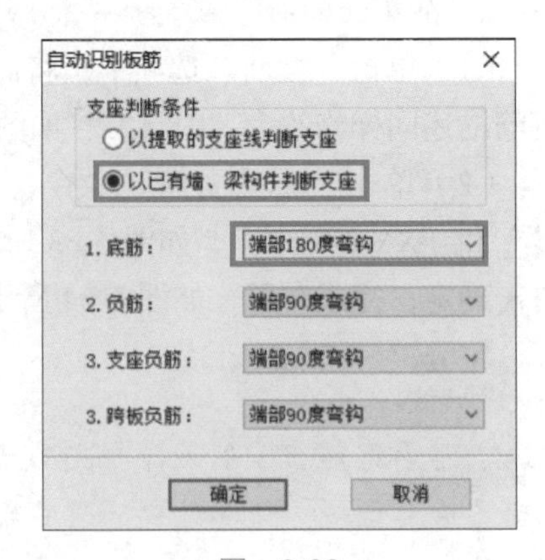

图 6-66

（3）单击“转化应用”按钮，勾选“支座钢筋”和“删除已有构件”选项，单击“确定”按钮，如图 6-67 所示。

（4）单击“板筋”选项卡中的“区域匹配”选项，设置板筋布置方式，单击“确定”按钮，如图 6-68 所示，完成支座钢筋的识别。

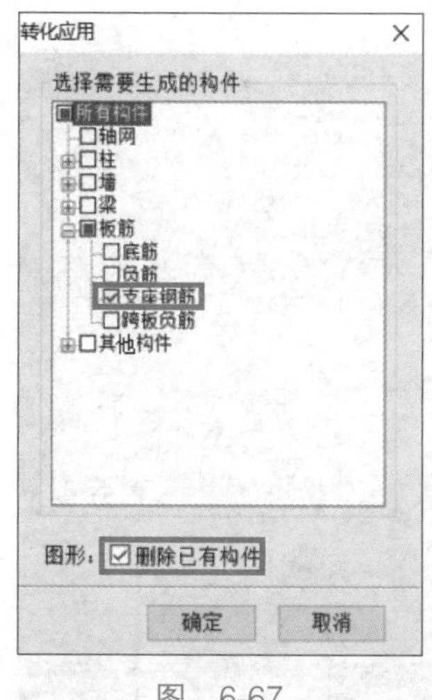

图　6-67

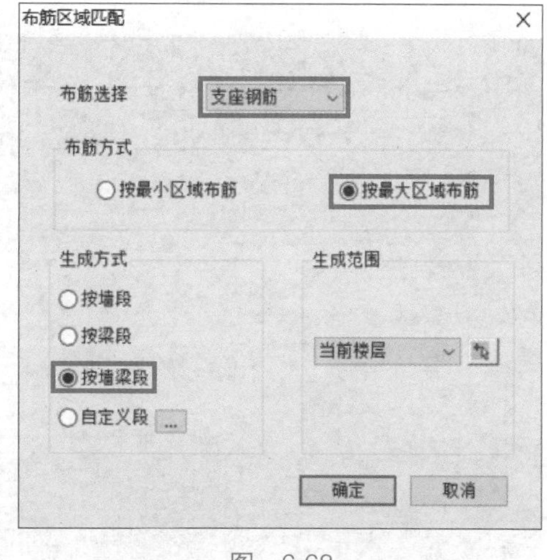

图　6-68

3. 修改支座钢筋

以 13 轴上 A~B 轴间的支座钢筋为例。

单击支座钢筋，拖动布置范围的端点可以修改钢筋的布置范围，如图 6-69 所示。完成后的模型如图 6-70 所示。

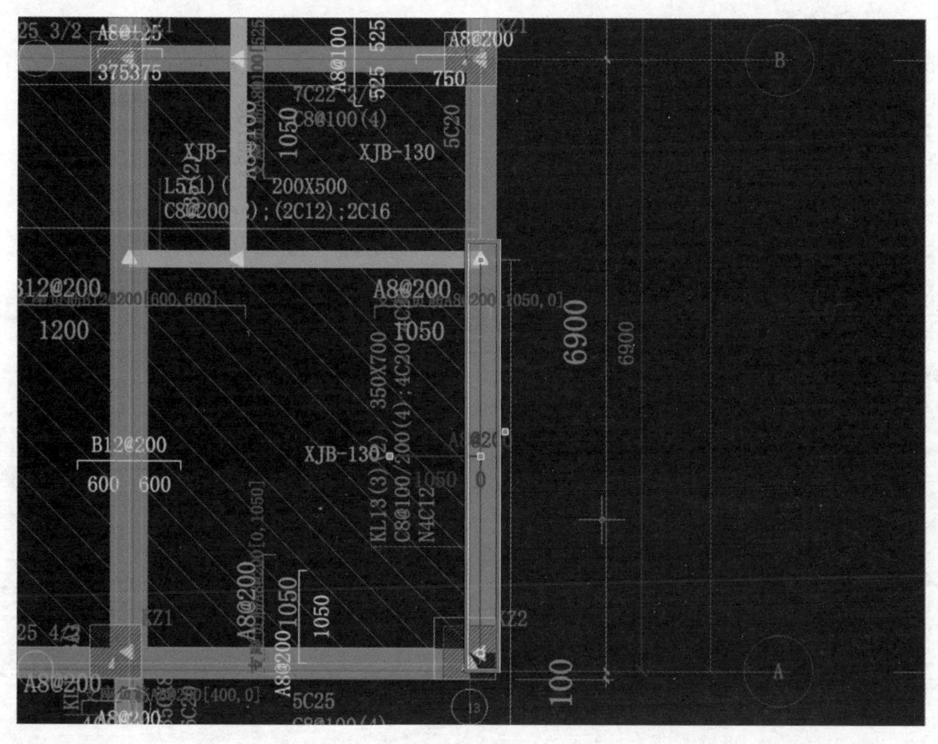

图　6-69

课后作业

根据给定图纸完成板的创建。

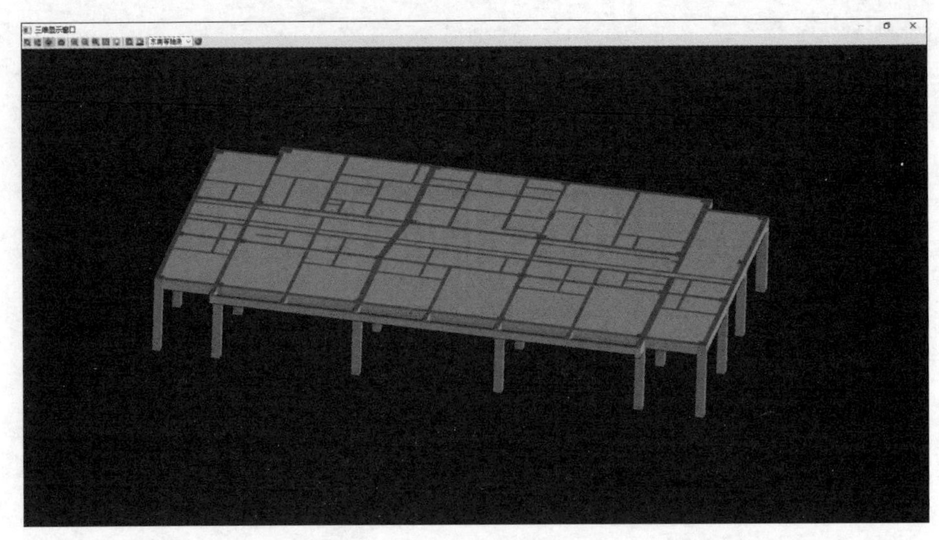

图 6-70

6.5 工程量查看及模型导出

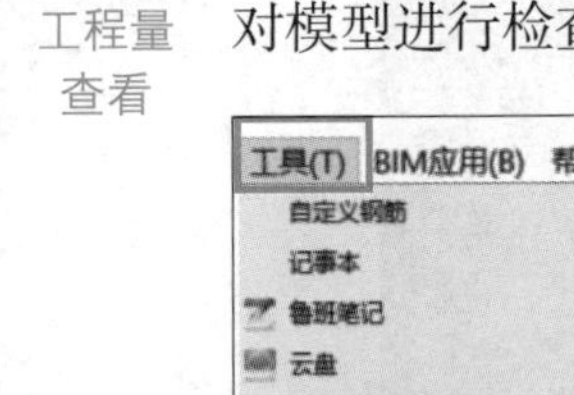

教学视频：工程量查看

6.5.1 工程量查看

1. 云模型检查

依次单击“工具”选项卡→“云模型检查”命令，如图 6-71 所示。按楼层或者工程对模型进行检查，根据检查结果对模型进行修改，如图 6-72 和图 6-73 所示。

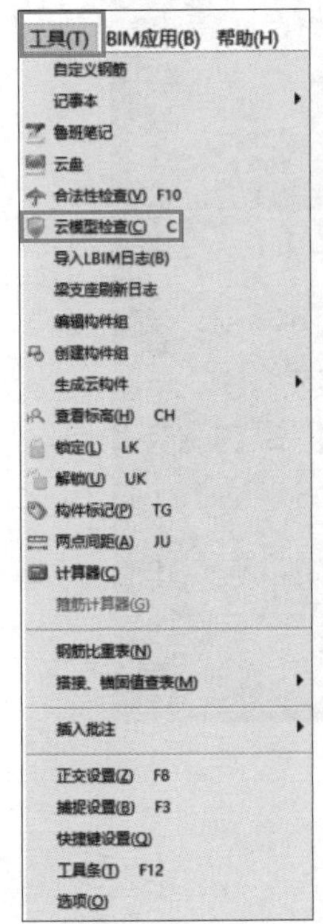

图 6-71

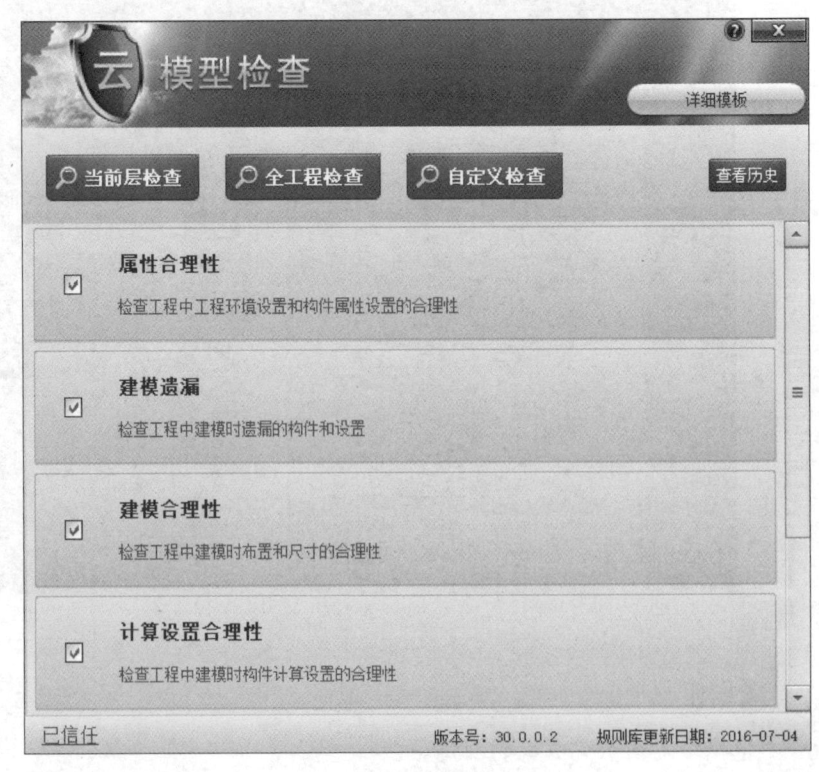

图 6-72

图　6-73

2. 工程量计算

单击“工程量”选项卡→“计算”命令，如图 6-74 所示。勾选“计算完成自动保存”选项，单击“计算”按钮，如图 6-75 所示。

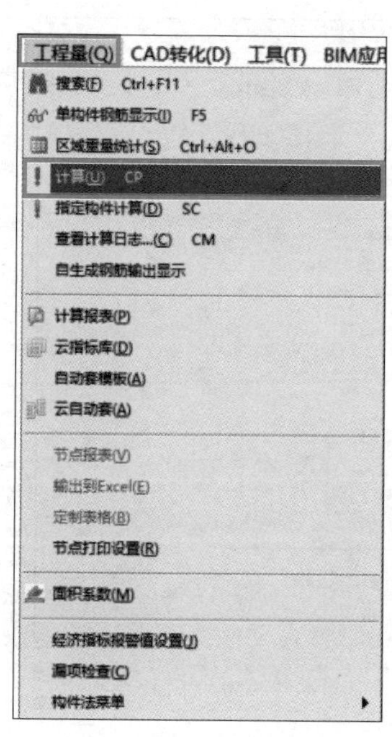

图　6-74

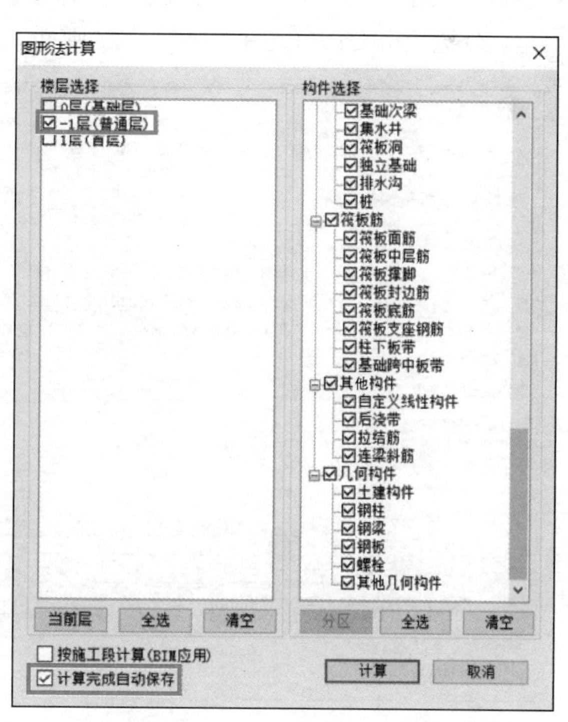

图　6-75

3. 查看报表

单击“工程量”选项卡→“计算报表”命令，可以查看并导出不同分类情况下的钢筋工程量，如图 6-76 所示。

图 6-76

6.5.2 模型导出

单击“工程”选项卡→“保存 .LBIM”命令，将模型导出为 LBIM 格式文件，用于导入其他软件进行相关 BIM 应用，如图 6-77 所示。

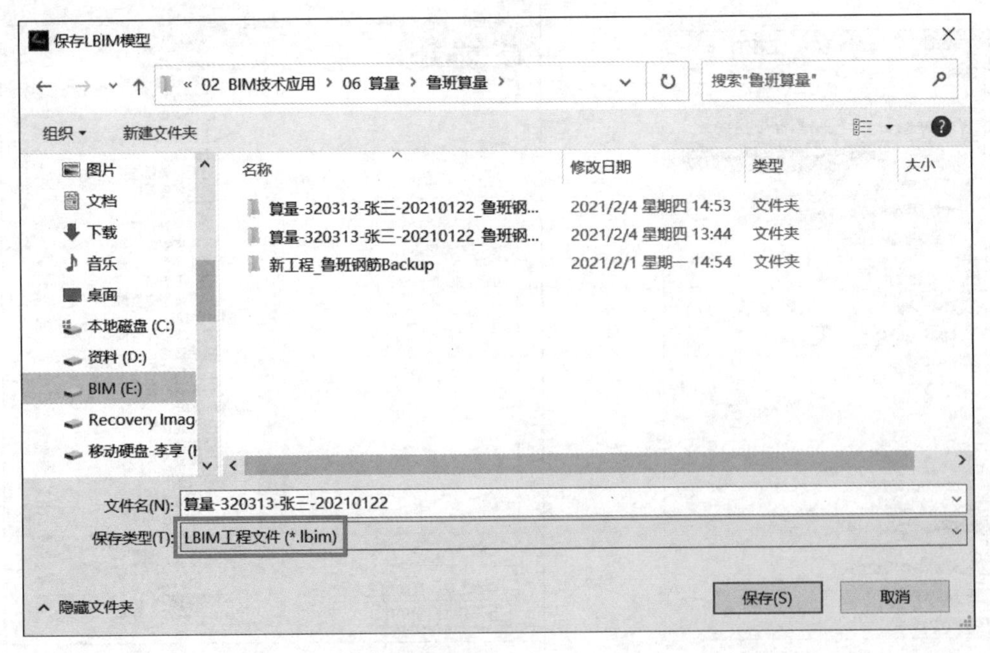

图 6-77

课后作业

根据给定图纸完成钢筋工程量的汇总计算和模型导出。

6.6 创建砌体墙

6.6.1 打开 LBIM 文件

（1）打开“鲁班大师（土建）”软件，关闭中间的对话框，如图 6-78 所示。单击“工程”选项卡→“打开 LBIM”命令，如图 6-79 所示。选择上一步导出的 LBIM 文件，单击“打开”按钮，如图 6-80 所示。

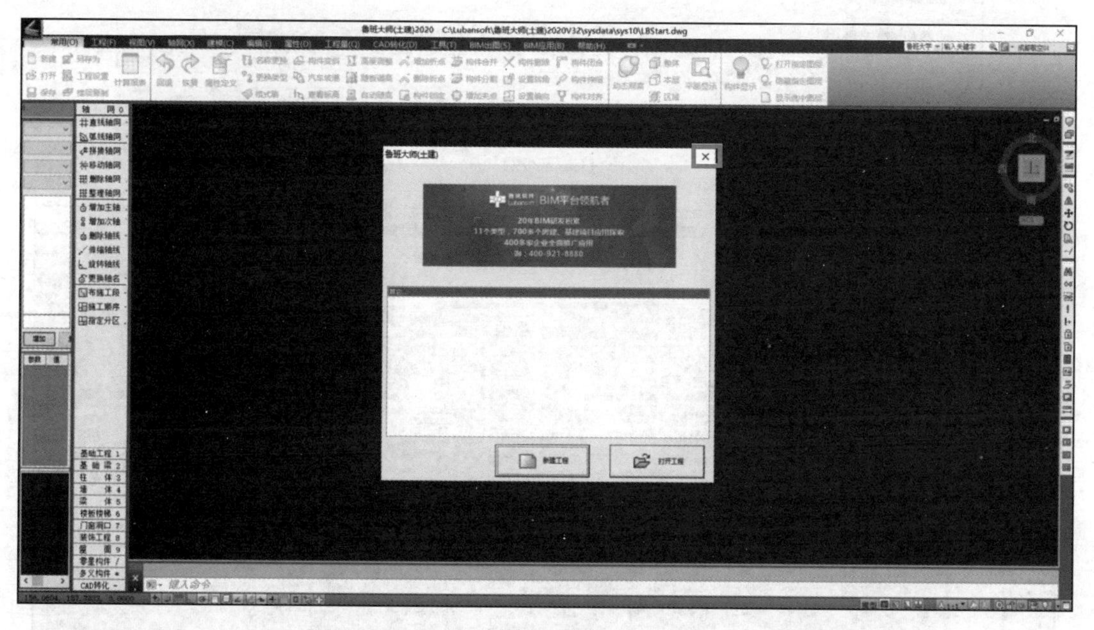

图 6-78

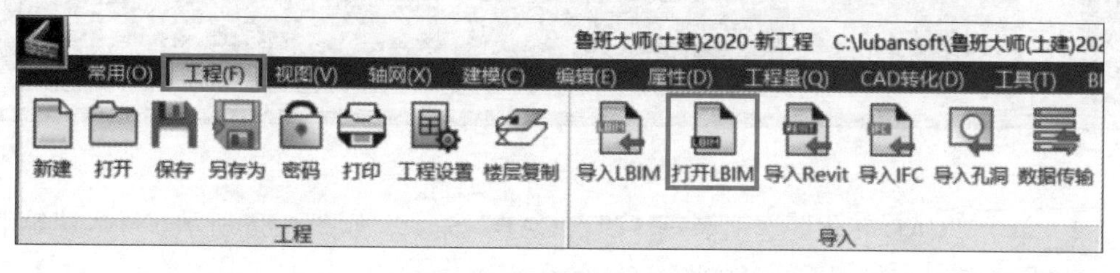

图 6-79

（2）将楼层切换为 -1 层，双击绘图区域，则模型显示出来，如图 6-81 所示。单击“工程”选项卡→“另存为”命令，保存模型，如图 6-82 所示。

6.6.2 导入图纸

（1）依次单击“视图”选项卡→“构件显示”命令，如图 6-83 所示。取消勾选“梁”和“板、楼梯”选项，如图 6-84 所示。

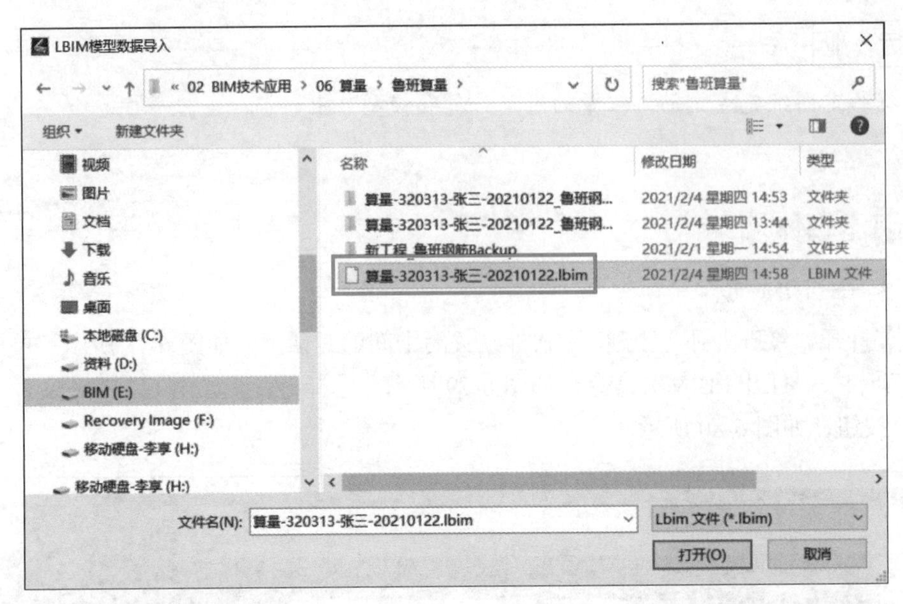

图 6-80

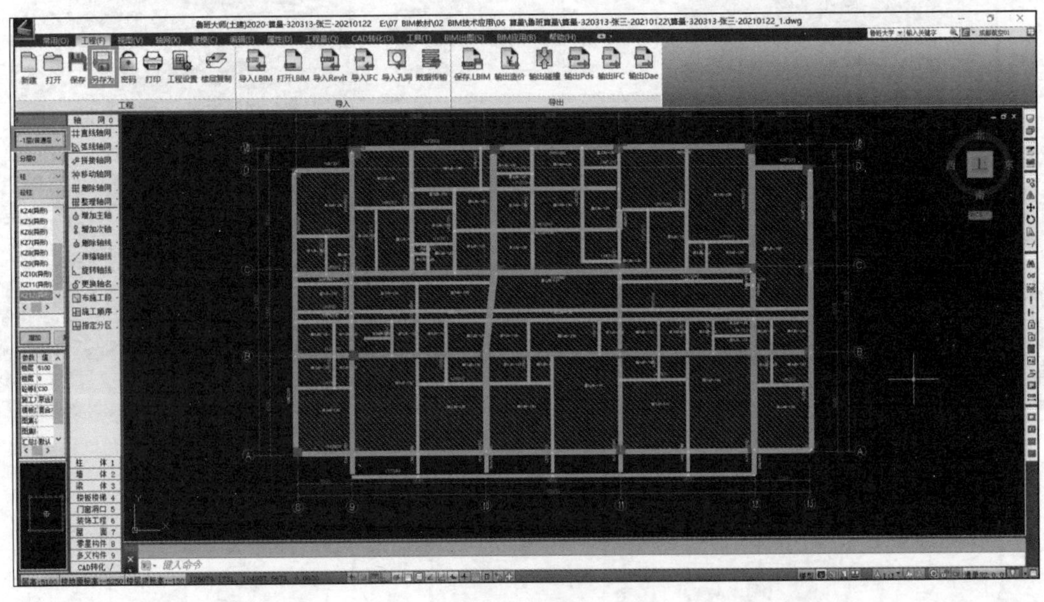

图 6-81

（2）单击“CAD 转化”选项卡→“调入 CAD”命令，如图 6-85 所示。导入建筑平面图并移动图纸使其与模型重合，如图 6-86 所示。

6.6.3 转化墙体

（1）单击“CAD 转化”选项卡→“转化墙体”命令，如图 6-87 所示。弹出“转化墙”对话框，单击“添加”按钮，如图 6-88 所示。按提示进行边线层、边线颜色提取、墙厚设置、墙体类型选择及高级设置等，单击“确定”按钮，如图 6-89 所示。

（2）单击“转化”按钮，如图 6-90 所示，完成墙体转化。单击“视图”选项卡中的“整体三维”和“动态观察”命令对模型三维进行查看，如图 6-91 所示。

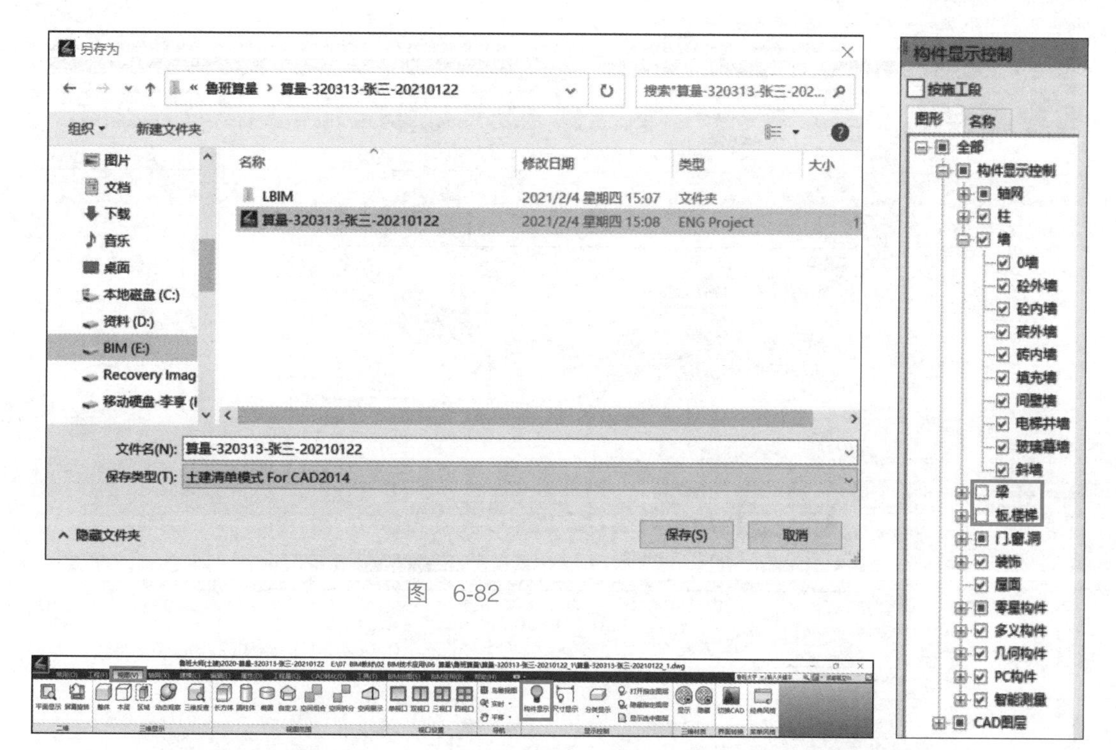

图　6-82

图　6-83

图　6-84

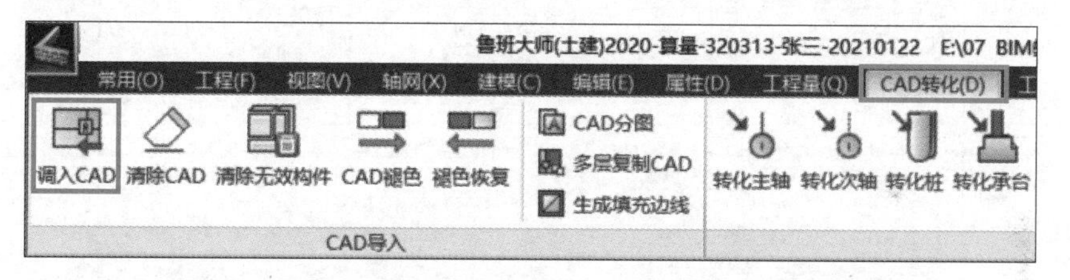

图　6-85

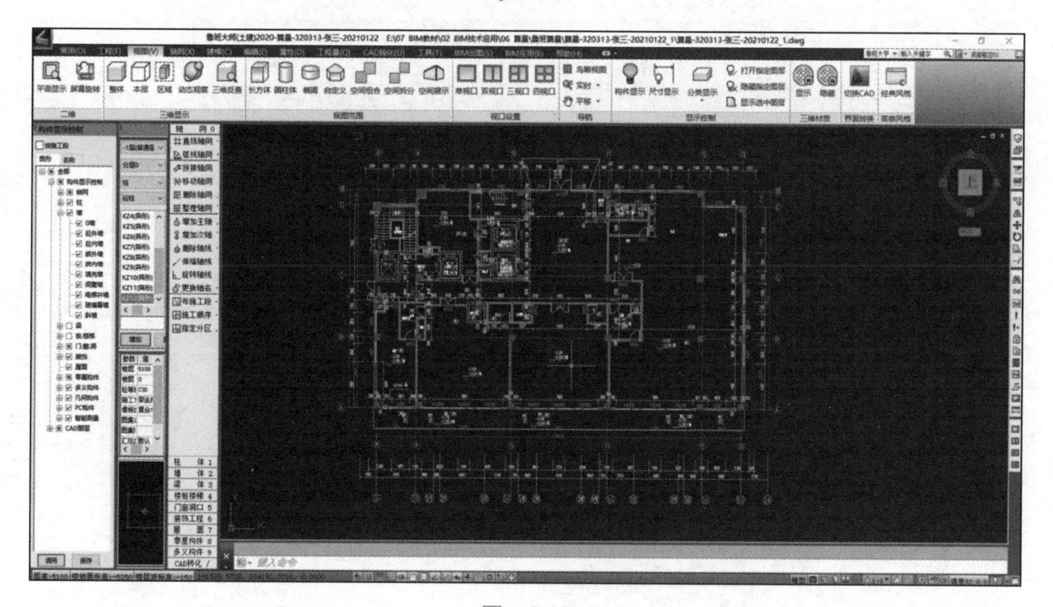
图　6-86

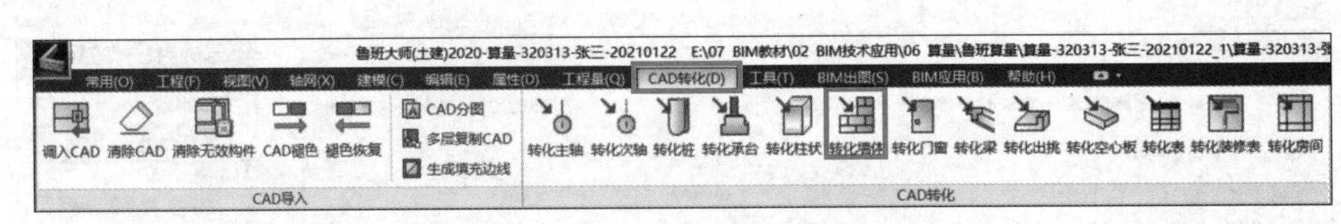

图　6-87

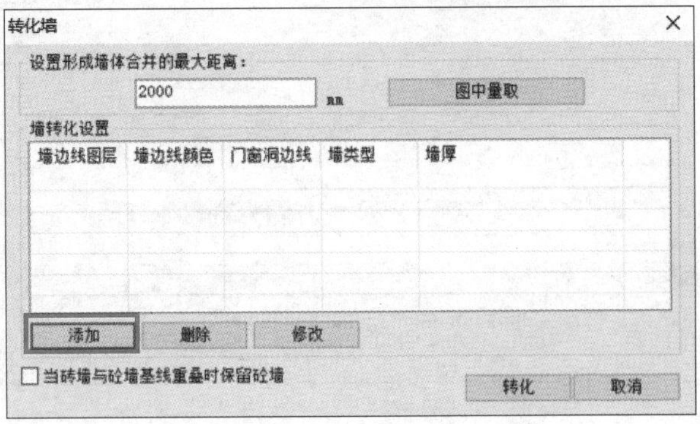

图　6-88

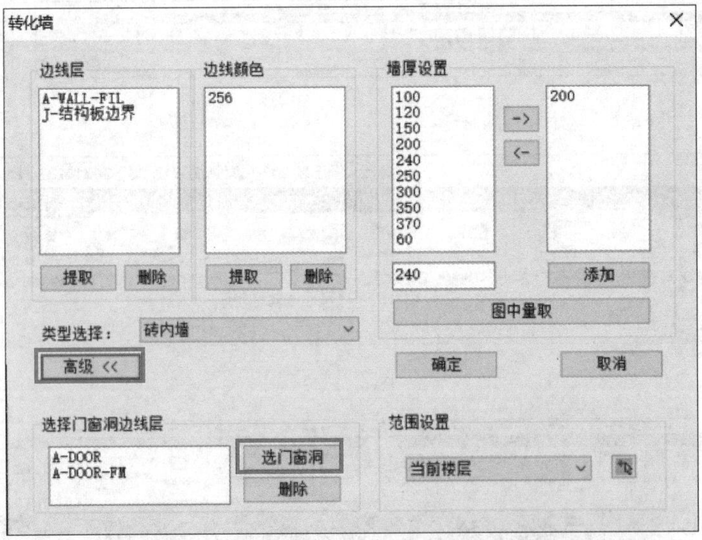

图　6-89

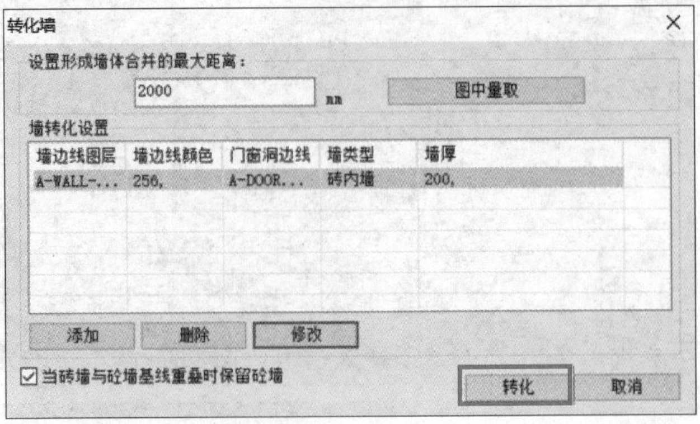

图　6-90

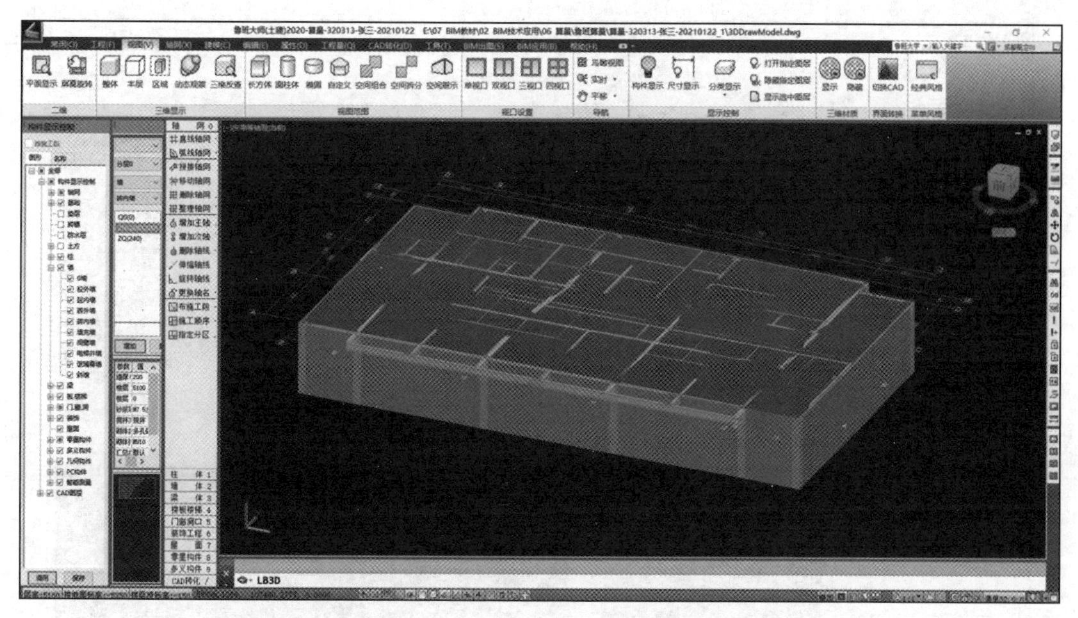

图　6-91

6.6.4　修改墙体

（1）切换至 -1 层，单击“墙”→“砖外墙”选项，双击“Q0（0）”，如图 6-92 所示。弹出“属性定义”对话框，修改砖外墙名称为“ZWQ200”，墙厚改为“200”，如图 6-93 所示，修改完成后关闭对话框。

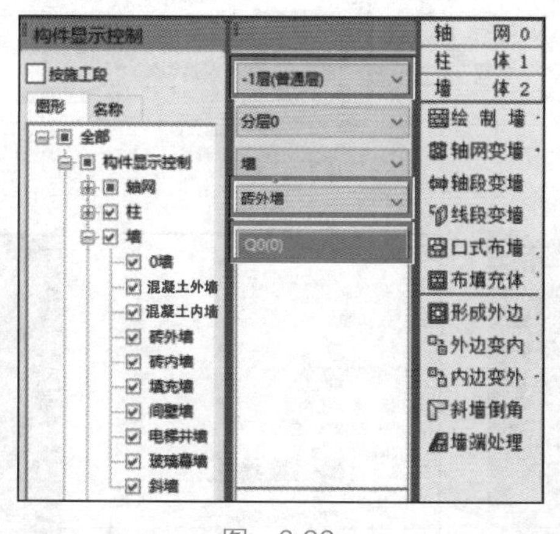

图　6-92

（2）单击“编辑”选项卡→“名称更换”命令，如图 6-94 所示。单击最外一圈的 ZNQ200，右击确定，选择 ZWQ200，单击“确定”按钮，完成构件替换，如图 6-95~图 6-97 所示。

课后作业

根据给定图纸完成墙体的创建。

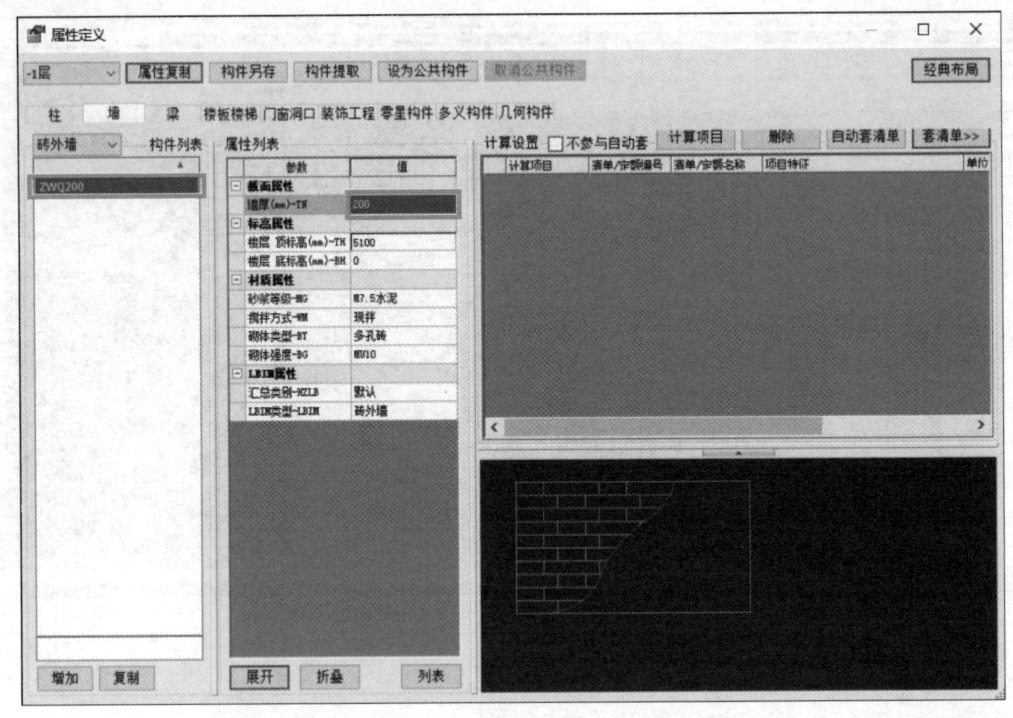

图 6-93

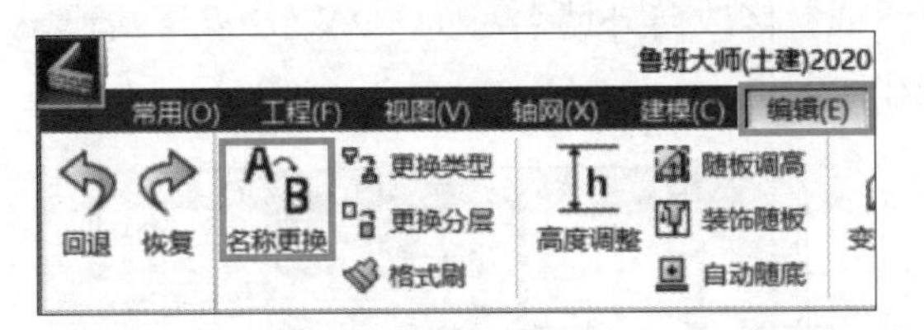

图 6-94

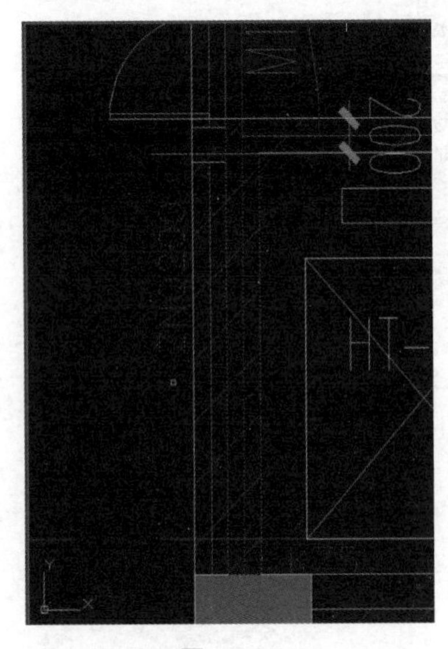

图 6-95

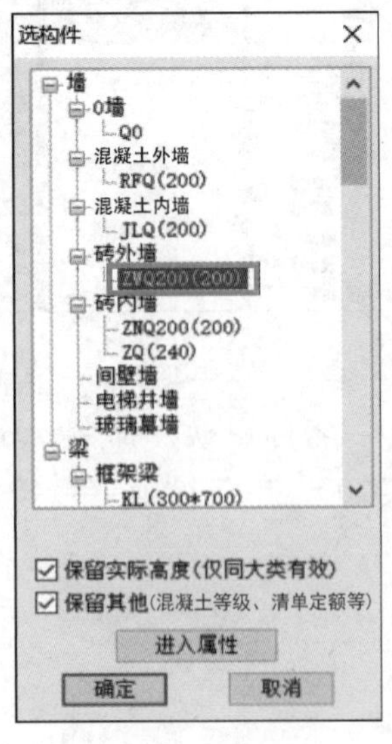

图 6-96

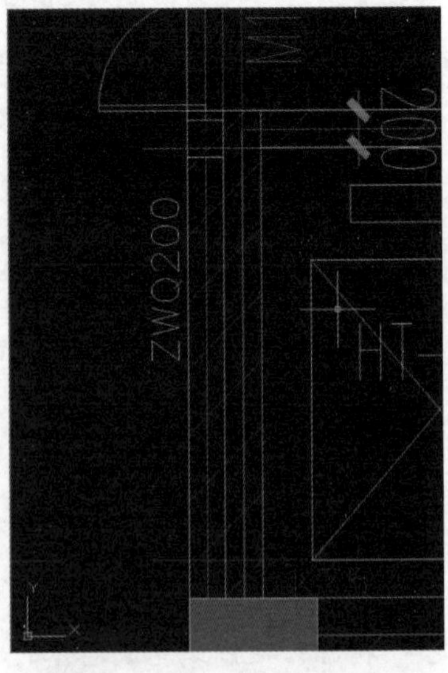

图 6-97

6.7　创建门窗、过梁、构造柱

6.7.1　识别门窗表

导入门窗表图纸，单击“CAD 转化”选项卡→“转化表”命令，如图 6-98 所示。弹出“转化表”对话框，框选提取表格中门窗内容，单击“转化”按钮，如图 6-99 所示。切换至“门窗洞口”选项，可以看到转化成功的门窗信息，如图 6-100 所示。

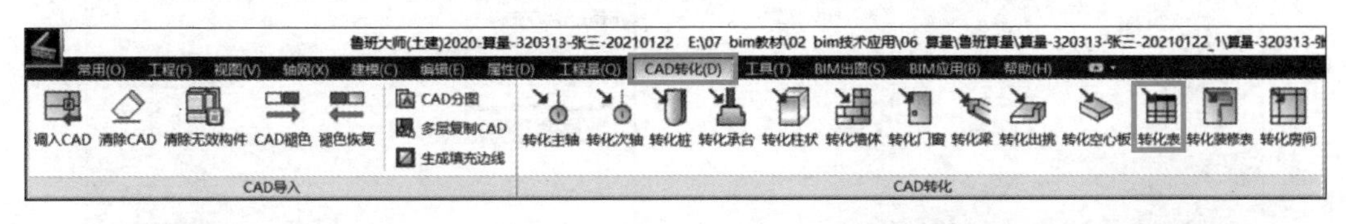

图　6-98

转化表

类型选择：门窗表

预览

构件名称	构件尺寸(宽*高)	类别
FM甲3624	1800*2200	门
M0822	800*2200	门
M0823	800*2300	门
M0824	800*2400	门
M0922	900*2200	门
M0923	900*2300	门
M1022	1000*2200	门
M1023	1000*2300	门
M1023_1	1200*2300	门
[illegible]	[illegible]	门

设置

门识别符：M　　窗识别符：C

框选提取　删除选中　转化　取消

图　6-99

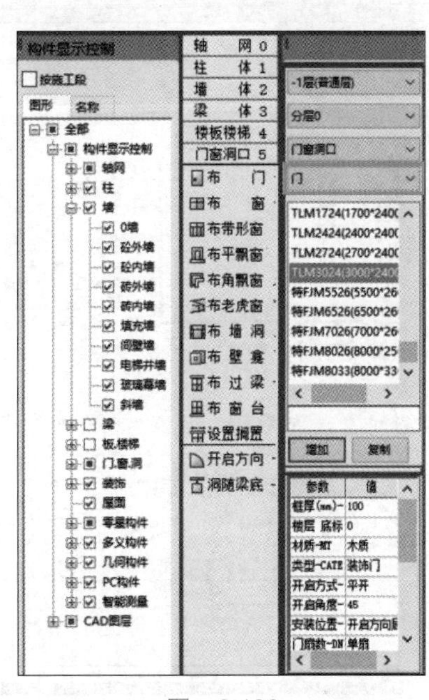

图　6-100

6.7.2　转化门窗

单击“转化门窗”命令，按提示提取门窗边线和标注，在“高级”里面可以设置转化内容，单击“转化”按钮，如图 6-101 所示。

6.7.3　自动生成过梁

单击“门窗洞口”→“布过梁”命令，选择“自动生成”选项，单击“确定”按钮，如图 6-102 所示。在“自动生成过梁”对话框中根据图纸说明设置过梁参数，单击“确定”按钮，如图 6-103 所示。

6.7.4　自动生成构造柱

单击“柱体”→“智能构柱”命令，在“智能构柱”对话框中根据图纸说明设置构造柱参数，单击“确定”按钮，如图 6-104 和图 6-105 所示。

转化门窗墙洞

边线层

A-DOOR
A-DOOR-FW

标注层

A-DOOR

提取 删除 提取 删除

高级 << 转化 取消

门窗设置

未定义属性门窗

◉转化 ○不转化

门识别符：M

窗识别符：C

墙洞设置

墙洞

○转化 ◉不转化

墙洞高度：2100

当前楼层

说明：

1、确认需转化门窗的位置已有墙体，否则此命令失败。

2、确认已有门窗属性列表，否则请使用“转化未设置属性门窗”功能。

图 6-101

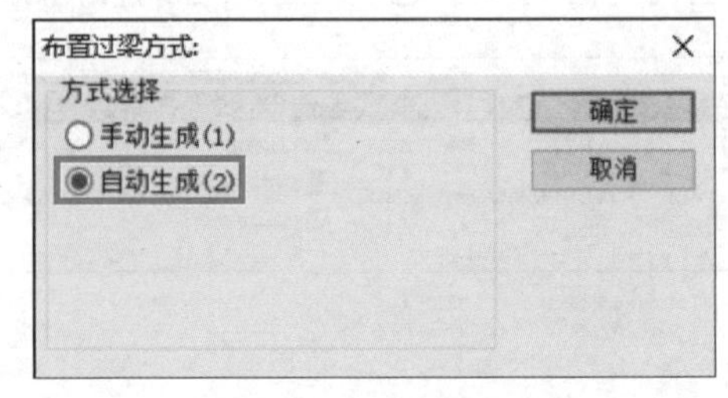

图 6-102

自动生成过梁

洞口宽度

序号	洞口宽度	过梁高
1	1000	120
2	1500	120
3	2000	150
4	2500	180
5	3000	240

添加 删除

生成范围

当前楼层

说明

1. 洞口宽度小于等于"上限值"且大于"下限值"时，取上限值

2.洞口宽度大于表中最大值时，取表中最大值

高级<< 确定 取消

洞口类别

☑门 ☑飘窗 ☑带型窗 ☐填充体

☑窗 ☑墙洞 ☐壁龛

图 6-103

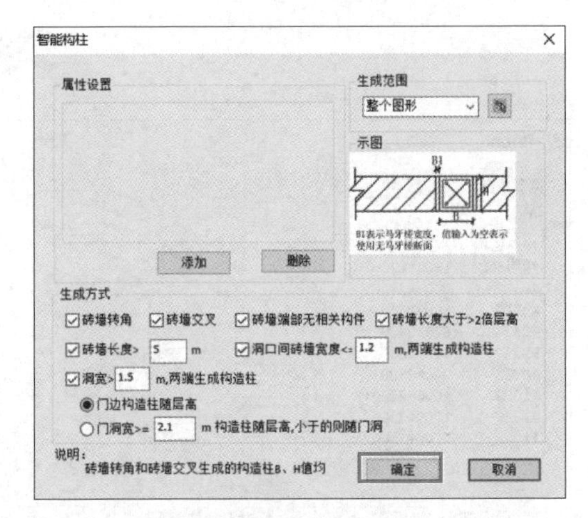

图 6-104

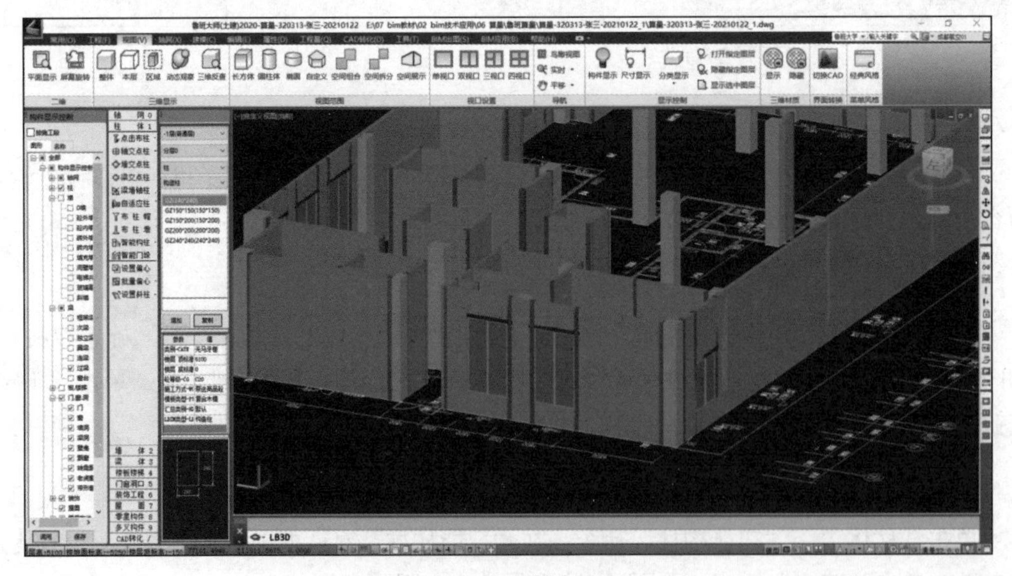

图 6-105

课后作业

根据给定图纸完成门窗、过梁、构造柱的创建。

6.8　布置装饰

本节以 8~9 轴和 A~B 轴范围内的“厨房”房间为例讲解如何布置装饰。

6.8.1　构件属性定义

切换至“楼地面”，单击“增加”按钮，将新增的楼地面命名为“楼 3”，在下方修改其参数，如图 6-106 所示。用同样的方法，增加天棚和内墙面等。切换至“房间”，增加“厨房”房间，赋予各部位值，如图 6-107 ~ 图 6-109 所示。

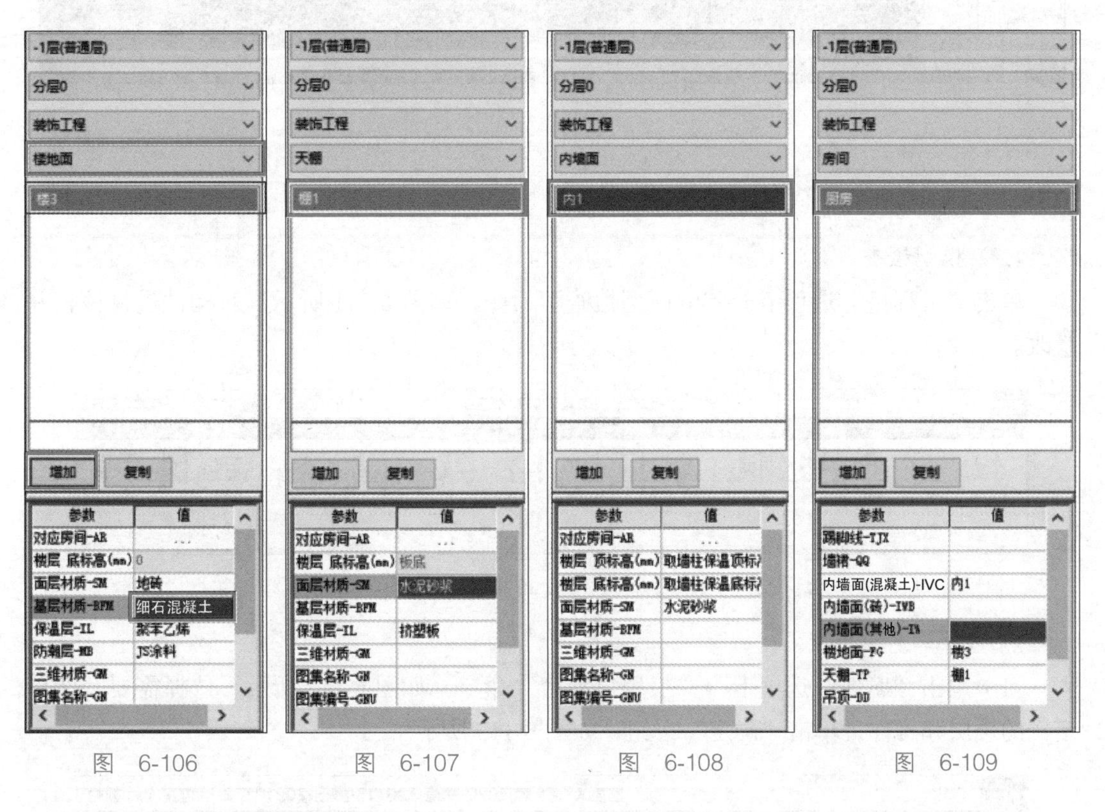

图　6-106　　图　6-107　　图　6-108　　图　6-109

6.8.2　布置房间装饰

单击“单房装饰”选项，设置生成方式，在厨房区域内单击放置房间，完成厨房装饰布置，如图 6-110 所示。

课后作业

根据给定图纸完成房间装饰的布置。

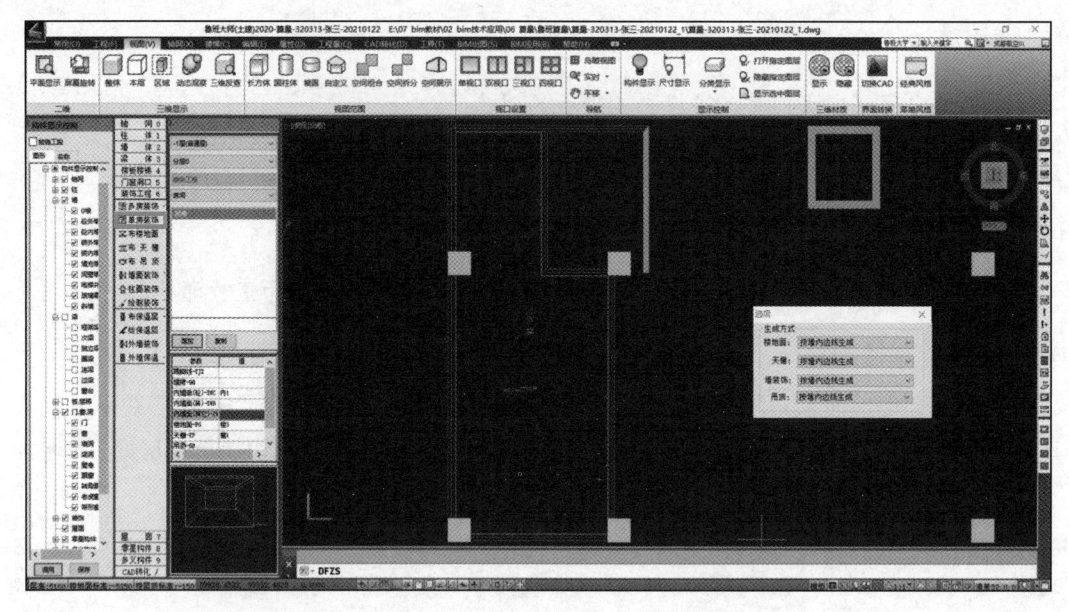

图 6-110

6.9 工程量计算和导出

1. 云模型检查

单击“工程量”选项卡→“云模型检查”命令，如图 6-111 所示，对构件进行核查并修改。

图 6-111

2. 套清单定额

（1）单击“属性”选项卡→“工程自动套”命令，如图 6-112 所示。选择需要套清单定额的楼层和构件，单击“确定”按钮，如图 6-113 所示。

图 6-112

（2）选择某一构件，如 KL1，单击“反查”按钮，如图 6-114 所示，查看 KL1 的清单、定额选项，对不正确的进行手动修改，如图 6-115 所示。

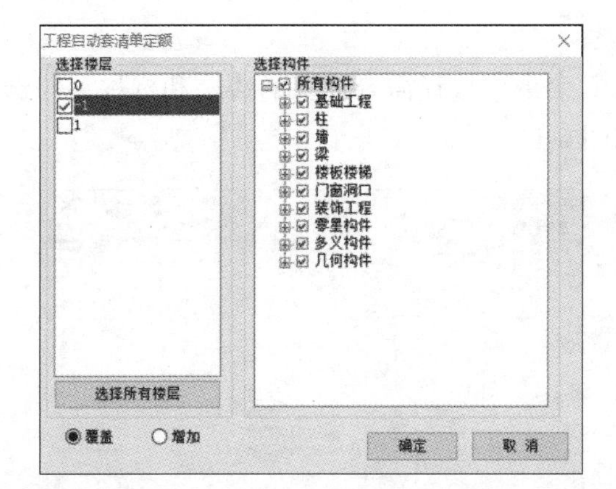

图　6-113

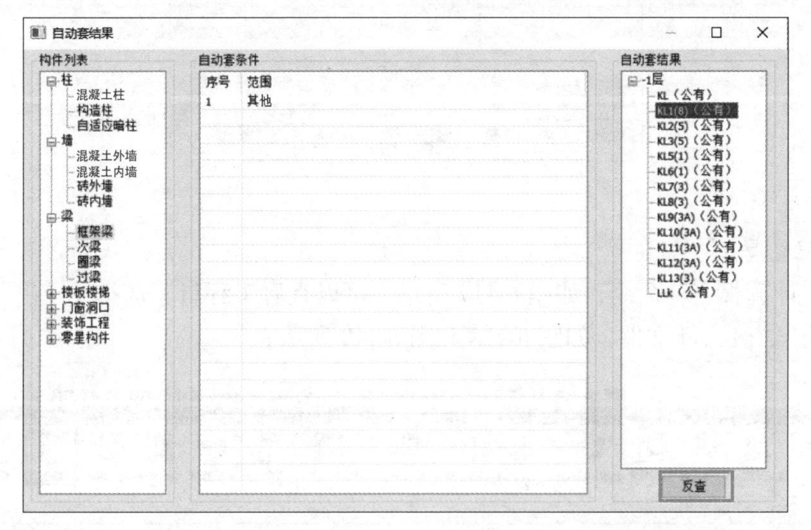

图　6-114

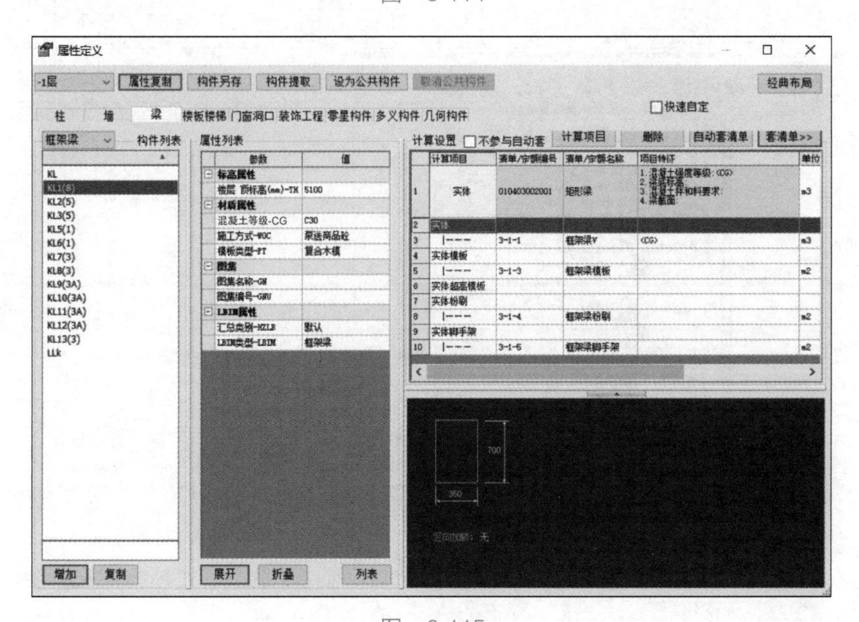

图　6-115

3. 工程量计算

单击“工程量计算”命令，选择需要计算的楼层和构件，勾选“实物量计算”选项，单击“确定”按钮，如图 6-116 所示。

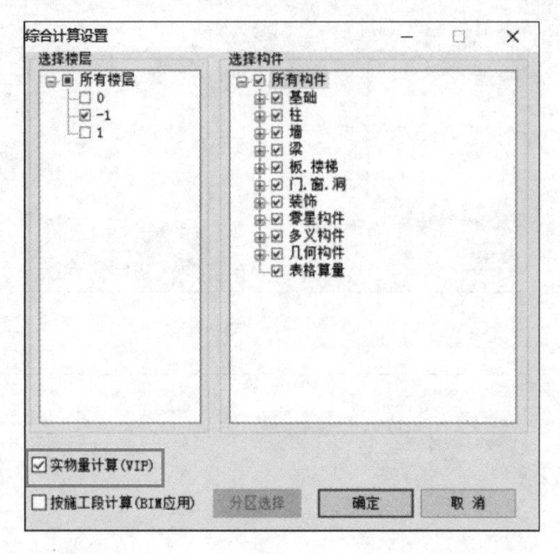

图 6-116

4. 工程量导出

单击“计算报表”命令，如图 6-117 所示。可以查看工程量，选择“导出”命令，可将工程量输出为 Excel 文件，如图 6-118 和图 6-119 所示。

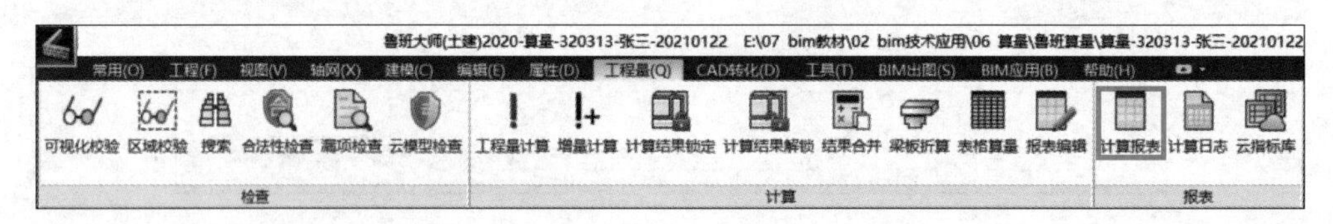

图 6-117

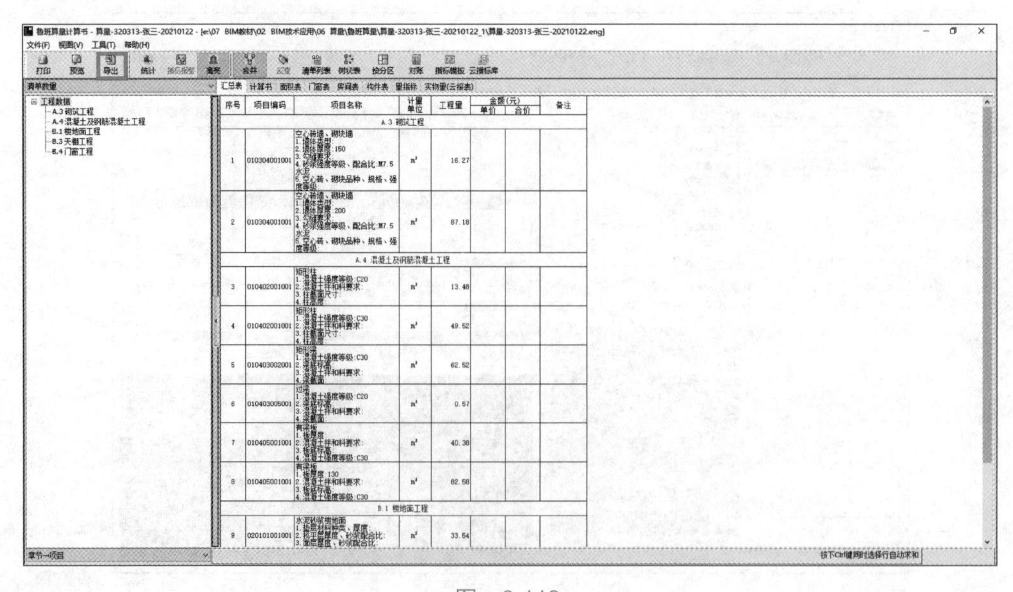

图 6-118

图　6-119

课后作业

根据给定图纸完成工程量计算及导出。

项目7　BIM协同管理

学习目标

1. 掌握模型优化应用的方法。
2. 掌握技术交底应用的方法。
3. 掌握进度计划编制应用的方法。
4. 掌握安全质量巡检应用的方法。
5. 掌握成本资源分析应用的方法。
6. 掌握资料管理的方法。

项目导入

BIM协同管理是利用BIM软件进行模型优化、技术交底、进度计划编制、安全质量巡检、成本资源分析、资料管理等应用，达到提高工作效率、事件可追溯的目的。

学习任务

本项目的学习任务为根据提供的BIM模型完成模型优化、技术交底、进度计划编制、安全质量巡检、成本资源分析、资料管理等应用。

项目实施

上传工程→模型优化应用→技术交底应用→进度计划编制应用→安全质量巡检应用→成本资源分析应用→资料管理应用。

7.1　上传工程

7.1.1　软件登录

（1）打开Luban iWorks软件，在弹出的对话框中输入账户、密码，服务器地址选择“鲁班云服务”，单击“登录”按钮，如图7-1所示。在“选择企业”对话框中选择“院校培训系统（第五届）”，如图7-2所示。软件界面的左侧为“组织（成都航空）-项目部（成都航空）-单位工程”，如图7-3所示。

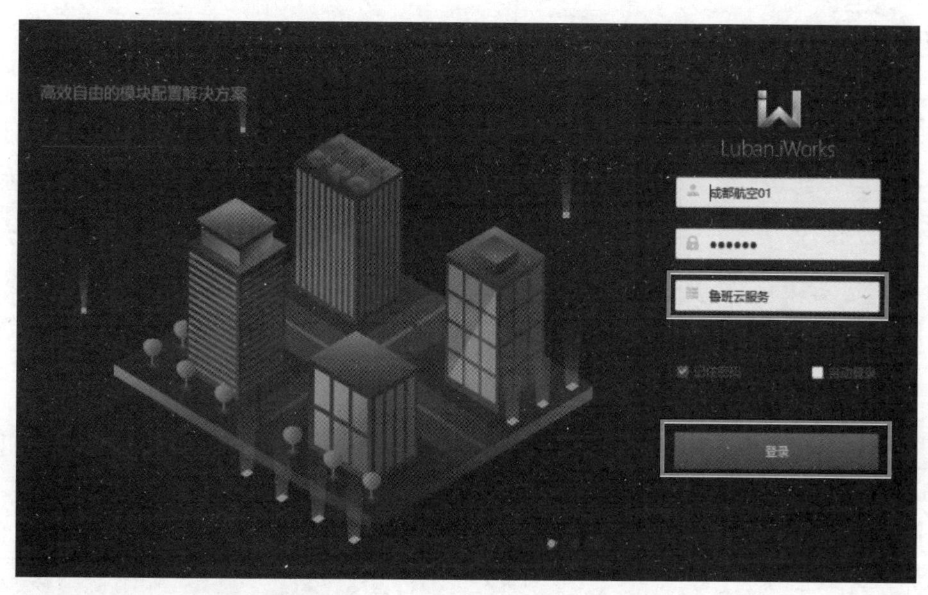

图 7-1

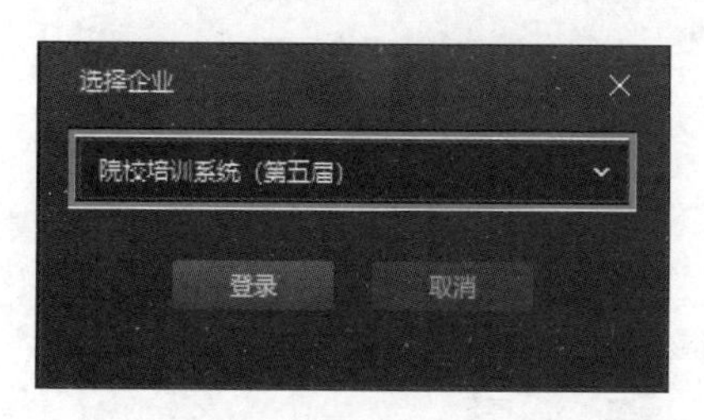

图 7-2

服务地址和企业的选择根据各学校或企业的实际情况而定。

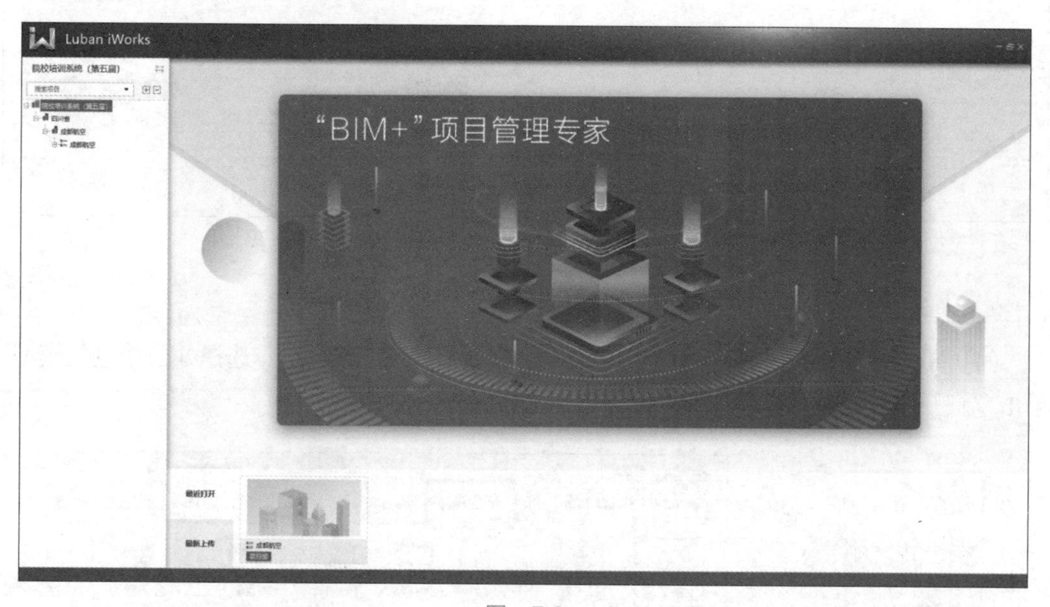

图 7-3

（2）双击项目部“成都航空”，如图 7-4 所示。进入项目管理。界面上方是功能栏，如“项目”里有“上传工程”“打开工程”命令，“操作”里有“剖切”“显隐控制”命令等。左边树状图可以快速切换项目，如图 7-5 所示。

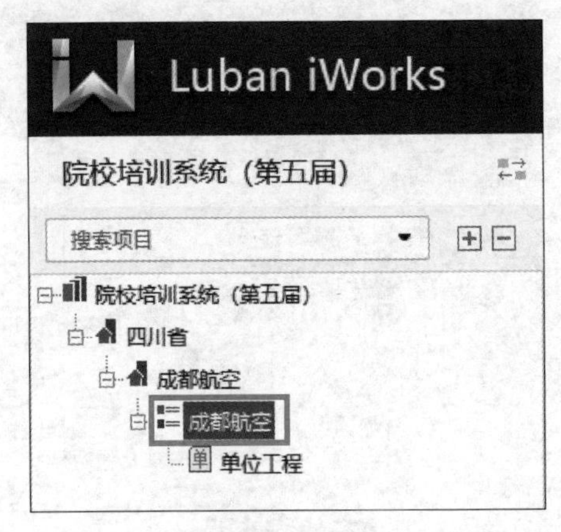

图 7-4

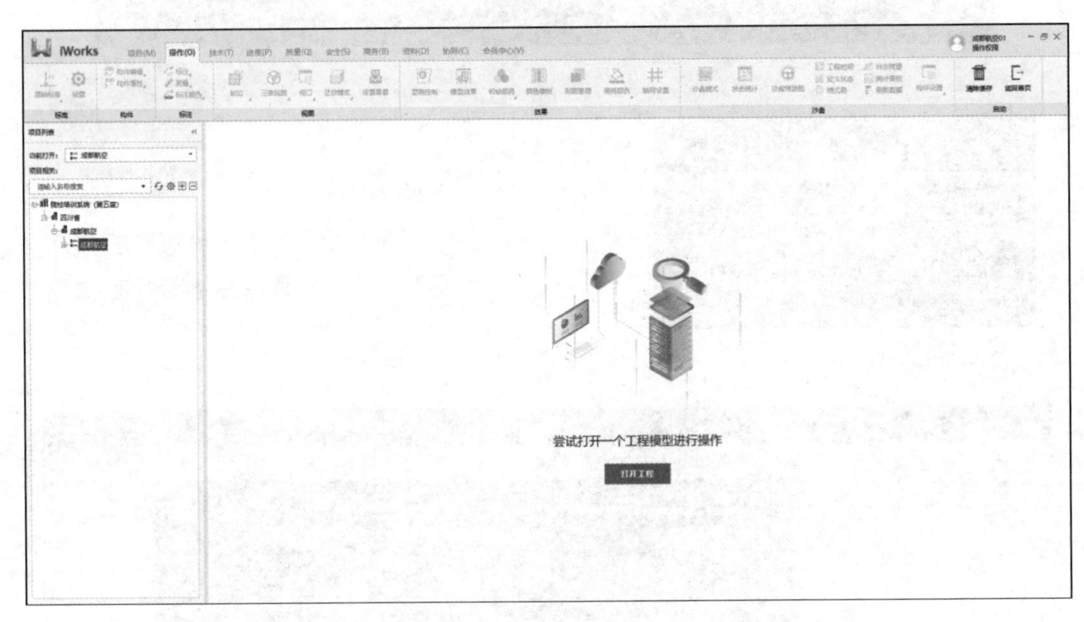

图 7-5

7.1.2 上传工程

（1）单击“项目”选项卡→“上传工程”命令，如图 7-6 所示。选择办公楼电气模型，单击“打开”按钮，如图 7-7 所示，弹出“上传工程”对话框。

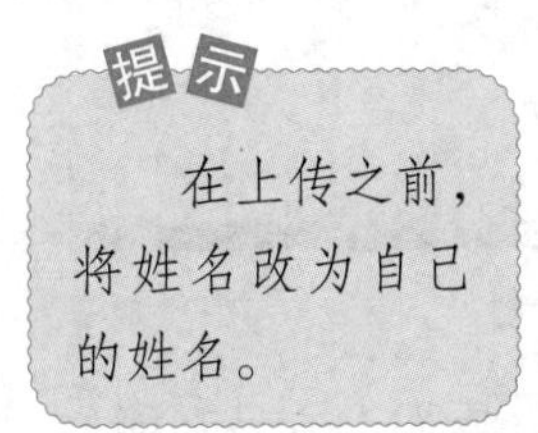

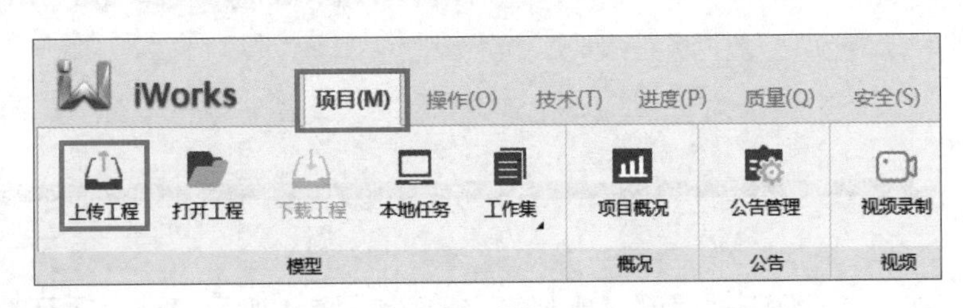

图 7-6

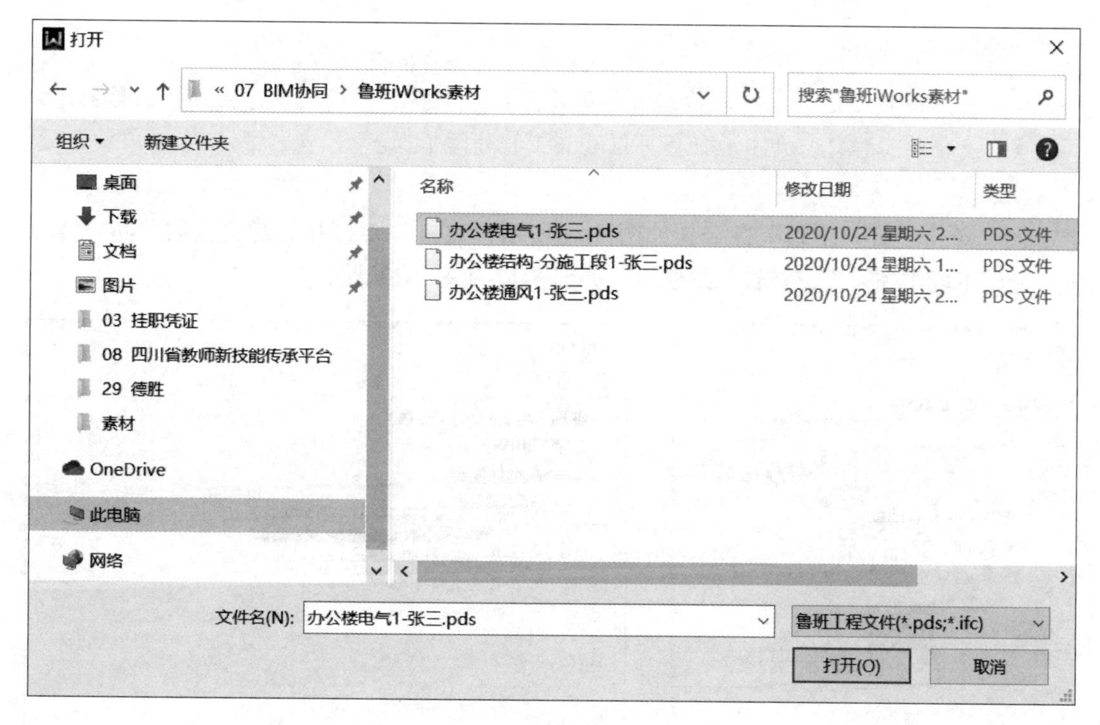

图　7-7

（2）单击“选择”按钮，如图 7-8 所示。选择“单位工程”作为上传位置，如图 7-9 所示。其他按默认，单击“确定”按钮。上传成功后如图 7-10 所示。采用同样方式上传结构和通风模型。

上传工程
工程名称：办公楼结构-分施工段1-张三
上传位置：　选择
项目类型：房建
模型类型：工程模型
工程类型：预算模型
授权对象：　...
备注信息：
抽取图
确定　取消

图　7-8

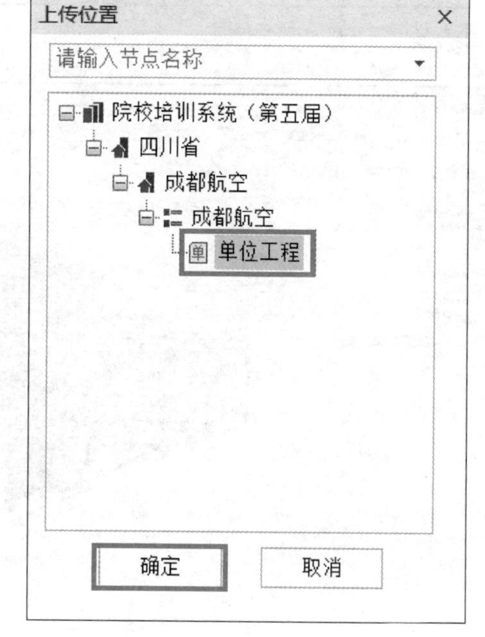

图　7-9

提示

单击“确定”进行上传之后，需要等几分钟才会提示上传成功，在树状图里面才能看到上传的工程，打开本地任务可以查看工程处理情况。

（3）单击“打开工程”命令，如图 7-11 所示，双击需要打开的对象，如“办公楼结构 - 分施工段 1- 张三”，查看三维模型，如图 7-12 和图 7-13 所示。

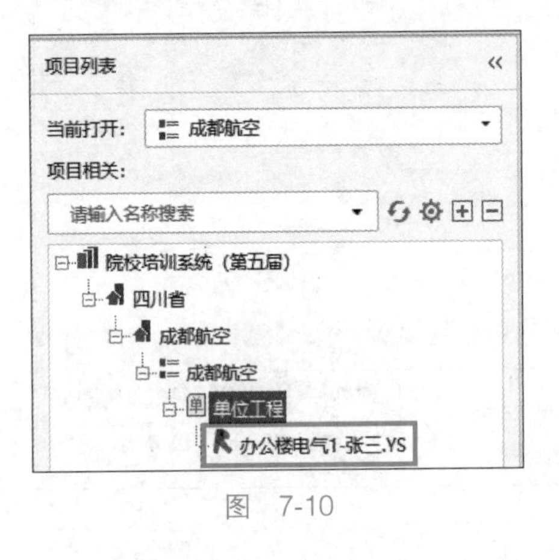

图 7-10

图 7-11

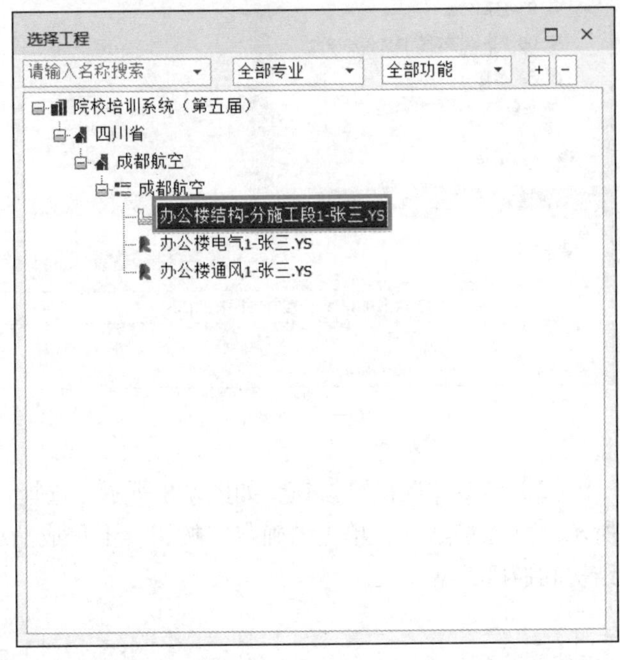

图 7-12

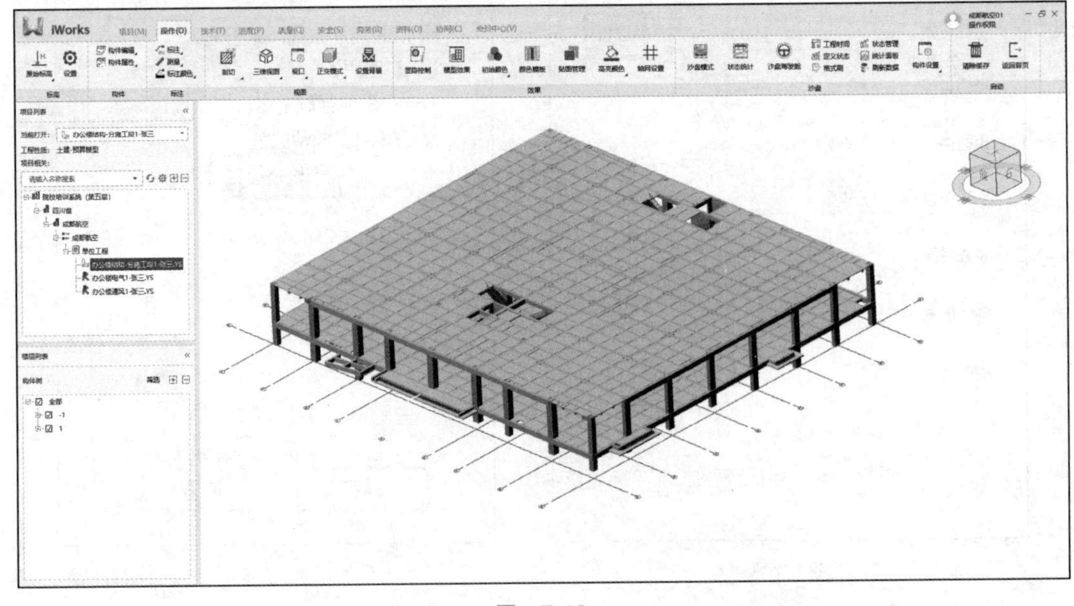

图 7-13

（4）在左侧构件树中，可以对构件进行显示、隐藏控制。如只勾选 -1 层的“柱”，在三维显示里就只显示 -1 层柱，如图 7-14 所示。

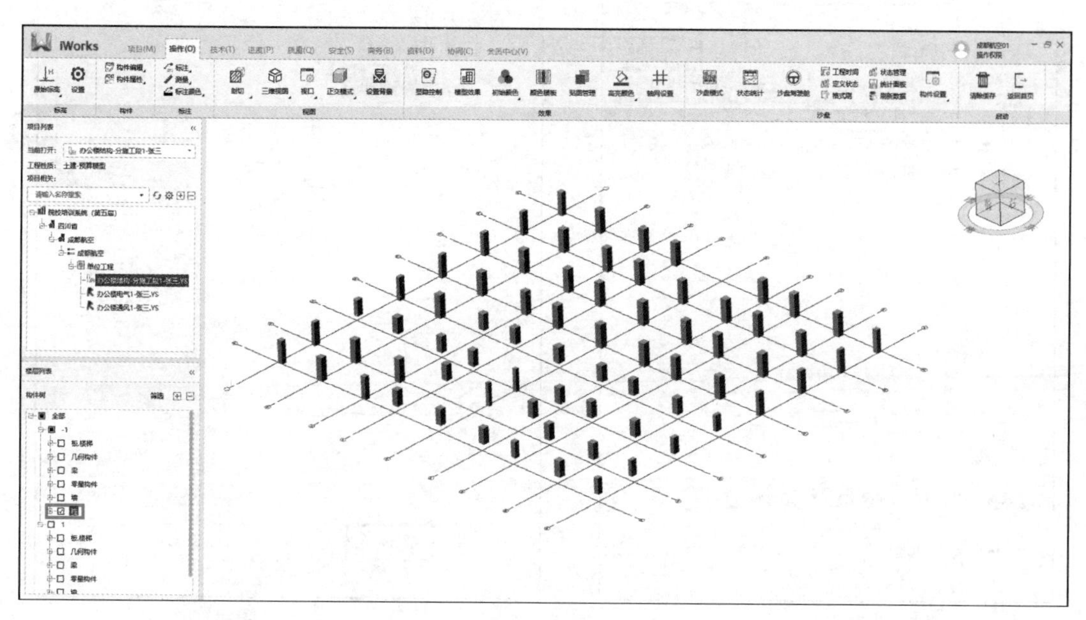

图　7-14

课后作业

将给定的“住宅楼 BIM 结构模型 - 姓名”上传至单位工程中。

7.2　模型优化应用

7.2.1　碰撞检查

1. 创建集合

（1）单击“项目”选项卡→“工作集”下拉列表→“创建工作集”命令，如图 7-15 所示。弹出“创建工作集”对话框。

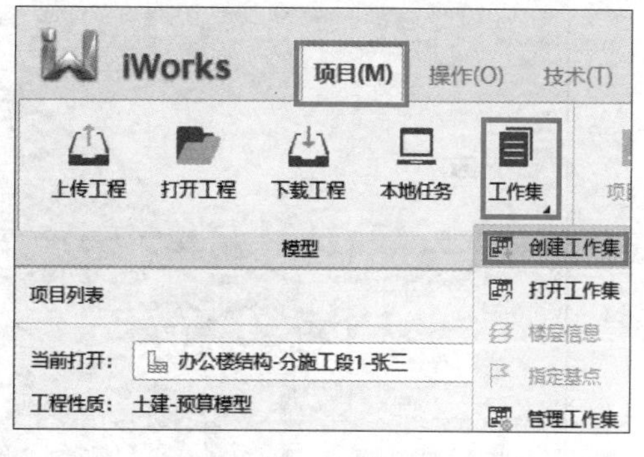

图　7-15

（2）工作集命名为“办公楼综合模型 - 张三”，如图 7-16 所示。单击“项目选择”按钮，选择“成都航空”项目部，如图 7-17 所示。勾选需要碰撞检查的对象，如办公楼结构、电气、通风，单击“确定”按钮，在弹出的对话框中单击“确定”按钮，如图 7-18 所示，打开工作集。

（3）在左侧构件树中，将 1 层现浇板隐藏，则在三维视图中可以看见结构、电气和通风 3 个模型集合成为一个模型，如图 7-19 所示。

创建工作集

工作集名称： 办公楼综合模型-张三

请输入名称搜索

所属项目部： 成都航空 项目选择

关联	类型	工程名称	模型	轴网
☑		办公楼结构-分施工段1-张...	☑ 可见	◉
☑		办公楼电气1-张三.YS	☑ 可见	○
☑		办公楼通风1-张三.YS	☑ 可见	○

授权对象： 成都航空01,hngc1111,lb05952,lb42289,lb48180,p ...

确定 取消

图 7-16

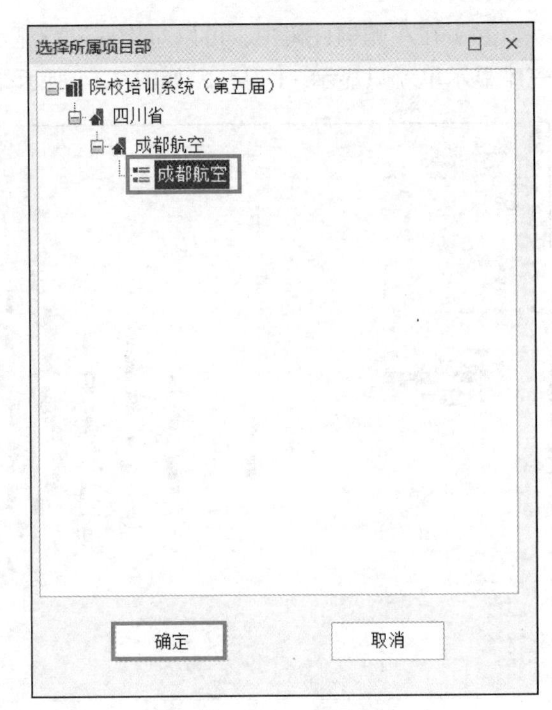

图 7-17

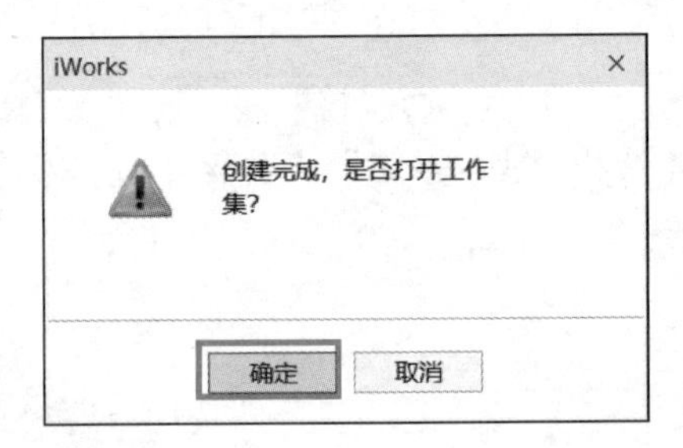

图 7-18

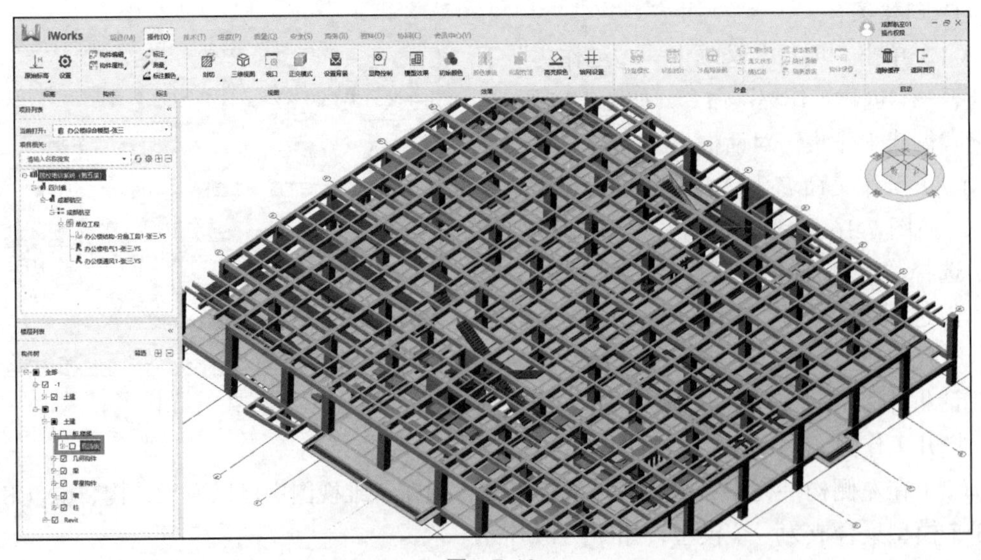

图 7-19

2. 碰撞检查

（1）单击“技术”选项卡→“碰撞模式”命令，如图 7-20 所示。在“碰撞”下拉列表中选择“碰撞规则”命令，如图 7-21 所示，弹出“碰撞检查规则”对话框。

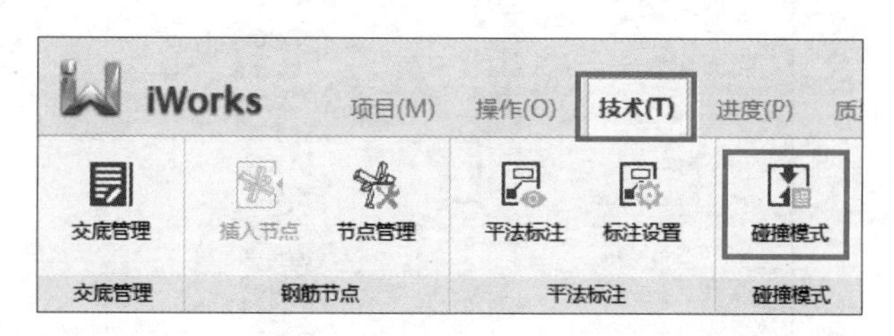

图　7-20

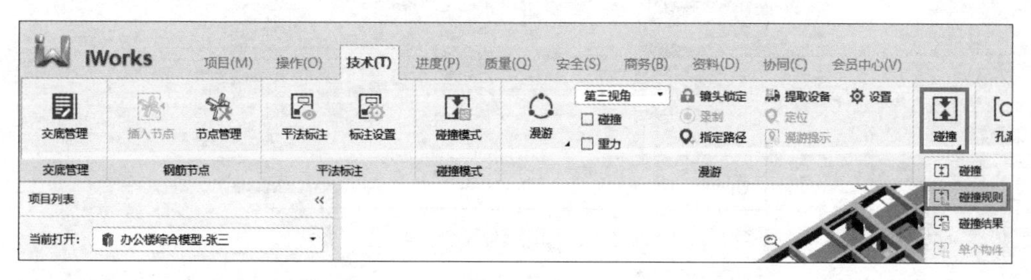

图　7-21

（2）选择“全国 BIM 考试碰撞规则”，单击“设置类别”按钮，如图 7-22 所示。对碰撞规则进行设置。如选择“阀门”，如图 7-23 所示，将其添加至右边框中，则可以对阀门碰撞进行检查。

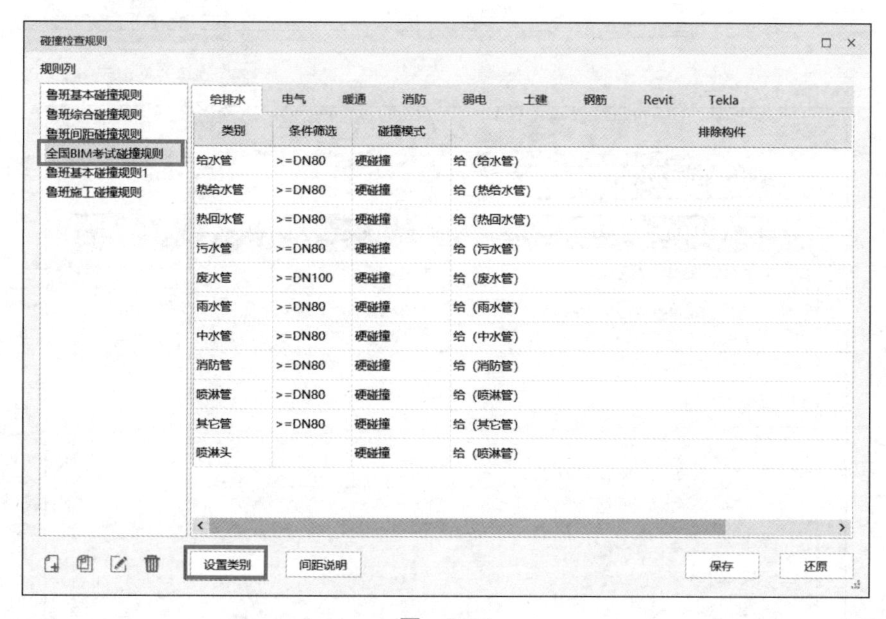

图　7-22

（3）单击“碰撞”命令，如图 7-24 所示。选择“全国 BIM 考试碰撞规则”和需要碰撞检查的楼层，单击“碰撞”按钮，如图 7-25 所示。完成后可以看到碰撞点的个数，如图 7-26 所示。

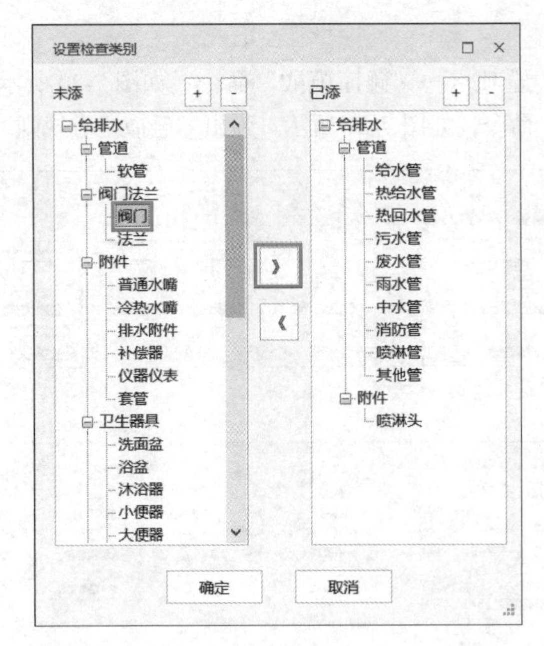

图 7-23

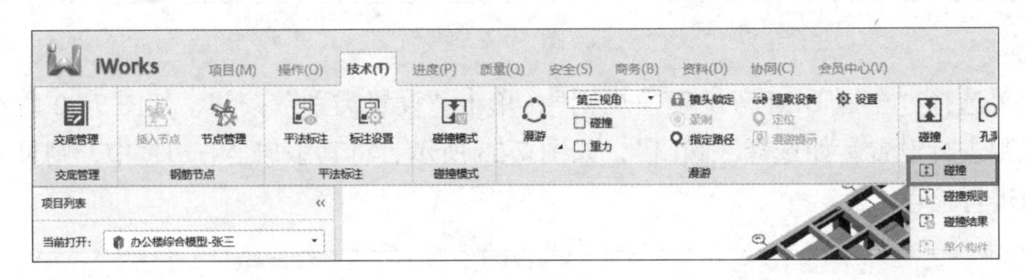

图 7-24

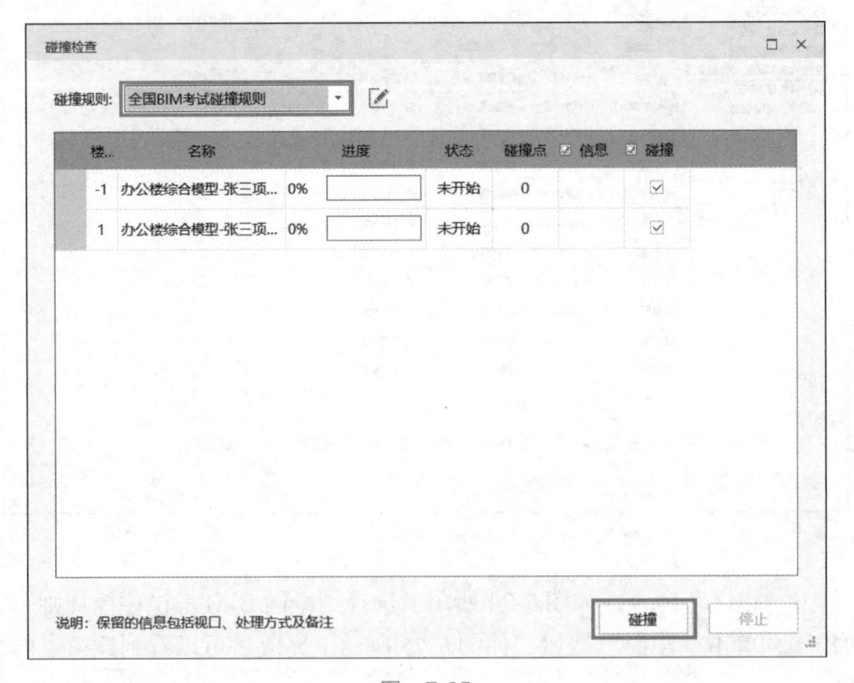

图 7-25

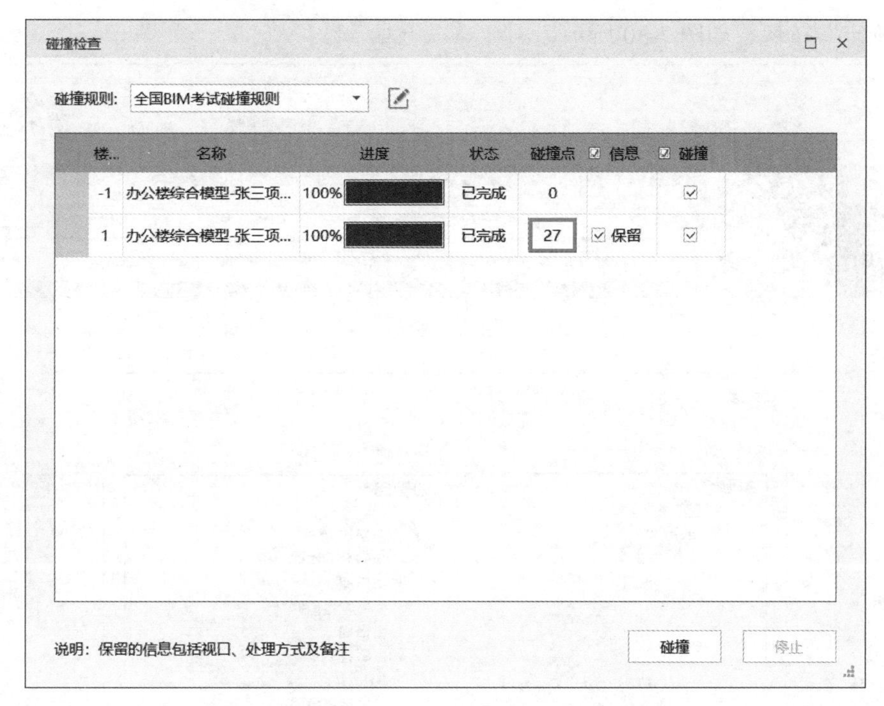

图　7-26

（4）关闭对话框，单击“碰撞结果”命令，如图 7-27 所示。在界面下方出现碰撞检查结果。可以进行切换楼层、筛选碰撞点等操作。双击碰撞点，在视图中出现局部的三维碰撞显示，如图 7-28 所示。

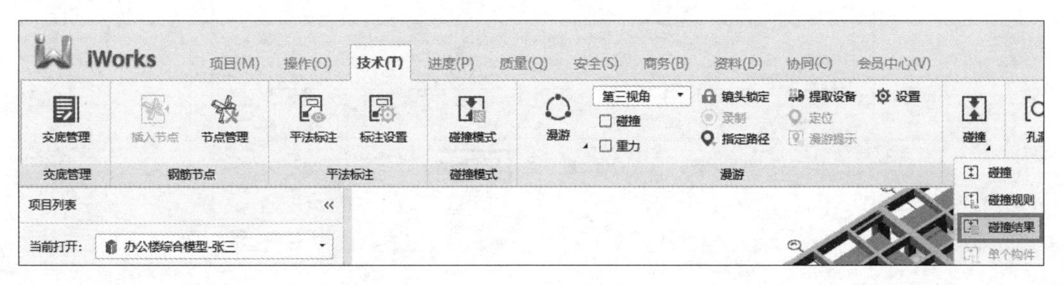

图　7-27

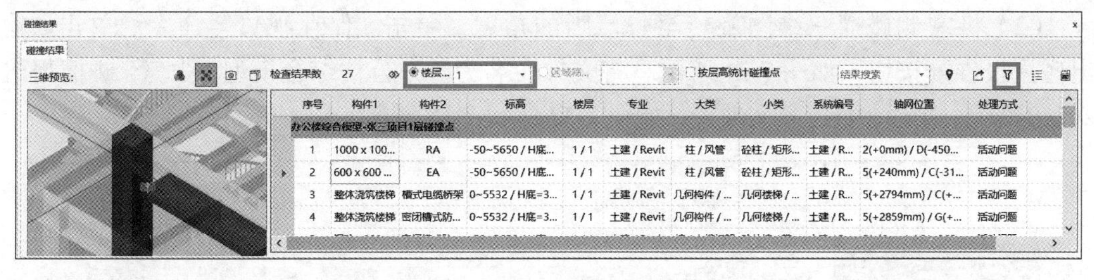

图　7-28

3. 输出碰撞检查报告

（1）将碰撞点 1 和 2 的处理方式改为“已核准”，如图 7-29 所示。单击“条件筛选”，在系统列表和构件列表中勾选需要输出报告的碰撞对象，处理方式筛选选择“已核准”，单击“确定”按钮，如图 7-30 所示。

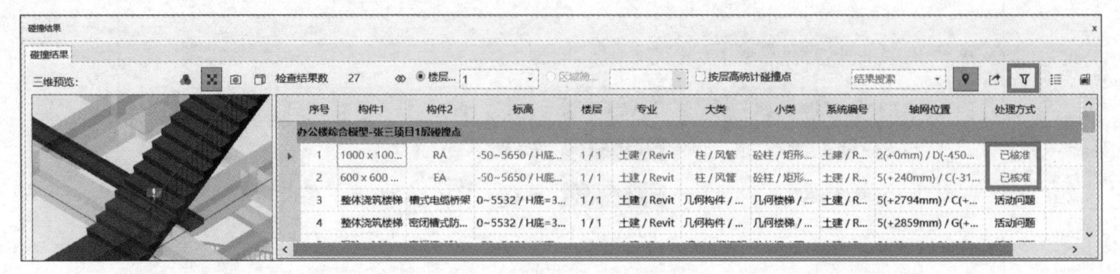

图 7-29

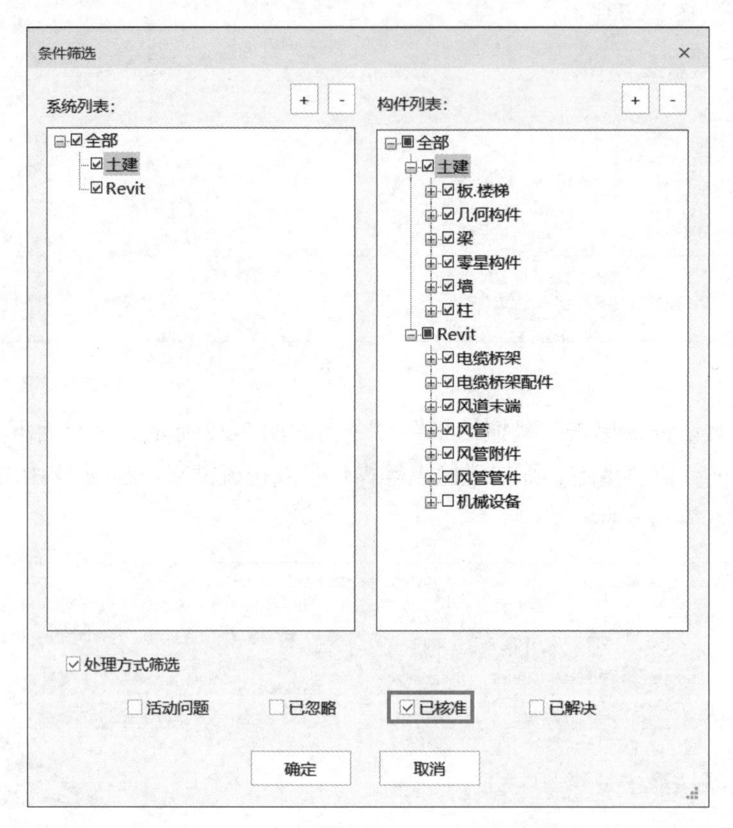

图 7-30

（2）将左侧碰撞三维图旋转至较清晰的角度，单击“保存视口”命令。单击“输出碰撞报告”按钮，如图 7-31 所示。将文件命名为“办公楼综合模型 - 张三 - 碰撞报告 20210402”，保存在自定义文件夹，如图 7-32 所示。

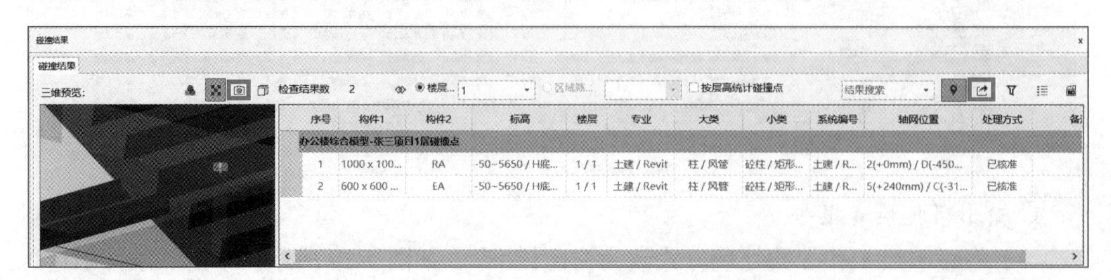

图 7-31

图　7-32

三维预览中，可对构件高亮、构件透明等进行设置。

7.2.2　孔洞检查

（1）单击“技术”选项卡→“碰撞模式”命令。在“孔洞”下拉列表中选择“孔洞规则”命令，如图 7-33 所示，弹出“孔洞检查规则”对话框，如图 7-34 所示。在对话框中可新建孔洞规则，此处按默认规则“鲁班孔洞检查规则”，关闭对话框。

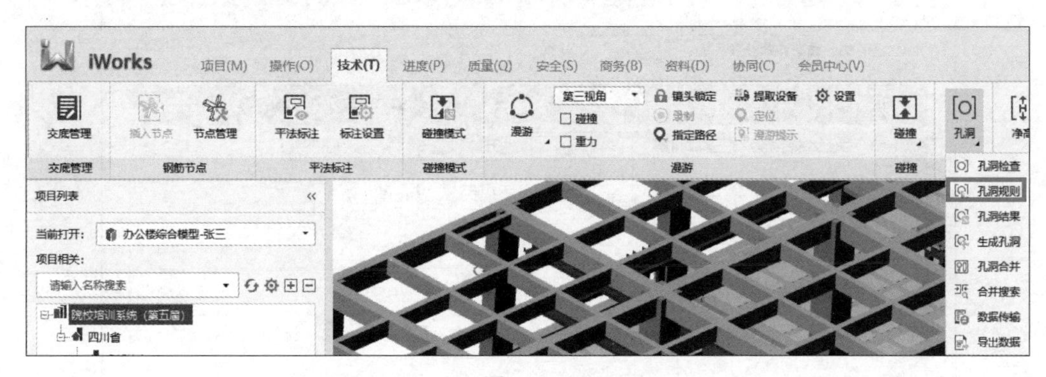

图　7-33

（2）单击“孔洞检查”命令，如图 7-35 所示。选择需要检查的楼层，单击“检查”按钮，完成后关闭对话框，如图 7-36 所示。

（3）单击“孔洞结果”命令，查看已预留或者需要预留的孔洞。和碰撞检查一样，单击“输出结果报告”按钮，可将孔洞结果输出报告，如图 7-37 所示。

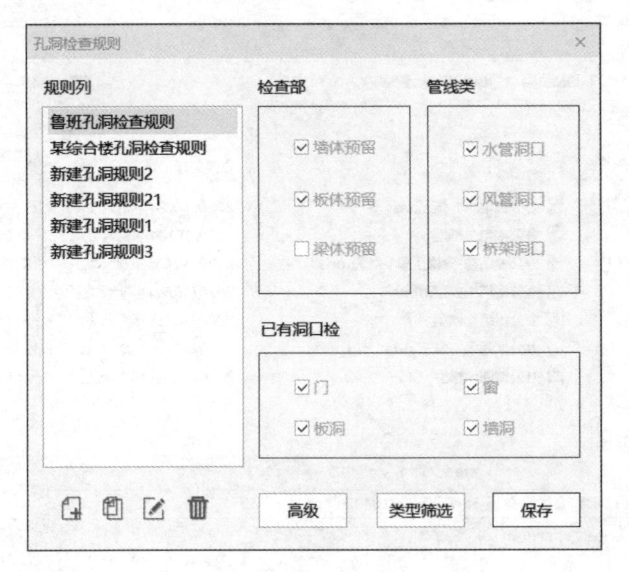

图 7-34

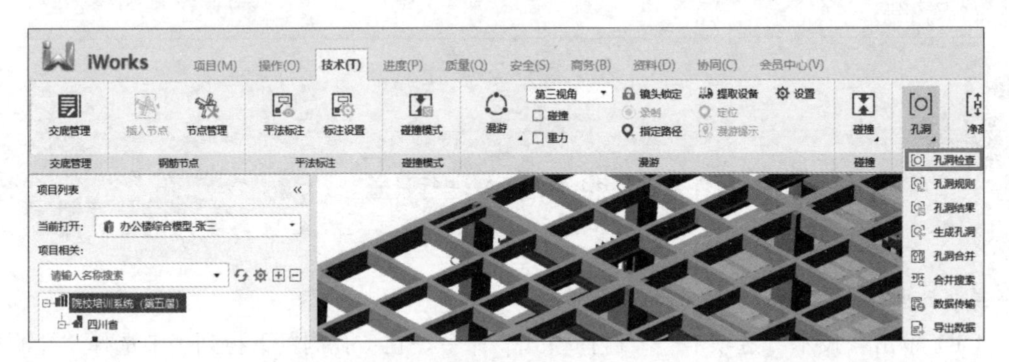

图 7-35

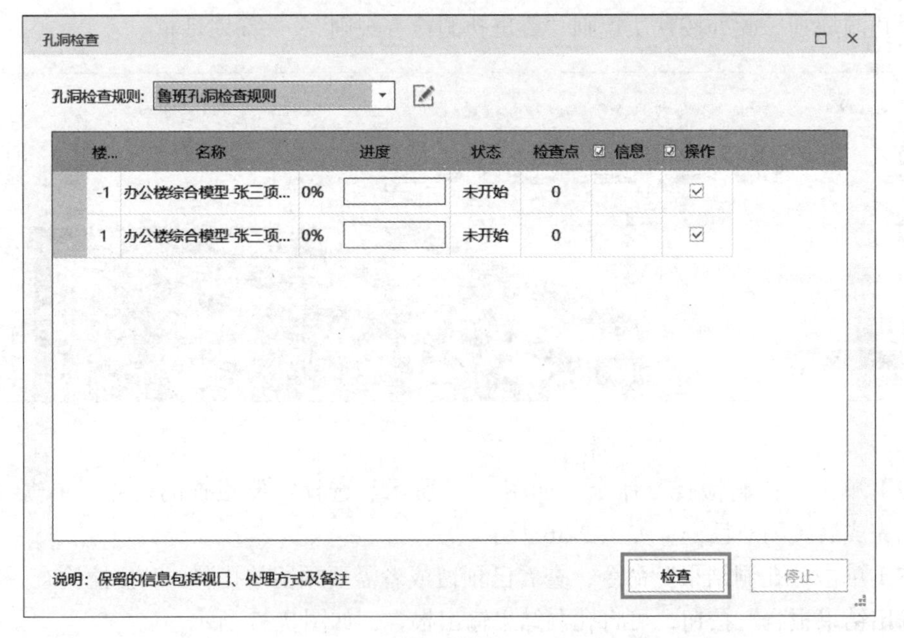

图 7-36

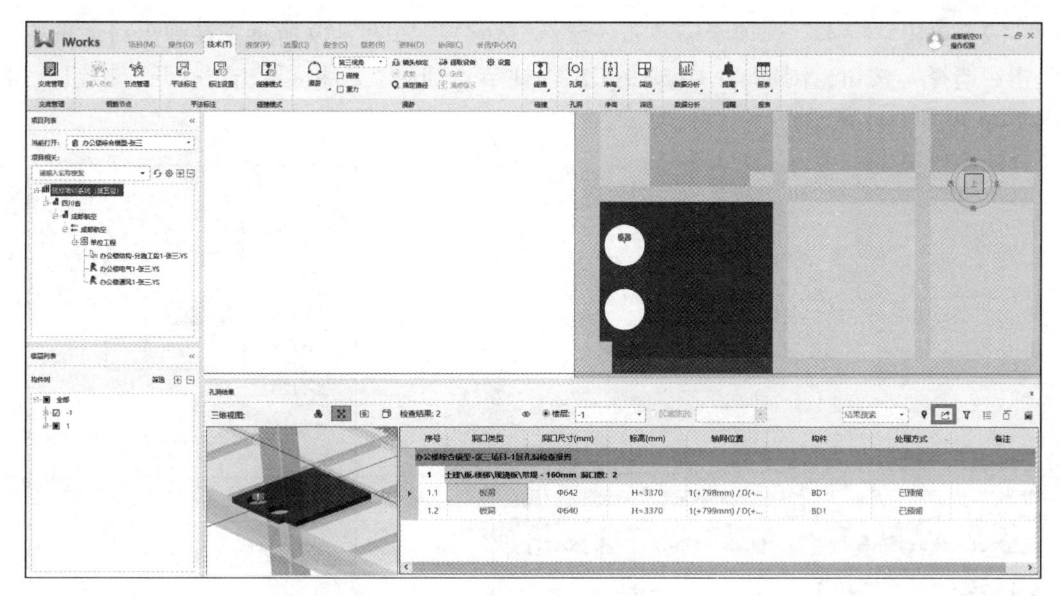

图　7-37

课后作业

对给定的 BIM 模型进行模型优化应用。

7.3　技术交底应用

7.3.1　钢筋节点管理

（1）在项目列表中双击“办公楼结构”，切换至结构模型，将 -1 层模型和 -1 层板、楼梯隐藏，如图 7-38 所示。

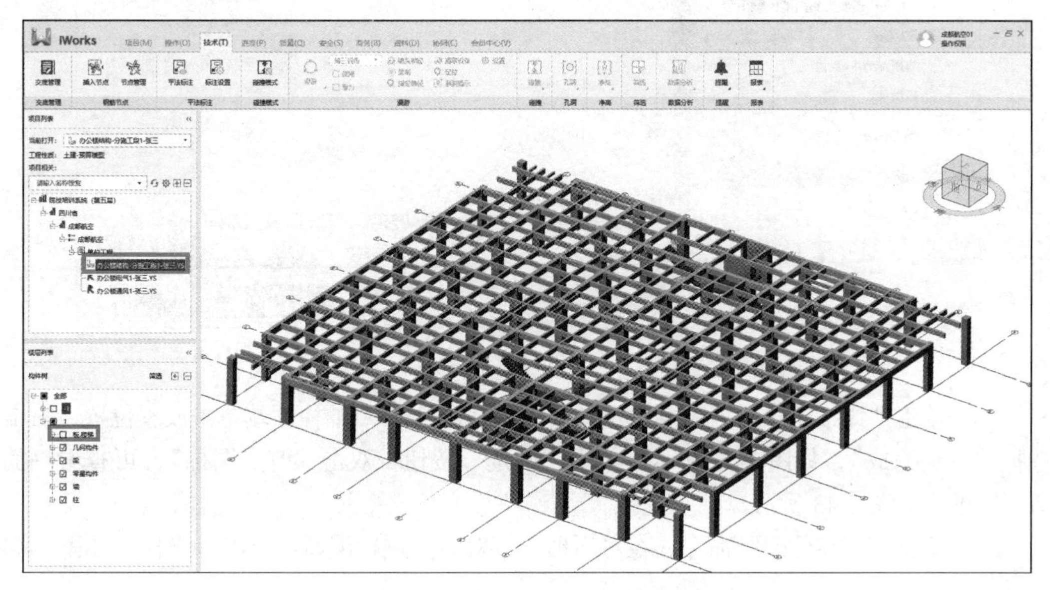

图　7-38

（2）单击“技术”选项卡→“插入节点”命令，如图 7-39 所示。在弹出对话框中，单击“选择”按钮，浏览“1 层 5 轴交 A 轴柱节点 .lbg”文件，单击“打开”按钮，如图 7-40 和图 7-41 所示。

图 7-39

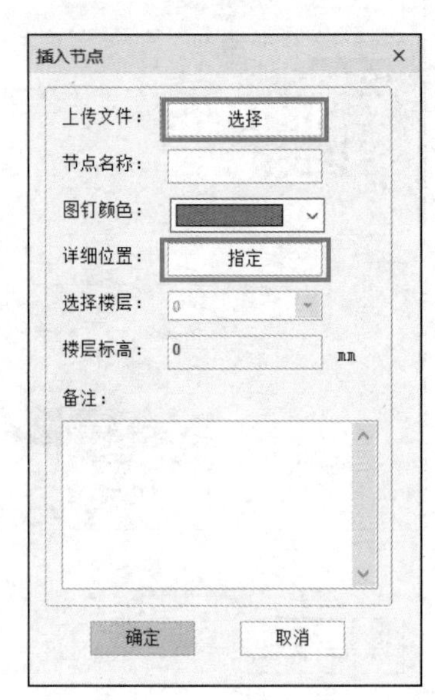

图 7-40

图 7-41

（3）单击“详细位置”处的“指定”命令，在 1 轴交 A 轴柱顶端单击放置位置，右击选择“指定完成”，如图 7-42 所示，单击“确定”按钮。双击“节点图标”，可查看钢筋节点三维，如图 7-43 所示。

（4）单击“节点管理”命令，在对话框中可对节点进行编辑、删除等操作，如图 7-44 所示。

图　7-42

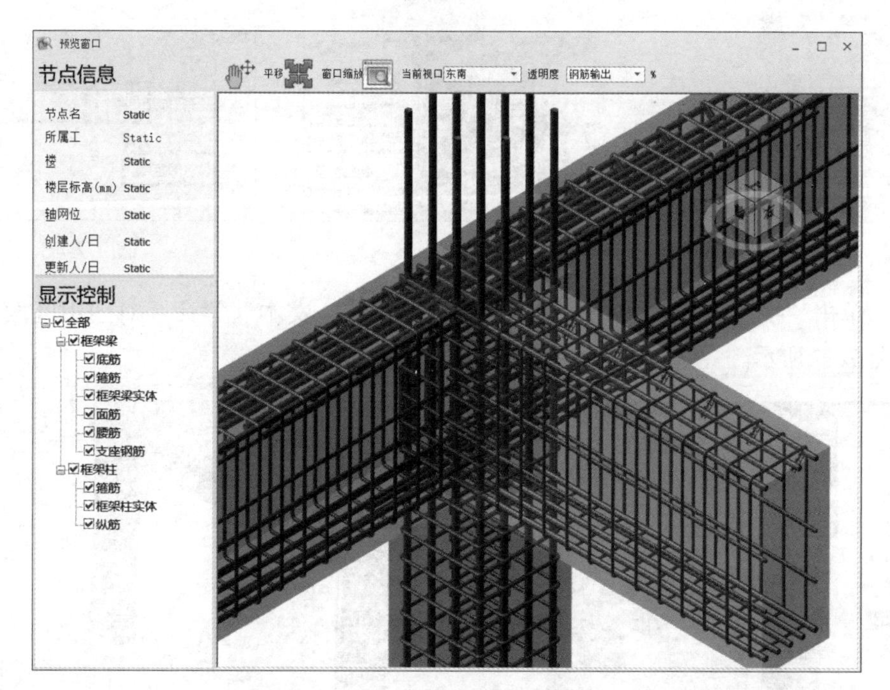

图　7-43

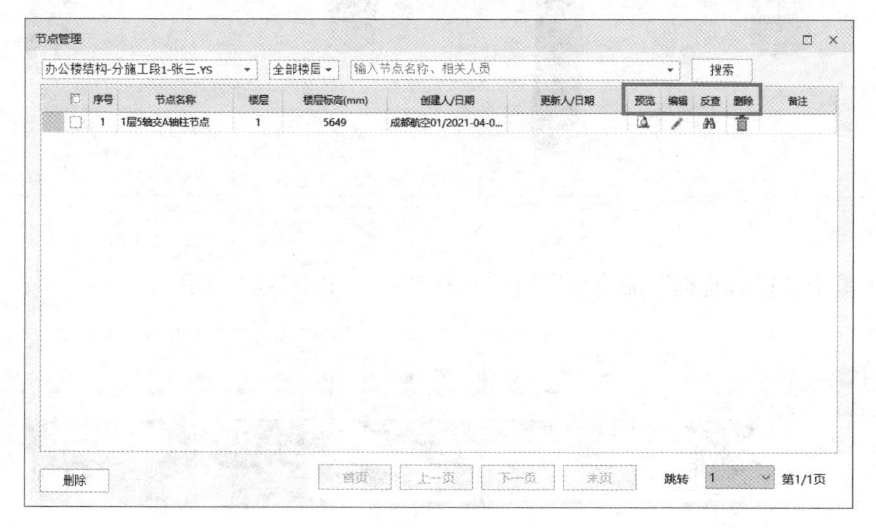

图　7-44

7.3.2 视口管理

（1）将视图调整至所需视角，单击“操作”选项卡→“视口”下拉列表中“视口保存”命令，在弹出对话框中输入“问题汇报01”，单击“确定”按钮，如图7-45和图7-46所示。

图 7-45

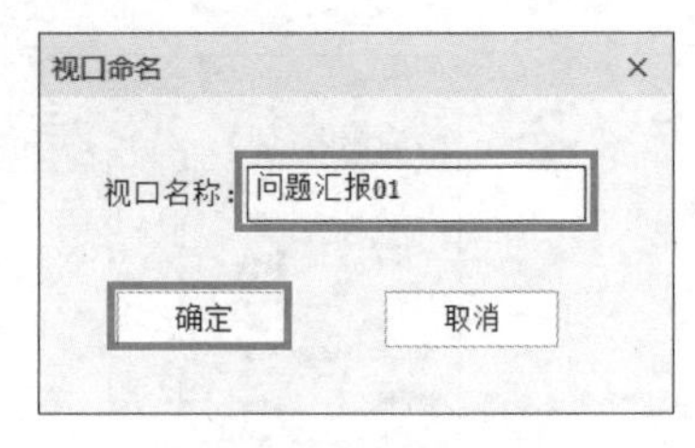

图 7-46

（2）单击“视口注释”命令，利用“矩形、箭头、文本”等命令对图中区域进行注释，如图 7-47 所示。

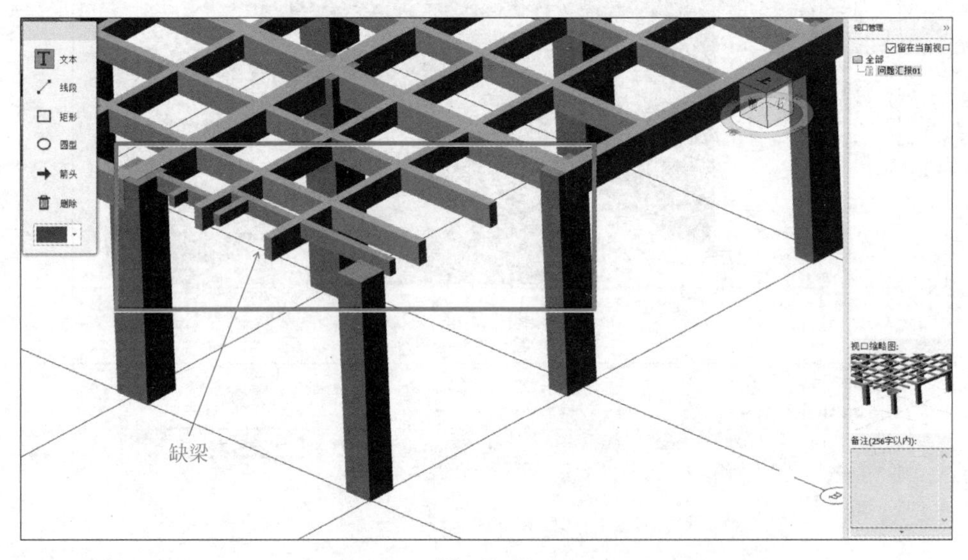

图 7-47

（3）单击“视口管理”命令可以查看保存视口，如图 7-48 所示。

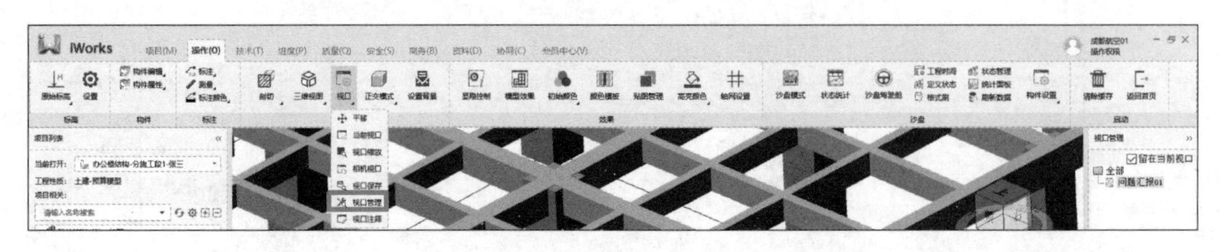

图 7-48

7.3.3　净高检查

（1）单击“技术”选项卡→“碰撞模式”命令。在“净高”下拉列表中选择“净高规则”命令，如图 7-49 所示，弹出“净高检查规则”对话框。在对话框中可新建净高检查规则，此处按默认规则“鲁班综合净高检查规则”，如图 7-50 所示，关闭对话框。

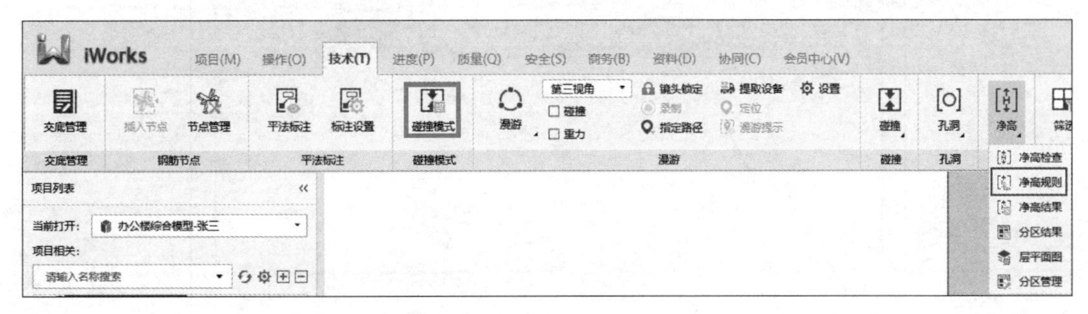

图　7-49

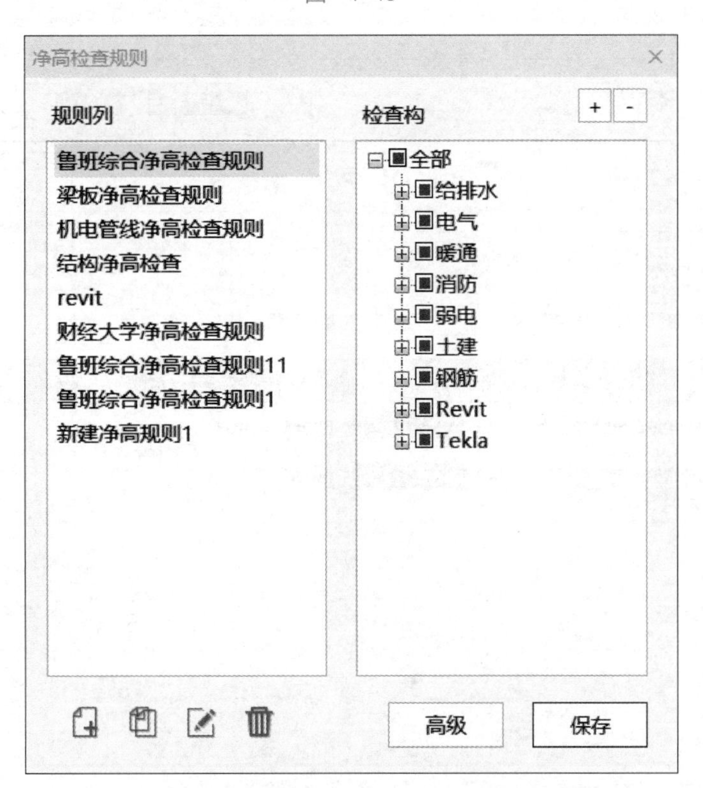

图　7-50

（2）单击“净高检查”命令，在弹出的对话框中单击“净高设置”命令，可根据实际情况设置“设计净高”，如图 7-51 所示。选择需要检查的楼层，单击“检查”按钮，如图 7-52 所示，完成后关闭对话框。

（3）单击“净高结果”命令，软件自动分析净高不满足设计净高的位置。在“处理方式”处，如图 7-53 所示，人工筛选需要进行处理的净高问题。和碰撞检查一样，单击“输出结果报告”按钮，可将净高结果输出报告。

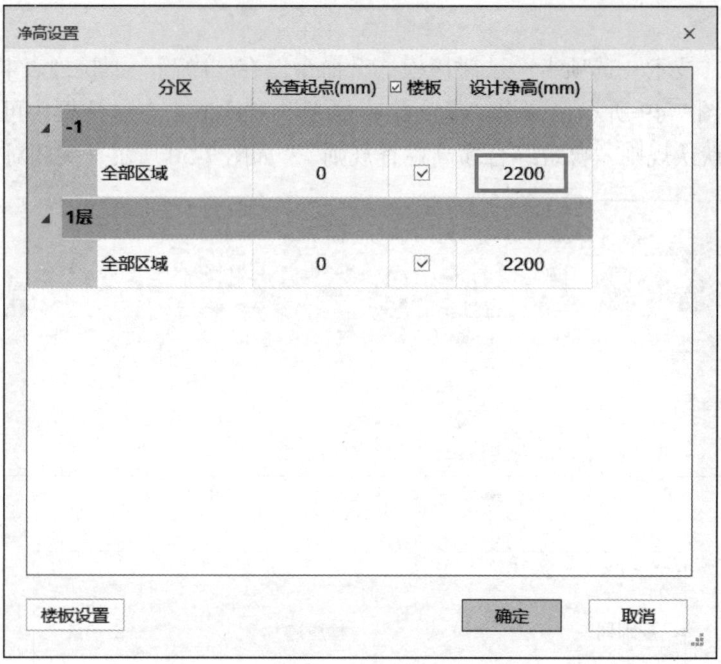

净高设置

分区	检查起点(mm)	☑ 楼板	设计净高(mm)
-1			
全部区域	0	☑	2200
1层			
全部区域	0	☑	2200

楼板设置　确定　取消

图 7-51

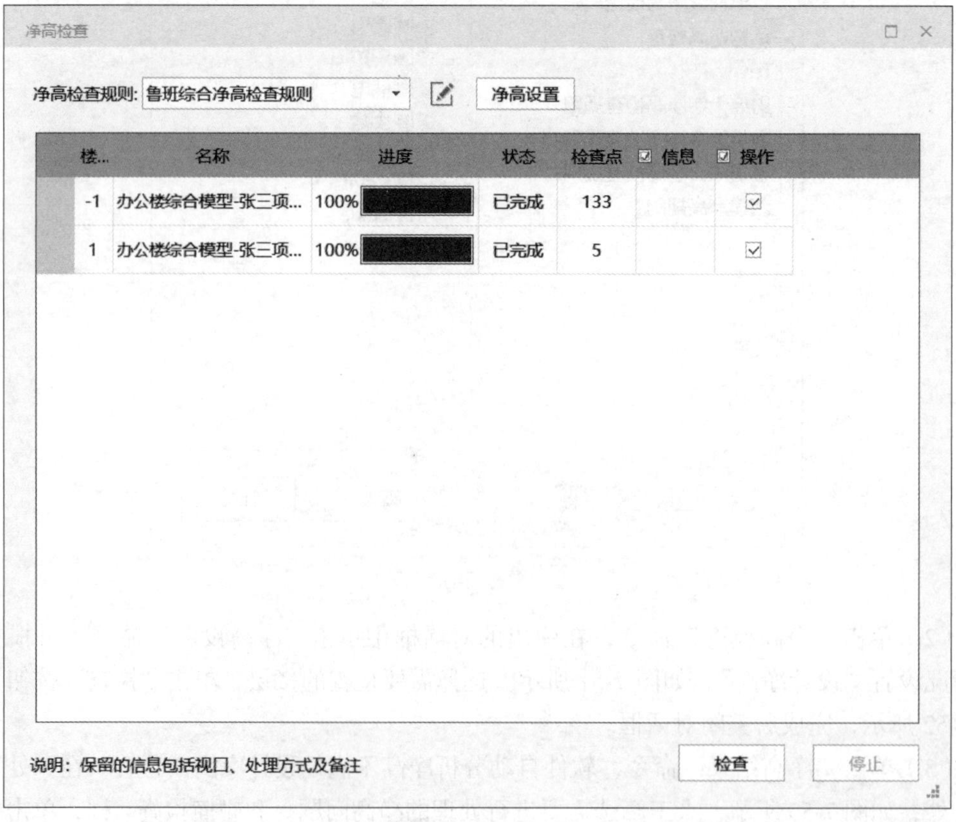

净高检查

净高检查规则: 鲁班综合净高检查规则　净高设置

楼...	名称	进度	状态	检查点	☑ 信息	☑ 操作
-1	办公楼综合模型-张三项...	100%	已完成	133		☑
1	办公楼综合模型-张三项...	100%	已完成	5		☑

说明：保留的信息包括视口、处理方式及备注　检查　停止

图 7-52

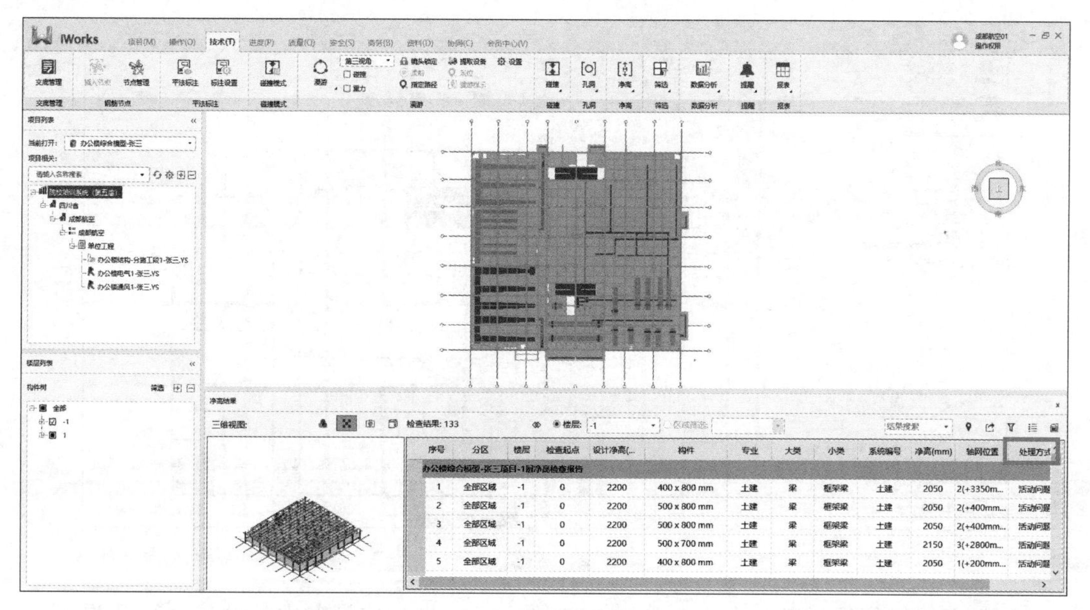

图　7-53

7.3.4　设备行进路线检查

（1）单击“技术”选项卡→“指定路径”命令，如图 7-54 所示。在路径列表中单击“新增”命令，将“人物”切换成“叉车”，并设置路径参数，如图 7-55 和图 7-56 所示。

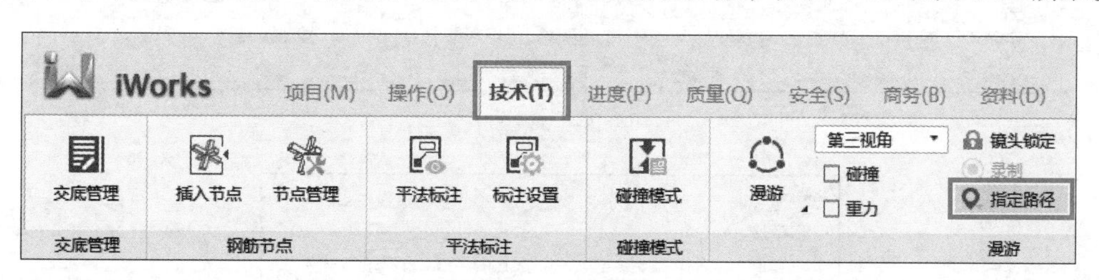

图　7-54

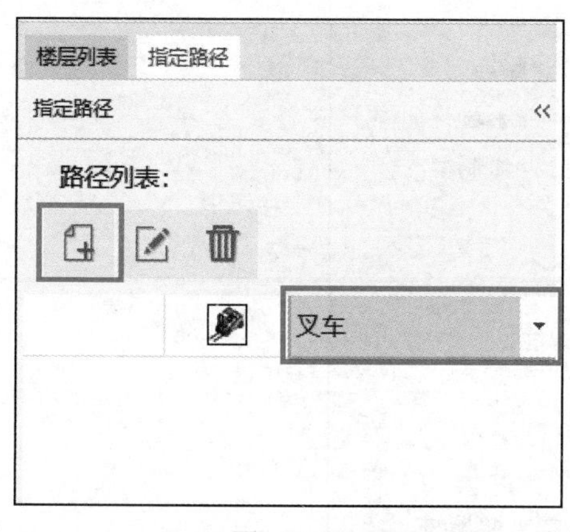

图　7-55

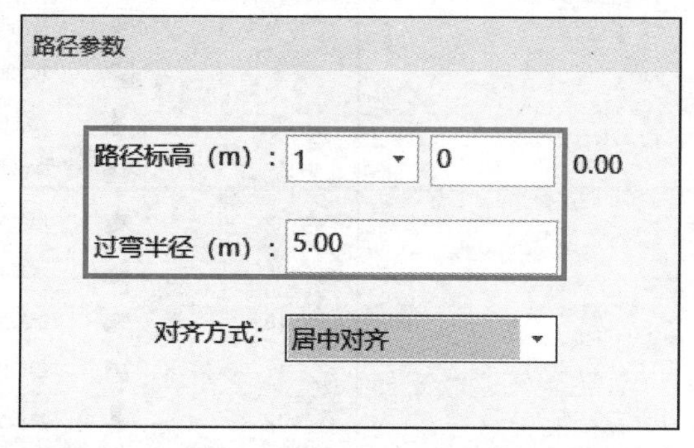

图　7-56

（2）在图中绘制叉车行进路线，右击完成，单击“保存”按钮。单击左下角的“回放”按钮，进行指定路径的虚拟漫游，如图 7-57 所示。

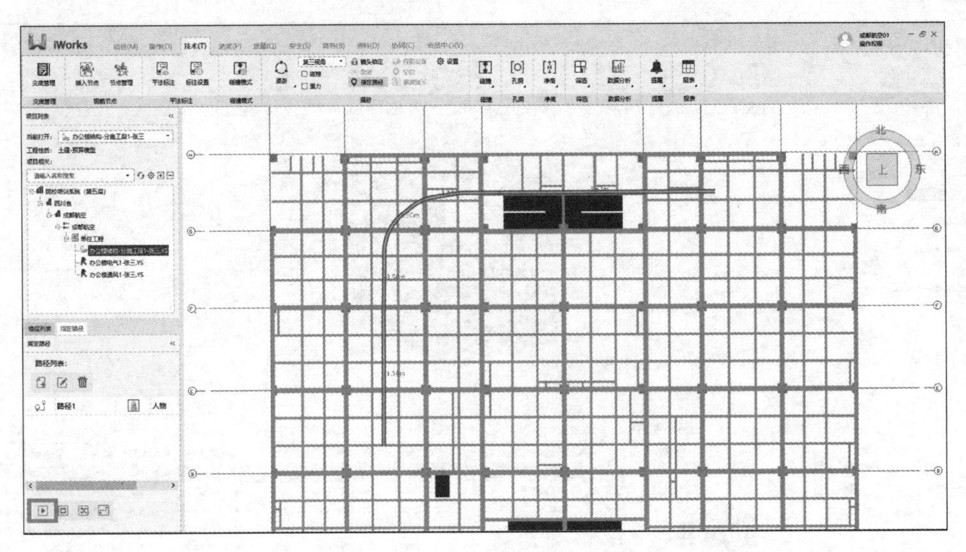

图 7-57

（3）单击“提取设备”命令，如图 7-58 所示，可以指定模型中的设备进行漫游演示，如图 7-59 所示。

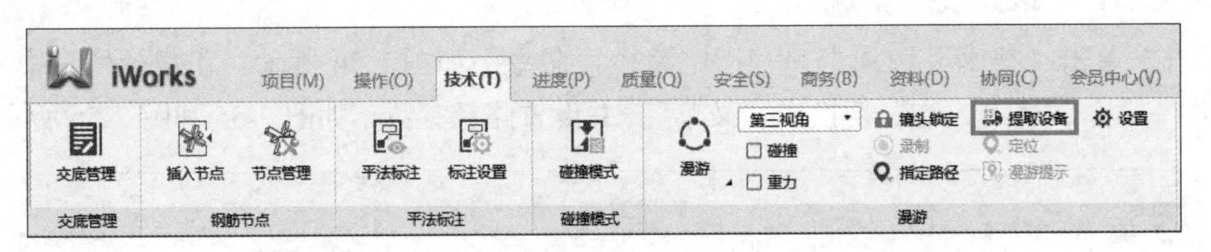

图 7-58

图 7-59

课后作业

对给定的 BIM 模型进行技术交底应用。

7.4　进度计划编制应用

7.4.1　新建计划

（1）切换至“进度”模块，单击“新建计划”命令，如图 7-60 所示。选择“成都航空”，单击“下一步”按钮，如图 7-61 所示。输入进度计划名称和选择关联模型，单击“确定”按钮，如图 7-62 所示。

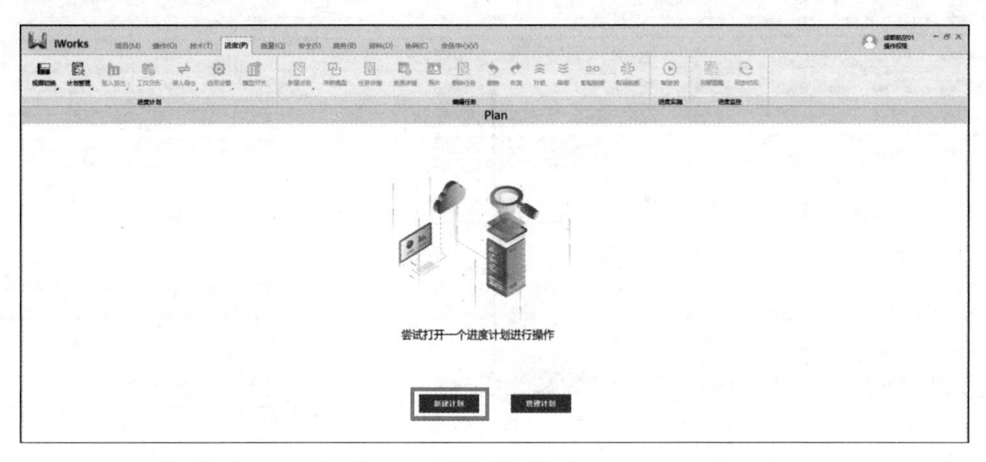

图　7-60

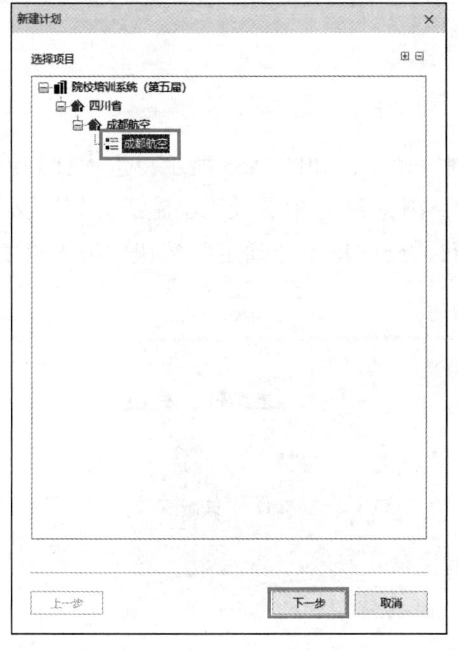

图　7-61

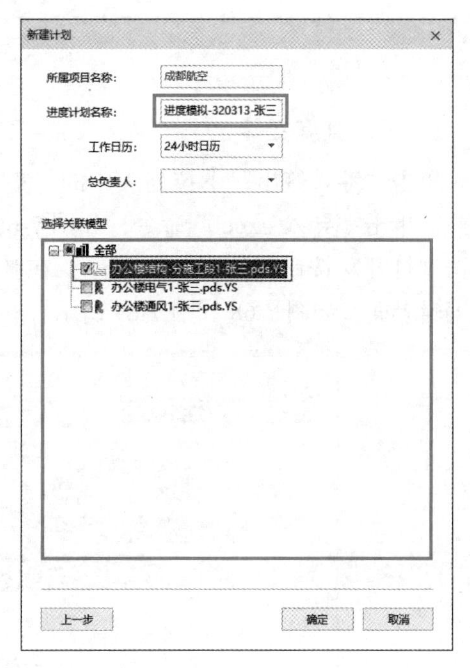

图　7-62

（2）单击“模型开关”命令，如图 7-63 所示，进入进度计划视图，如图 7-64 所示。

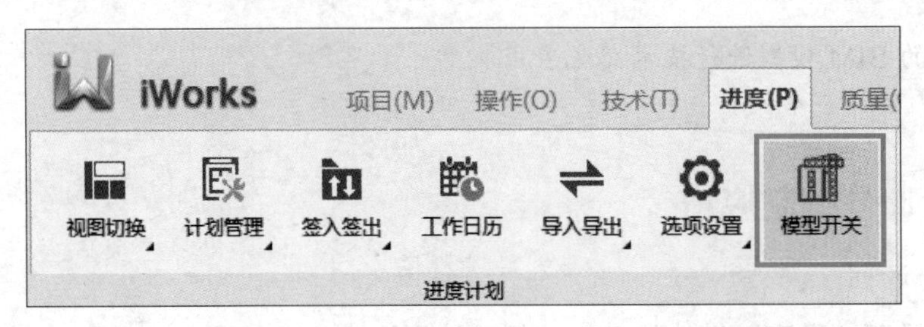

图 7-63

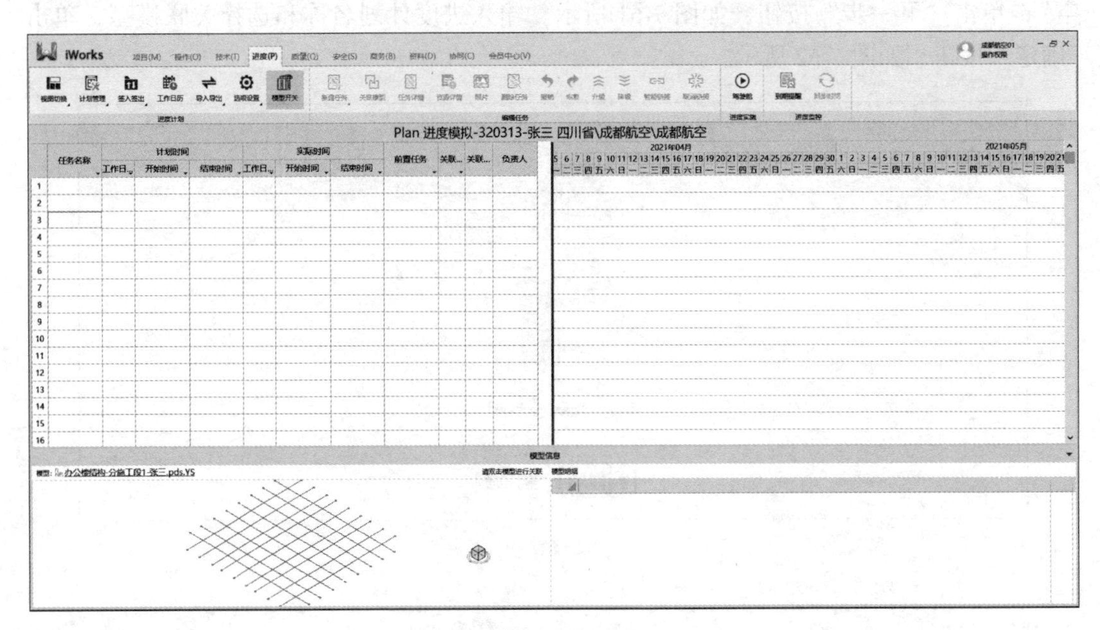

图 7-64

7.4.2 导入进度文件

单击“签入签出”下拉列表中的“签出计划”命令，如图 7-65 所示，进入计划编辑模式。单击“导入 Excel”命令，如图 7-66 所示，浏览到“-1 层及 1 层施工计划”文件，单击“打开”按钮，如图 7-67 所示，在弹出的对话框中单击“确定”按钮，进入进度计划编辑界面，如图 7-68 和图 7-69 所示。

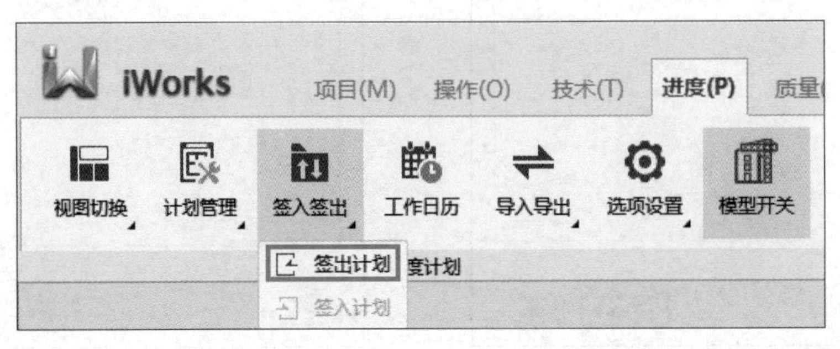

图 7-65

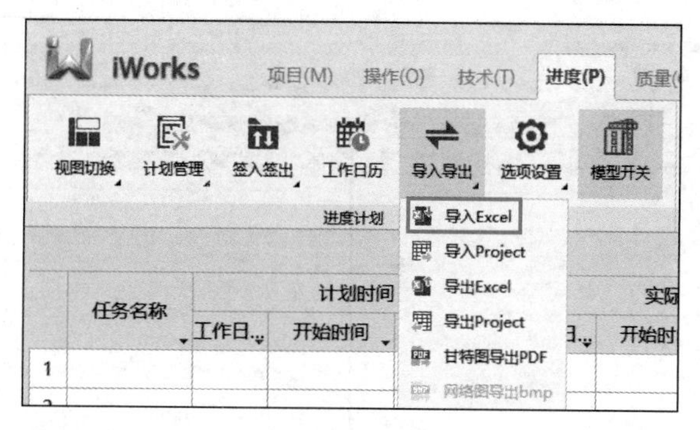

图　7-66

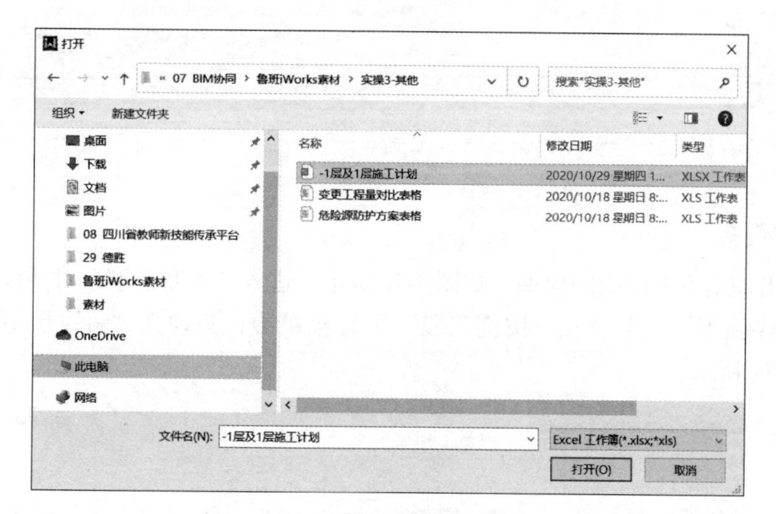

图　7-67

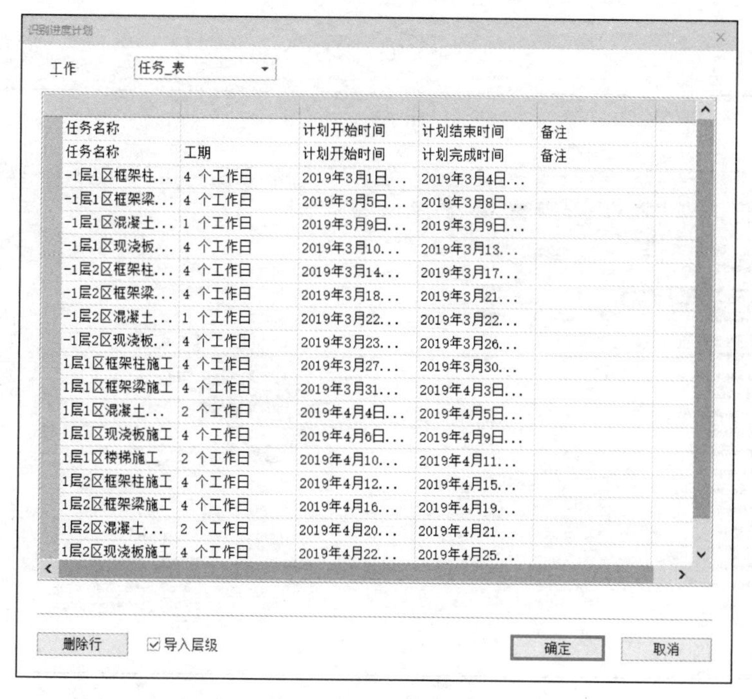

图　7-68

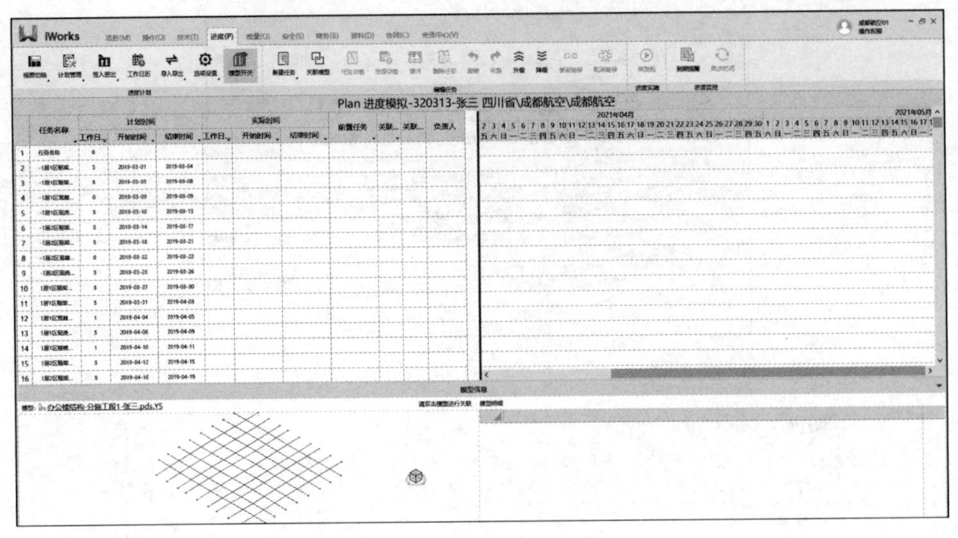

图 7-69

7.4.3 编辑任务信息

（1）双击左下方视图中的模型，如图 7-70 所示，进入“关联模型”对话框。选中“-1层 1 区框架柱施工”任务，在“按施工段”下拉菜单中，只勾选“-1”层中的“施工段1”，如图 7-71 所示。

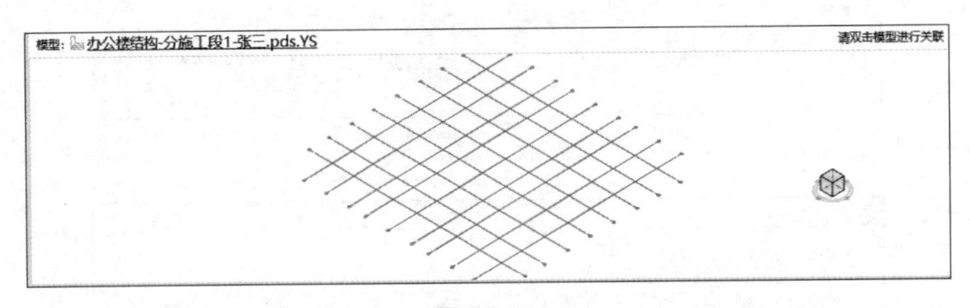

图 7-70

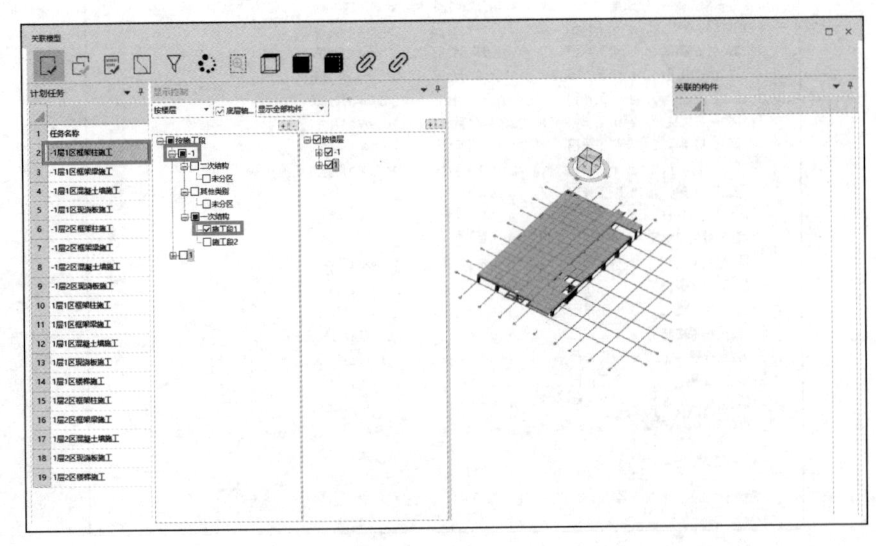

图 7-71

（2）单击“常规选择”命令，如图 7-72 所示，框选图中构件，右击后选择“确定关联”，完成任务与构件关联，如图 7-73 所示。

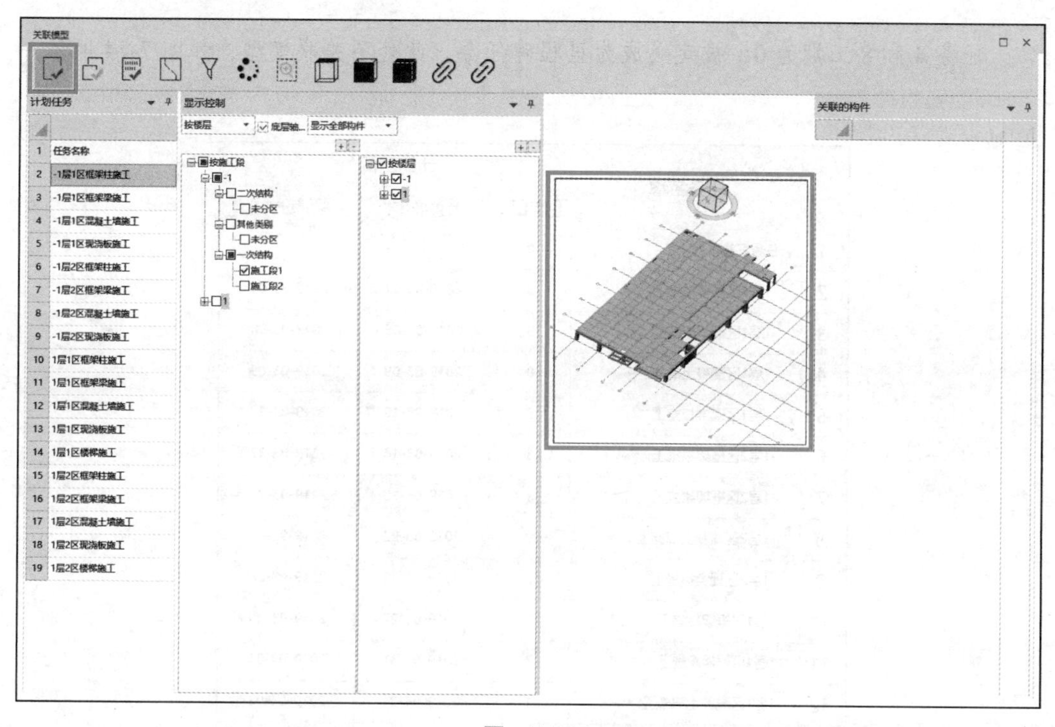

图　7-72

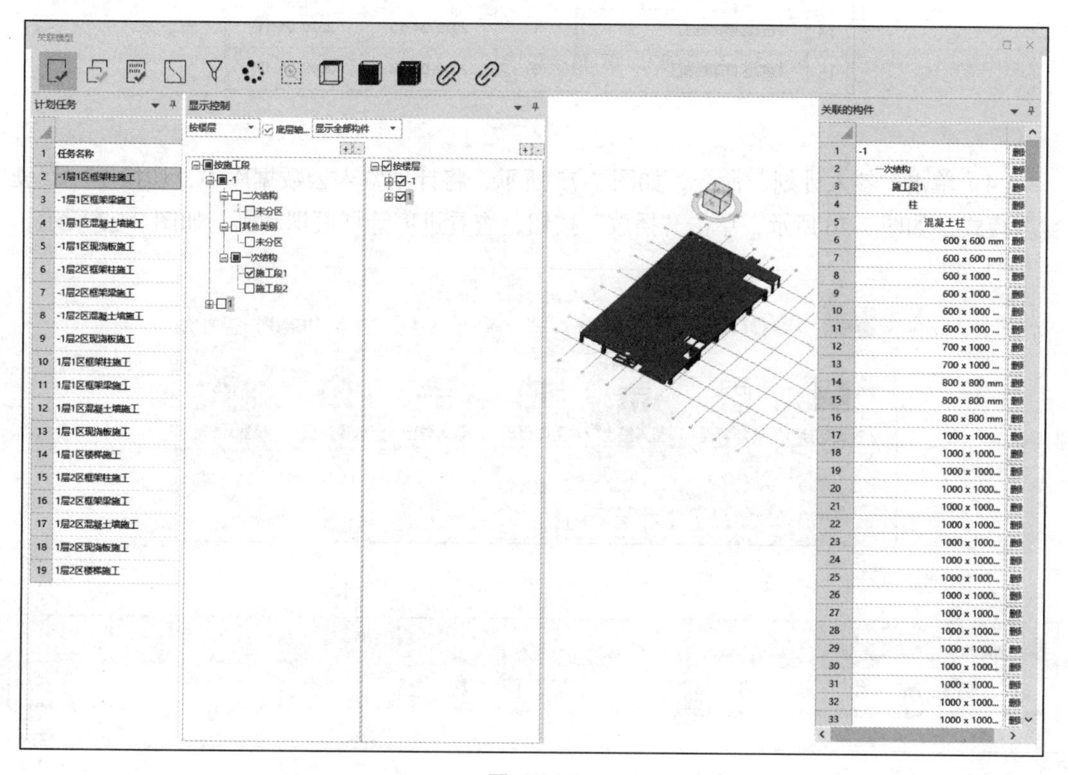

图　7-73

（3）用同样的方法完成其他任务的构件关联后关闭对话框。

任务 4 和 8 工期为 0，被定义成为里程碑任务，此处不关联模型，如图 7-74 所示。

	任务名称	计划时间		
		工作日...	开始时间	结束时间
1	任务名称	0		
2	-1层1区框架柱施工	3	2019-03-01	2019-03-04
3	-1层1区框架梁施工	3	2019-03-05	2019-03-08
4	-1层1区混凝土墙施工	0	2019-03-09	2019-03-09
5	-1层1区现浇板施工	3	2019-03-10	2019-03-13
6	-1层2区框架柱施工	3	2019-03-14	2019-03-17
7	-1层2区框架梁施工	3	2019-03-18	2019-03-21
8	-1层2区混凝土墙施工	0	2019-03-22	2019-03-22
9	-1层2区现浇板施工	3	2019-03-23	2019-03-26
10	1层1区框架柱施工	3	2019-03-27	2019-03-30
11	1层1区框架梁施工	3	2019-03-31	2019-04-03
12	1层1区混凝土墙施工	1	2019-04-04	2019-04-05
13	1层1区现浇板施工	3	2019-04-06	2019-04-09
14	1层1区楼梯施工	1	2019-04-10	2019-04-11
15	1层2区框架柱施工	3	2019-04-12	2019-04-15

图 7-74

（4）单击“签入计划”命令，如图 7-75 所示，将计划签入云数据库中，切换至“驾驶舱”模式，如图 7-76 所示，单击“播放”按钮，查看进度计划模拟动画，如图 7-77 所示。

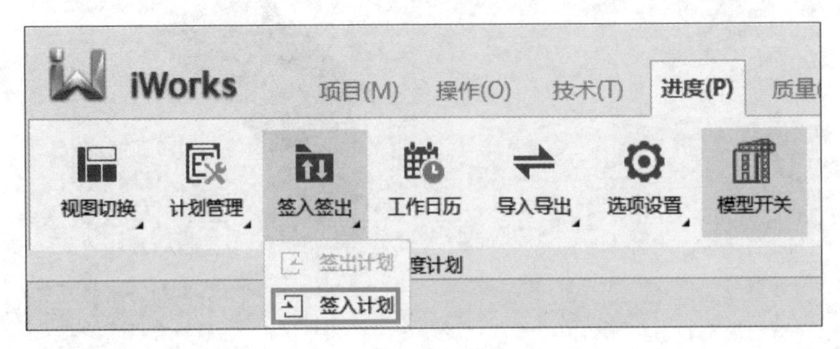

图 7-75

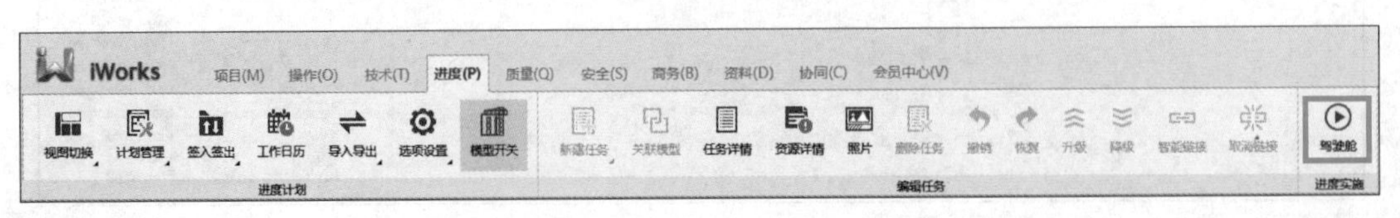

图 7-76

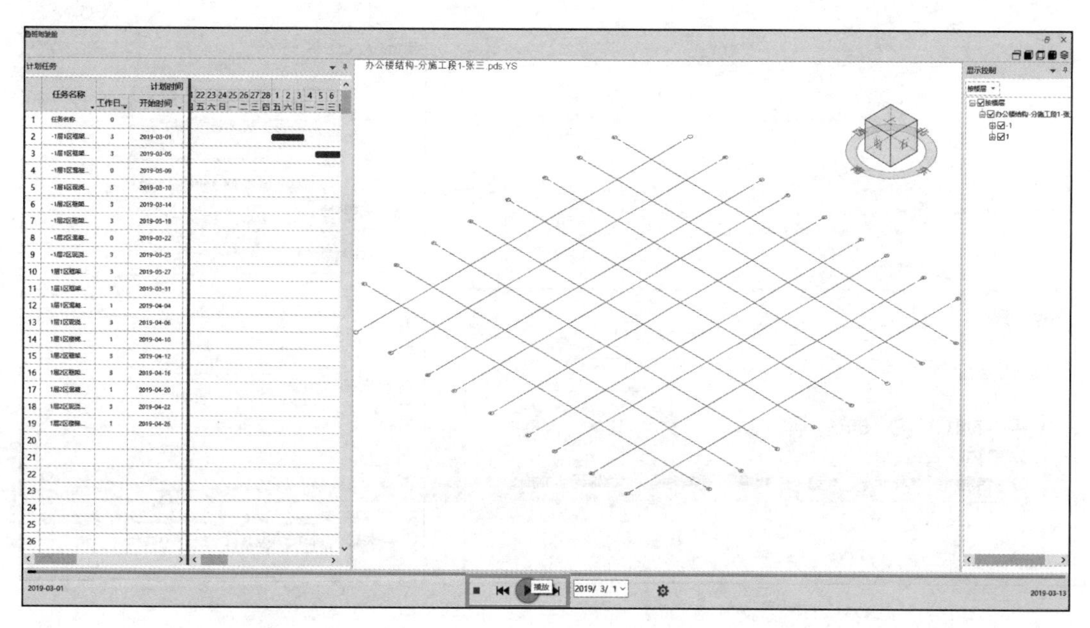

图　7-77

课后作业

将给定的“施工进度计划”载入软件中，与“7.1.2 小节课后作业”上传的“住宅楼 BIM 结构模型 - 姓名”进行关联。

7.5　安全质量巡检应用

7.5.1　设置巡检任务

（1）单击“质量”选项卡→“巡检点”命令，如图 7-78 所示，在“巡检点列表”对话框中单击“添加”命令，如图 7-79 所示。

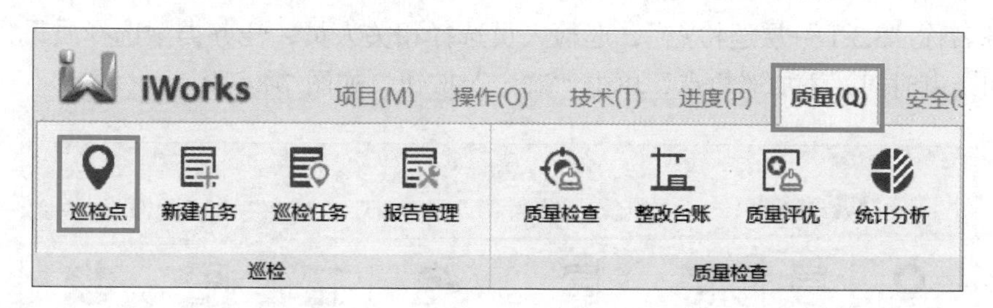

图　7-78

（2）输入巡检点名称“3.3.1 一层巡检点”，类型选择“质量”，绑定构件选择 1 轴交 A 轴柱，右击“选择完成”，然后单击“确定”按钮，如图 7-80 所示。

（3）用同样方法完成“3.3.2 一层巡检点”添加。

（4）单击巡检点的二维码，如图 7-81 所示，单击“导出”按钮，将二维码图片保存在自定义文件夹中，如图 7-82 所示。

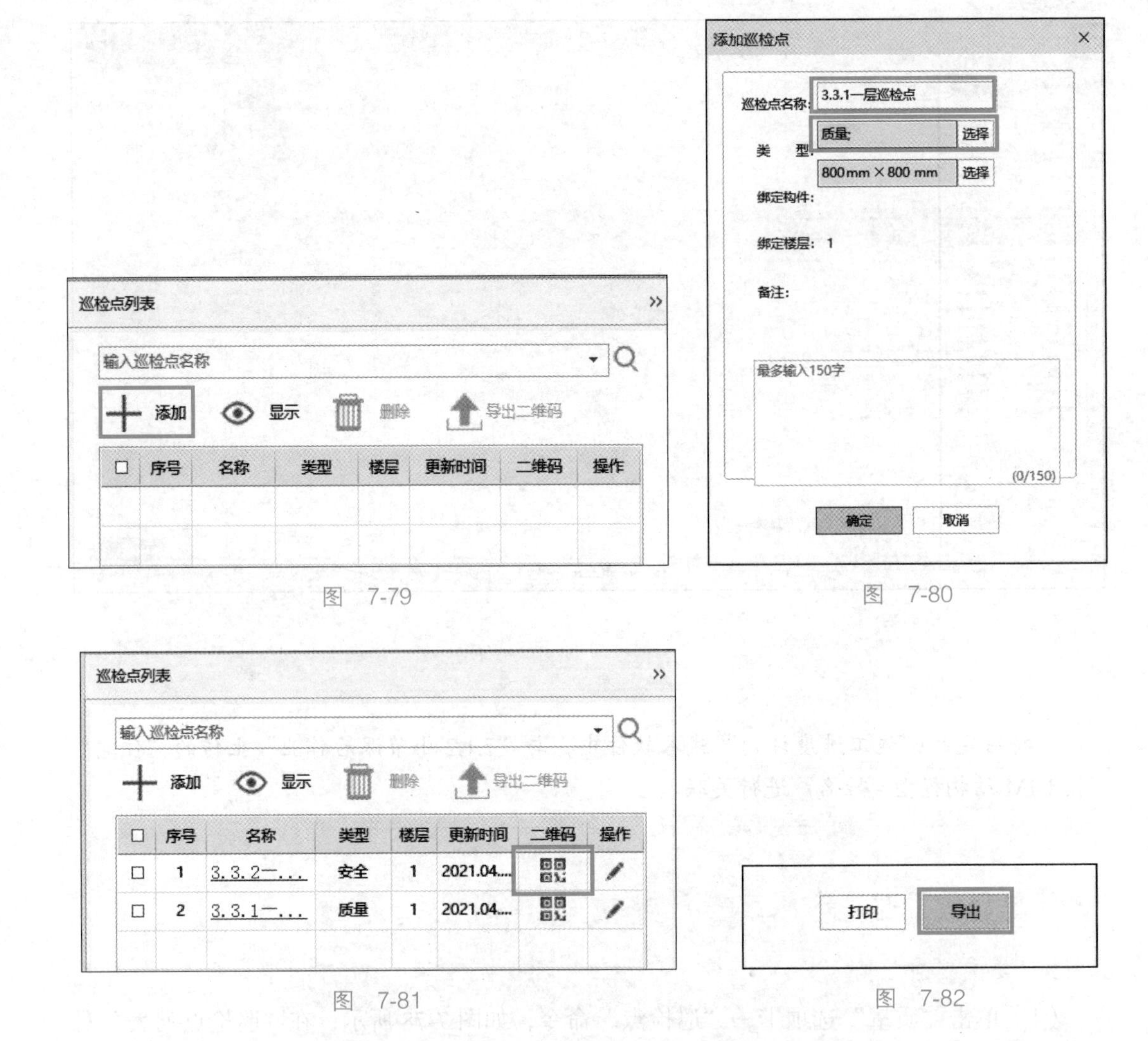

图 7-79

图 7-80

图 7-81

图 7-82

（5）单击“新建任务”命令，如图 7-83 所示，在弹出的“新建巡检任务”对话框中，输入任务名称“3.3.1 一层巡检点”，巡检人员选择相关人员，任务类型选择质量，给定开始时间和结束时间，添加巡检点，单击“确定”按钮，如图 7-84 所示。

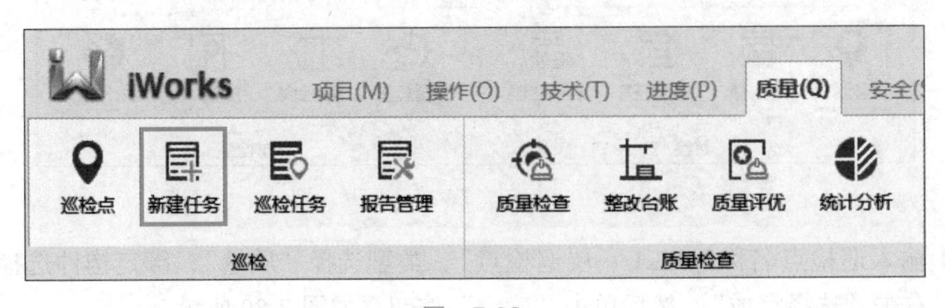

图 7-83

（6）在鲁班工场 App 中完成相关操作后，单击巡检任务，进行巡检点任务信息查看，如图 7-85 所示。

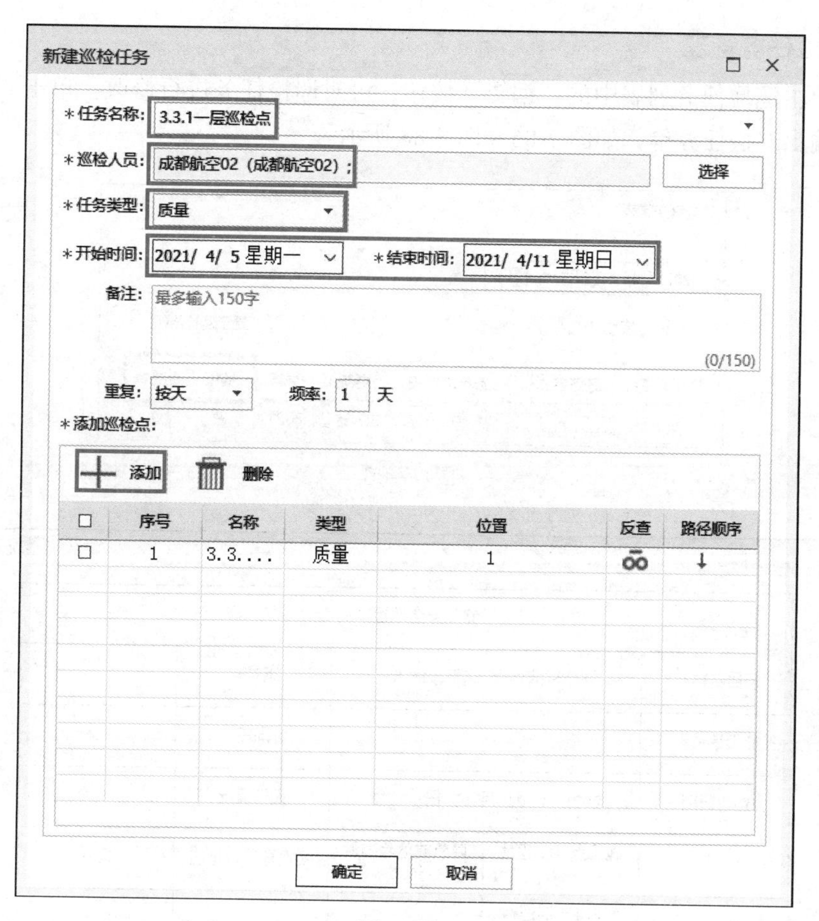
新建巡检任务
*任务名称: 3.3.1一层巡检点
*巡检人员: 成都航空02（成都航空02）;
选择
*任务类型: 质量
*开始时间: 2021/ 4/ 5 星期一
*结束时间: 2021/ 4/11 星期日
备注: 最多输入150字
(0/150)
重复: 按天
频率: 1 天
*添加巡检点:
添加
删除
序号
名称
类型
位置
反查
路径顺序
1
3.3....
质量
1
确定
取消

图　7-84

3.3.1一层巡检点
巡检任务信息
巡检人: 成都航空02（成都航空02）;
备注:
标识: 质量
起止时间: 2021-04-05～2021-04-11
巡检任务日志(共1条)
状态: 全部
楼层: 全部
2021/ 4/ 5 星
2021/ 4/ 5 星
时间
巡检点
楼层
状态
更新人
2021-04-05 14:25:14
3.3.1一层巡检点
1
正常
成都航空02（成都...

图　7-85

7.5.2 巡检任务管理

（1）单击巡检任务列表中的“编辑”按钮，可对巡检任务进行修改。单击“生成”按钮，可以输出巡检任务单，如图 7-86 ~ 图 7-88 所示。

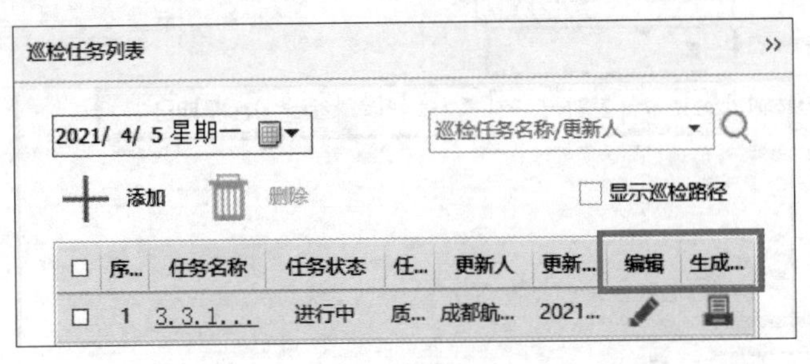

图 7-86

生成巡检报告

施工安全巡检报告				
项目名称：	办公楼结构-分施工段1-张三		编号：	
施工单位：			合同段：	
巡检日期	2021 年 04 月 05 日 午		天气情况	
序号	施工点（工程地点）	隐患或危险因素描述	处理意见、措施	备注
1	3.3.1一层巡检点			

主要问题及整改意见：

巡检人员签名：

日期： 年 月 日

安全隐患处理意见书编号		发出日期	年 月 日
项目经理签字及日期		安全负责人签字及日期	

确定 取消

图 7-87

（2）单击“报告管理”命令，可以查看巡检报告生成历史记录，如图 7-89 和图 7-90 所示。

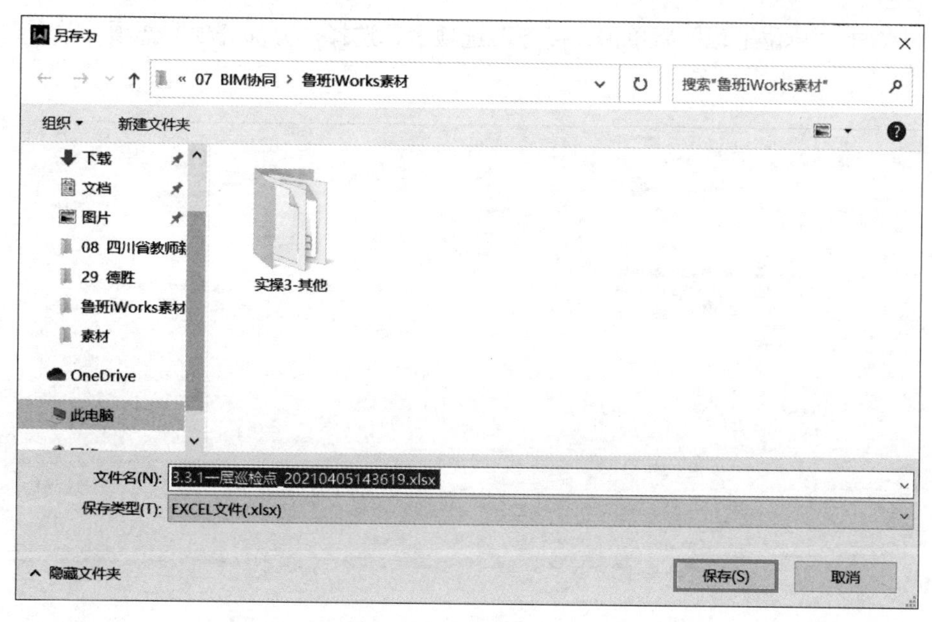

图　7-88

图　7-89

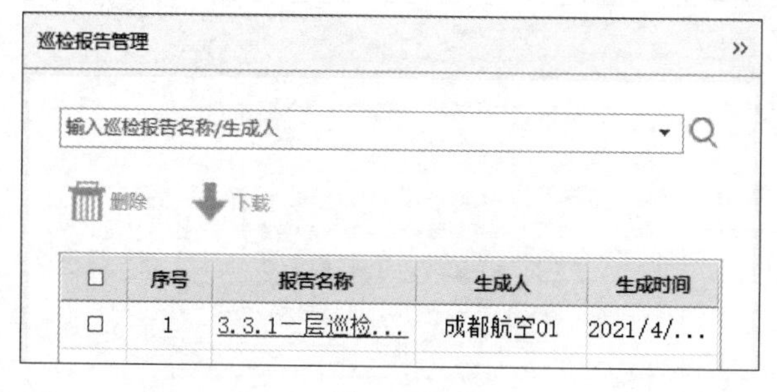

图　7-90

课后作业

对给定的BIM模型进行安全、质量、巡检应用。

7.6　成本资源分析应用

7.6.1　数据导入

任务：将给定的“工程预算书”以合同预算形式载入软件中，与资料包中模型关联。

（1）双击“单位工程”后单击“商务”选项卡，选择“分部分项”选项，单击“导入 Excel”命令，如图 7-91 所示。

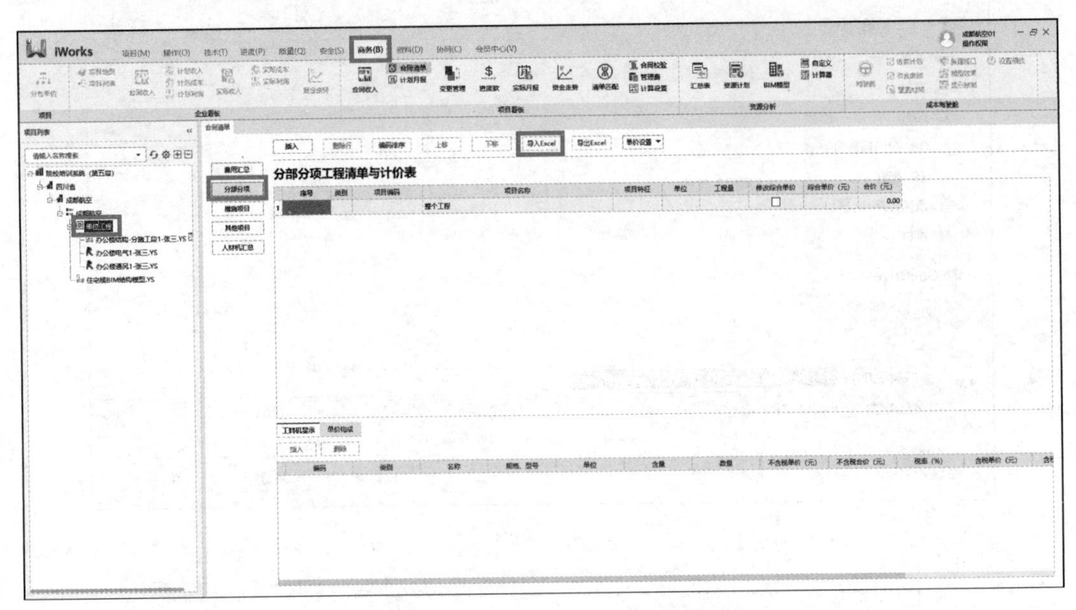

图 7-91

（2）单击“选择”按钮，如图 7-92 所示。选择“C.6 投标报价分部分项工程量清单与计价表”文件，表格类型选择“清单计价表”，完成后单击“导入”按钮，如图 7-93 和图 7-94 所示。

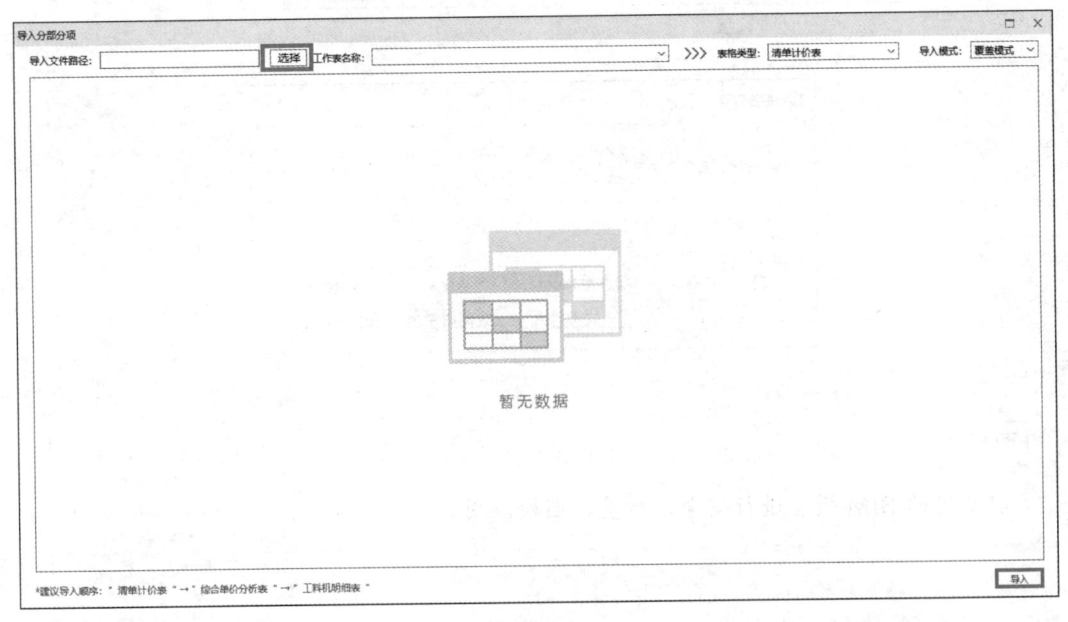

图 7-92

（3）单击“导入 Excel”命令，选择“C.7 投标报价分部分项工程量清单综合单价分析表”文件，表格类型选择“综合单价分析表”，完成后单击“导入”按钮，如图 7-95 所示。

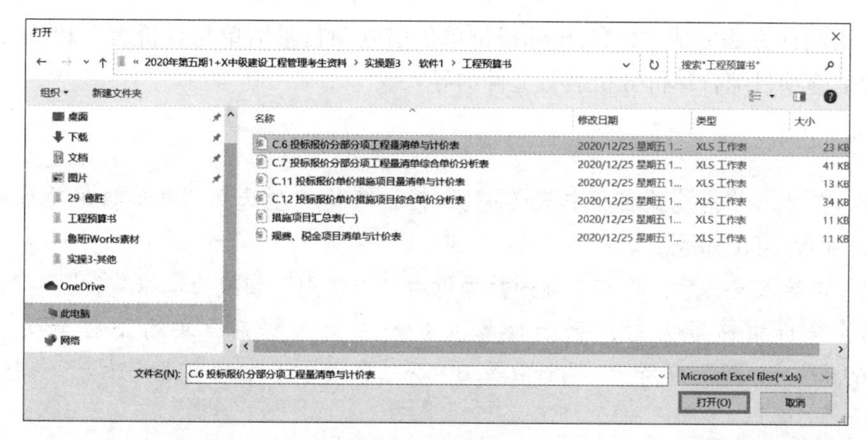

图　7-93

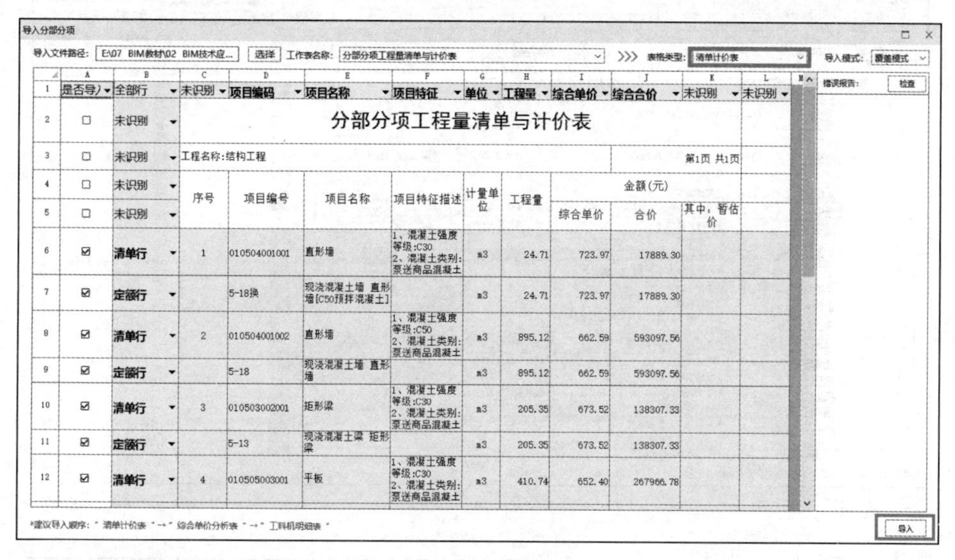

图　7-94

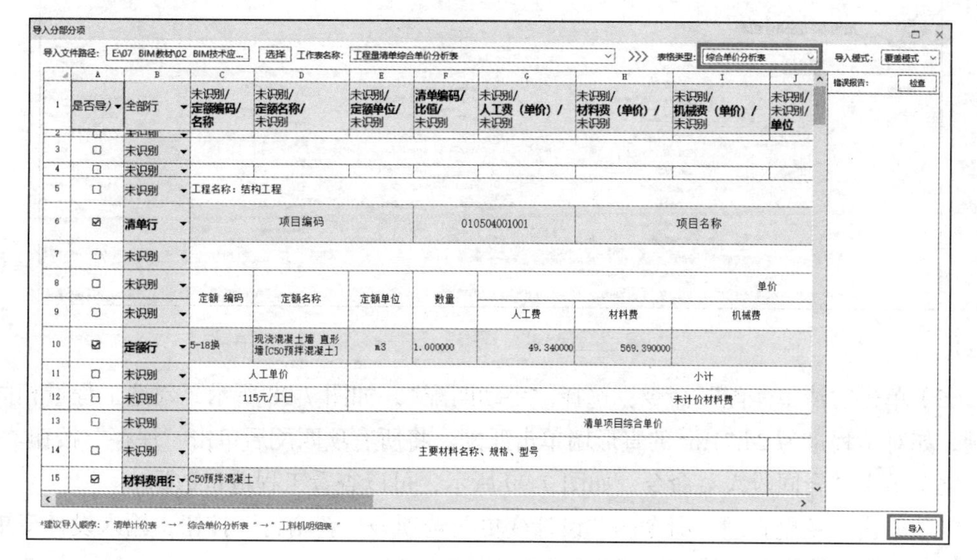

图　7-95

（4）用同样方法完成“C.11 投标报价单价措施项目量清单与计价表”和“C.12 投标报价单价措施项目综合单价分析表”文件的导入。

提示

（1）在导入“措施项目汇总表（一）”时，表格类型选择“总价措施项目清单计价表”，如图 7-96 所示。

（2）在导入表格后，将有金额的数据行由“未识别”切换为“措施行”。

（3）总价措施导入后，删除计算基数处原有数据后，单击下拉箭头，双击“1073469.84”，如图 7-97 所示，将计算改为“分部分项合计”，并将费率改为和表格一致。

	A	B	C	D	E	F	G	H	I
1	是否导入	全部行	未识别	项目名称	计算基数	未识别	费率	综合合价	未识别
2	☐	未识别	措施项目汇总表(一)						
3	☐	未识别	工程名称:结构工程					第1页 共1页	
4	☐	未识别	序号	项目名称	计算基础		费率(%)	金额(元)	
5	☐	未识别	1	通用措施项目	下级合计			162735.98	
6	☑	措施行	1.1	现场安全文明施工费	分部分项综合合价		5.54	65377.62	
7	☑	措施行	1.2	夜间施工增加费	分部分项综合合价		0.1	1180.10	
8	☐	未识别	1.3	二次搬运费					
9	☑	措施行	1.4	冬雨季施工增加费	分部分项综合合价		0.2	2360.20	
10	☐	未识别	1.5	大型机械设备进出场及安拆费					
11	☐	未识别	1.6	施工排水费					
12	☐	未识别	1.7	施工降水费					
13	☐	未识别	1.8	地上、地下设施，建筑物的临时保护设施费					
14	☑	措施行	1.9	已完工程及设备保护费	分部分项综合合价		0.05	590.05	
15	☑	措施行	1.10	临时设施费	分部分项综合合价		2.2	25962.23	
16	☑	措施行	1.11	企业检验试验费	分部分项综合合价		0.2	2360.20	
17	☑	措施行	1.12	赶工措施费	分部分项综合合价		2.5	29502.54	
18	☑	措施行	1.13	工程按质论价	分部分项综合合价		3	35403.04	
19	☐	未识别	1.14	特殊条件下施工增加费					
20	☐	未识别	1.15	各专业工程措施项目费					

图 7-96

合同清单

插入 删除行 编码排序 上移 下移 导入Excel 导出Excel 单价设置

费用汇总 分部分项 措施项目 其他项目 人材机汇总

措施项目清单计价表

	序号	类别	项目编码	项目名称	项目特征	单位	计算基数	基数说明	费率（%）	工程量	修改综合单价	综合单价（元）	合价（元）
1				措施项目							☐		810,185.41
2				总价措施项目							☐		148,031.50
3	1			现场安全文明施工费			FBFXHJ	分部分项合计	5.54	1		59,470.23	59,470.23
4	2			夜间施工增加费			FBFXHJ	分部分项合计	0.1	1		1,073.47	1,073.47
5	3			冬雨季施工增加费			FBFXHJ	分部分项合计	0.2	1		2,146.94	2,146.94
6	4			已完工程及设备保护费			FBFXHJ	分部分项合计	0.05	1		536.73	536.73
7	5			临时设施费			FBFXHJ	分部分项合计	2.2	1		23,616.34	23,616.34
8	6			企业检验试验费			FBFXHJ	分部分项合计	0.2	1		2,146.94	2,146.94
9	7			赶工措施费			FBFXHJ	分部分项合计	2.5	1		26,836.75	26,836.75
10	8			工程按质论价			FBFXHJ	分部分项合计	3	1		32,204.10	32,204.10
11				单价措施项目							☐		662,153.91
12	1	清	011702006001	矩形梁		m^2				2179.28	☐	68.43	149,128.13
13	1.1	定	17-74	现浇混凝土模板及支架梁矩形梁复合模板		m^2				2179.28		68.43	149,128.13
14	2	清	011702011001	直形墙		m^2				9372.11	☐	30.81	288,754.71

图 7-97

（5）单击“清单匹配”命令，选择“手动匹配”，如图 7-98 所示。勾选工程量相同的两项，如对工程量为 24.71m^3 的直形墙单击匹配。将所有项匹配后单击“保存”按钮。

（6）单击“合同收入”命令，如图 7-99 所示，可以查看工程造价数据。

（7）单击“变更管理”命令→“设计变更”选项→“新增行”按钮，输入设计变更相关信息，单击“确定”按钮，如图 7-100 和图 7-101 所示。

清单匹配

自动匹配　手动匹配　　　　显示全部清单

匹配状态	合同					BIM模型				
	项目编码	项目名称	项目特征描述	计量...	工程量	项目编码	项目名称	项目特征描述	计量...	工程量
	☐ 010503002001	矩形梁	1、混凝土强度等级:C302、混凝土类别:泵送商品混凝土	m^3	205.35	☐ 010503002	矩形梁	1.混凝土强度等级:C30 2.混凝土类别:泵送商品混凝土	m^3	205.35
	☑ 010504001001	直形墙	1、混凝土强度等级:C302、混凝土类别:泵送商品混凝土	m^3	24.71	☐ 010504001	直形墙	1.混凝土强度等级:C50 2.混凝土类别:泵送商品混凝土	m^3	895.12
	☐ 010504001002	直形墙	1、混凝土强度等级:C502、混凝土类别:泵送商品混凝土	m^3	895.12	☑ 010504001	直形墙	1.混凝土强度等级:C30 2.混凝土类别:泵送商品混凝土	m^3	24.71
	☐ 010505003001	平板	1、混凝土强度等级:C302、混凝土类别:泵送商品混凝土	m^3	410.74	☐ 010505003	平板	1.混凝土强度等级:C35 2.混凝土类别:泵送商品混凝土	m^3	4.79
	☐ 010505003002	平板	1、混凝土强度等级:C352、混凝土类别:泵送商品混凝土	m^3	4.79	☐ 010505003	平板	1.混凝土强度等级:C30 2.混凝土类别:泵送商品混凝土	m^3	410.74
	☐ 010505010001	其他板	1、混凝土强度等级:C302、混凝土类别:泵送商品混凝土	m^3	7.13	☐ 010505010	其他板	1.混凝土强度等级:C30 2.混凝土类别:泵送商品混凝土	m^3	7.13
	☐ 010506001001	直形楼梯	1、混凝土强度等级:C302、混凝土类别:泵送商品混凝土	m^2	237.60	☐ 010506001	直形楼梯	1.混凝土强度等级: 2.混凝土类别:	m^2	237.60
	☐ 011702006001	矩形梁		m^2	2179.28	☐ 011702006	矩形梁	1.支撑高度:	m^2	2115.94
	☐ 011702011001	直形墙		m^2	9372.11	☐ 011702011	直形墙	null	m^2	9372.11
	☐ 011702016001	平板		m^2	3773.13	☐ 011702016	平板	1.支撑高度:	m^2	3773.13
	☐ 011702020001	其它板		m^2	84.73	☐ 011702020	其他板	1.支撑高度:	m^2	84.73
	☐ 011702024001	楼梯		m^2	237.60	☐ 011702024	楼梯	1.类型:	m^2	237.60

图　7-98

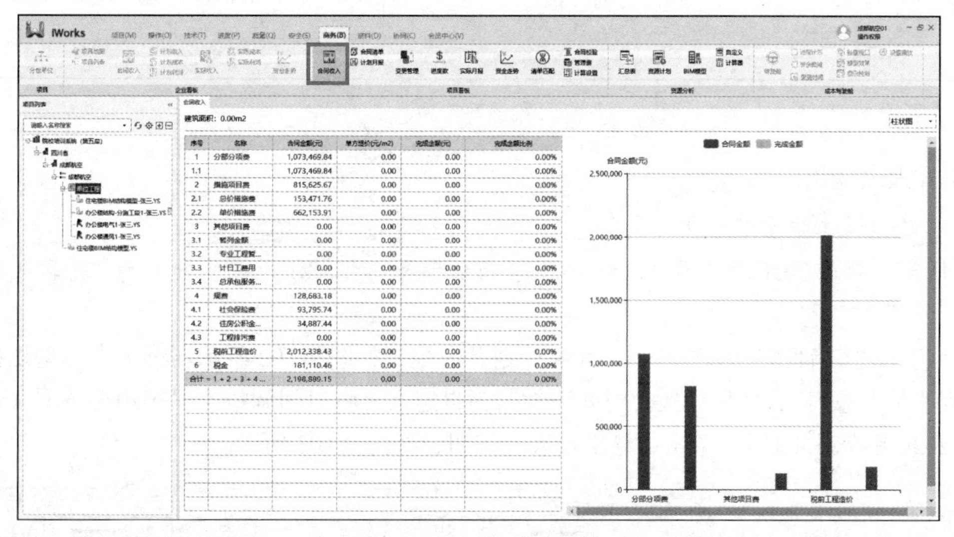

图　7-99

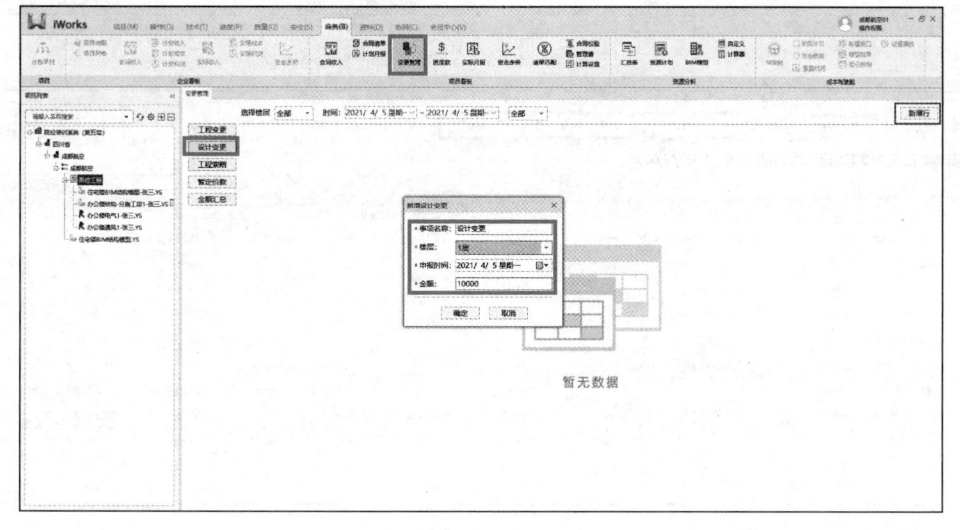

图　7-100

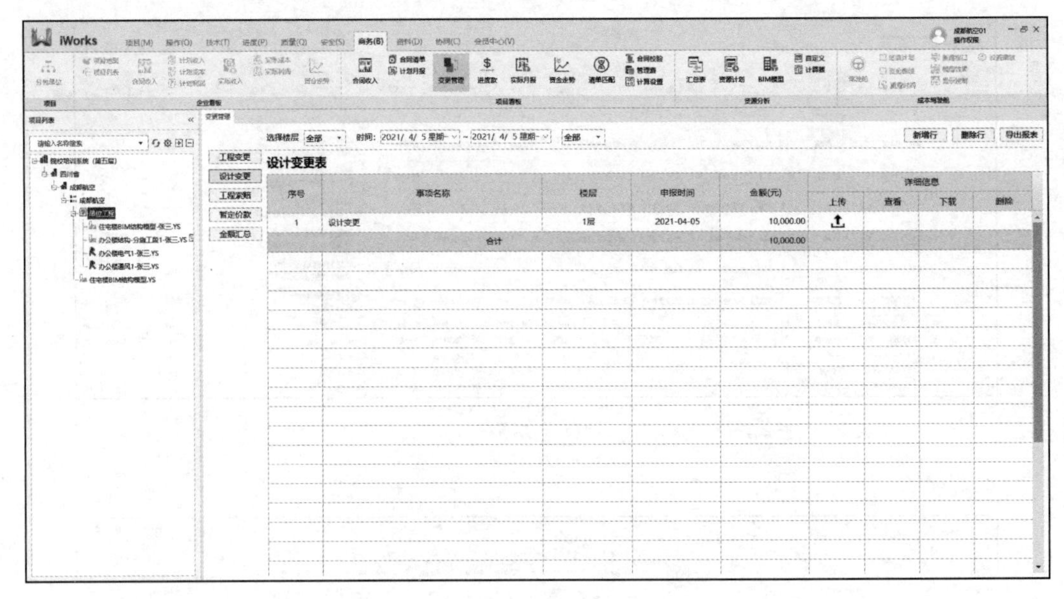

图 7-101

7.6.2 报表输出

1. 阶段性工程量汇总表

任务：导出 2020 年 6 月 15 日—7 月 4 日的清单工程量汇总表，命名为“阶段性工程量汇总表”。

依次单击“商务”选项卡→“资源计划”命令，如图 7-102 所示。将报表类型切换为“工程清单汇总表”，然后切换“时间属性”为自定义，将时间调整为“2020 年 6 月 15 日”至“2020 年 7 月 4 日”，单击“导出报表”按钮，如图 7-103 所示。

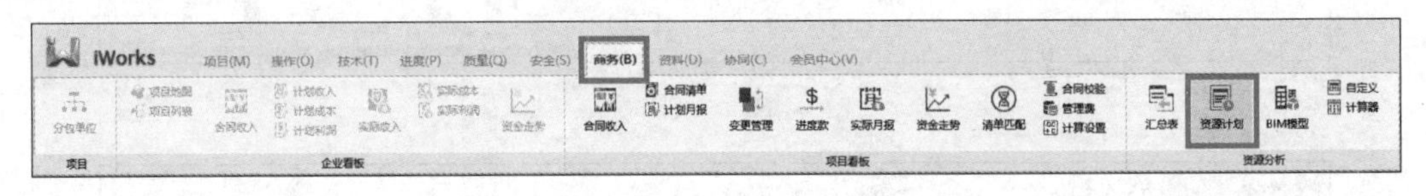

图 7-102

资源计划

报表类型 全部 工程清单汇总表 时间：2020/ 6/15 星期一 ~ 2020/ 7/ 4 星期六 自定义 导出报表 列表控制

分部分项工程清单汇总表(2020/6/15-2020/7/4)

序号	项目编码	项目名称	项目特征描述	计量单位	工程量			综合单价(元)	合同合价(元)	BIM模型合价(元)	合价差额(元)
					合同	BIM模型	量差				
1	010505003001	平板	1、混凝土强度等级:C302	m^3	82.15	82.15	0.00	652.40	53,595.21	53,594.66	0.55
2	010505003002	平板	1、混凝土强度等级:C352	m^3	0.96	0.96	-0.00	657.87	630.24	631.56	-1.32
3	010505010001	其他板	1、混凝土强度等级:C302	m^3	1.43	1.43	-0.00	781.67	1,114.66	1,117.79	-3.13
4	010504001002	直形墙	1、混凝土强度等级:C502	m^3	350.62	350.62	0.00	662.59	232,318.76	232,317.31	1.46
5	010504001001	直形墙	1、混凝土强度等级:C302	m^3	9.67	9.67	-0.00	723.97	6,998.82	7,000.79	-1.97
6	010503002001	矩形梁	1、混凝土强度等级:C302	m^3	41.07	41.07	-0.00	673.52	27,660.12	27,661.47	-1.35
7	011702020001	其他板		m^2	16.68	16.69	-0.01	49.91	832.74	833.00	-0.26
8	011702016001	平板		m^2	754.38	754.38	0.00	49.46	37,311.68	37,311.63	0.05
9	011702006001	矩形梁		m^2	434.44	421.82	12.62	68.43	29,729.01	28,865.14	863.87
10	011702011001	直形墙		m^2	3670.04	3670.04	0.00	30.81	113,073.95	113,073.93	0.02
合计									503,265.19	502,407.27	857.92

图 7-103

2. 进度款报表

任务：导出 7 月进度款报表，命名为“7 月进度款报表”。

依次单击“商务”选项卡→“进度款”命令，如图 7-104 所示。然后单击“新增进度款”按钮，将时间调整为“2020 年 7 月 1 日”至“2020 年 7 月 31 日”，单击“导出报表”按钮，如图 7-105 和图 7-106 所示。

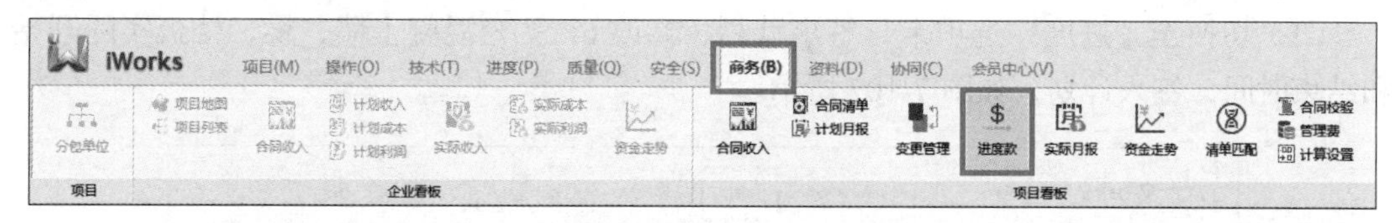

图 7-104

进度款

选择已报进度　新增进度款　删除进度款

分部分项　措施项目　其他项目　费用汇总

新增进度款

进度款分期：1 期

开始时间 2020/ 7/ 1 至 2020/ 7/31

提示：添加新的分期后，则不可再更改往期的进度款数据！

确定　取消

图 7-105

进度款

选择已报进度　第1期（20200701~2020　新增进度款　删除进度款　导出报表

分部分项　措施项目　其他项目　费用汇总

合同内进度款汇总表

序号	汇总内容	合同金额(元)	至本期累计完成		至上期累计完成		本期完成	
			比例(%)	金额(元)	比例(%)	金额(元)	比例(%)	金额(元)
1	分部分项费	2,146,939.66	37.20%	798,638.05			37.20%	798,638.05
2	措施项目费	1,477,779.59	43.21%	638,559.02			43.21%	638,559.02
2.1	总价措施费	153,471.76	100.00%	153,471.76			100.00%	153,471.76
2.2	单价措施费	1,324,307.83	36.63%	485,087.26			36.63%	485,087.26
3	规费	128,683.18	100.00%	128,683.18			100.00%	128,683.18
3.1	社会保险费	93,795.74	100.00%	93,795.74			100.00%	93,795.74
3.2	住房公积金费	34,887.44	100.00%	34,887.44			100.00%	34,887.44
4	税金	181,110.46	100.00%	181,110.46			100.00%	181,110.46
	合计	3,934,512.89		1,746,990.71				1,746,990.71

图 7-106

进度款功能需在给定实际进度后才能输出进度款报表。

7.6.3 资金曲线

任务：实际施工过程中，2020 年 6 月 29 日—7 月 1 日出现罕见天气，造成停工，6F 混凝土墙实际从 7 月 2 日—7 日进行施工；为保证后续施工任务不延误，7F 混凝土墙、梁、楼板施工任务实际工期均缩短 1 天完成，在软件中填报实际施工进度时间，查看按周统计的计划与实际资金对比曲线图，并截图保存。

（1）切换至“进度”选项卡，签出计划，修改 6F、7F 混凝土墙、梁、楼板实际开始和结束时间，签入计划，如图 7-107 所示。

iWorks　项目(M)　操作(O)　技术(T)　进度(P)　质量(Q)　安全(S)　商务(B)　资料(D)　协同(C)　会员中心(V)

视图切换　计划管理　签入签出　工作日历　导入导出　选项设置　模型开关　新建任务　关联模型　任务详情　资源详情　照片　删除任务

进度计划　编辑任务

Plan 办公楼土建 四

	任务名称	计划时间			实际时间			前置任务	关联...	关联...	负责人
		工作日...	开始时间	结束时间	工作日...	开始时间	结束时间				
1	名称	0									
2	4F剪力墙施工	5	2020-06-01	2020-06-06	5	2020-06-01	2020-06-06				
3	4F框架梁施工	3	2020-06-07	2020-06-10	3	2020-06-07	2020-06-10				
4	4F现浇板施工	3	2020-06-11	2020-06-14	3	2020-06-11	2020-06-14				
5	5F剪力墙施工	5	2020-06-15	2020-06-20	5	2020-06-15	2020-06-20				
6	5F框架梁施工	3	2020-06-21	2020-06-24	3	2020-06-21	2020-06-24				
7	5F现浇板施工	3	2020-06-25	2020-06-28	3	2020-06-25	2020-06-28				
8	6F剪力墙施工	5	2020-06-29	2020-07-04	5	2020-07-02	2020-07-07				
9	6F框架梁施工	3	2020-07-05	2020-07-08	3	2020-07-08	2020-07-11				
10	6F现浇板施工	3	2020-07-09	2020-07-12	3	2020-07-12	2020-07-15				
11	7F剪力墙施工	5	2020-07-13	2020-07-18	4	2020-07-16	2020-07-20				
12	7F框架梁施工	3	2020-07-19	2020-07-22	2	2020-07-21	2020-07-23				
13	7F现浇板施工	3	2020-07-23	2020-07-26	2	2020-07-24	2020-07-26				

图 7-107

（2）切换至“商务”选项卡，单击“驾驶舱”命令，如图 7-108 所示，查看资金计划并截图。

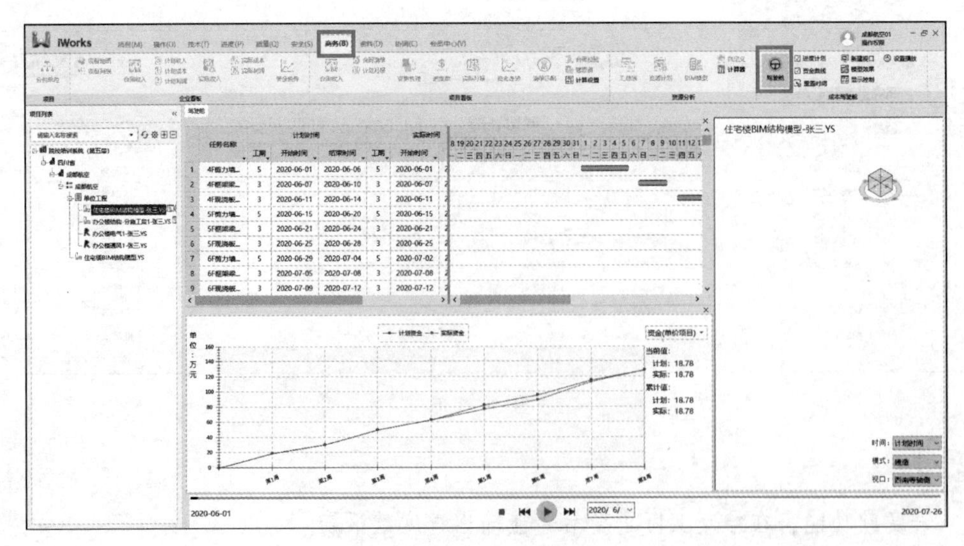

图 7-108

课后作业

对给定的 BIM 模型进行成本资源分析应用。

7.7　资料管理

7.7.1　资料上传与管理

任务： 将“结构图纸问题报告”上传至 1 层 1 轴交 A 轴柱处。

（1）单击“资料”选项卡→“上传资料”命令，如图 7-109 所示。弹出“上传资料”对话框，单击左上方的“+”号，新建“问题报告”文件夹，如图 7-110 和图 7-111 所示。

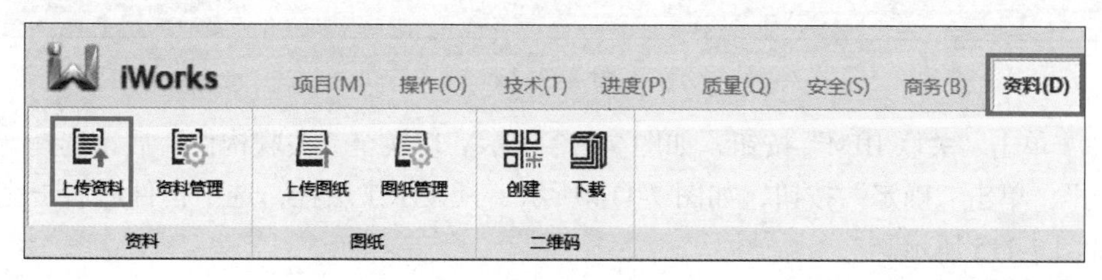

图　7-109

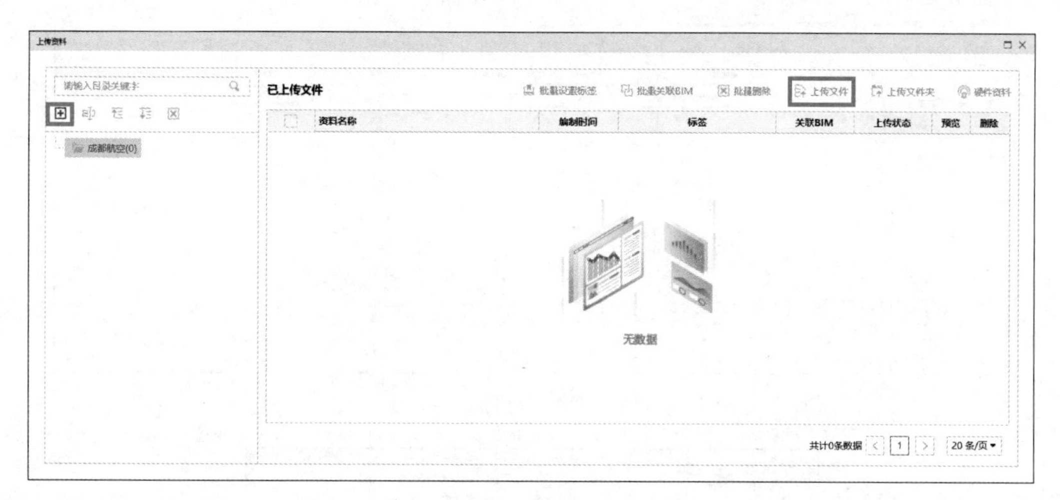

图　7-110

新建文件夹

文件夹名：问题报告

确定　取消

图　7-111

（2）单击“上传文件”命令，浏览到“问题报告模板”文件，单击“打开”按钮，完成资料上传，如图 7-112 所示。

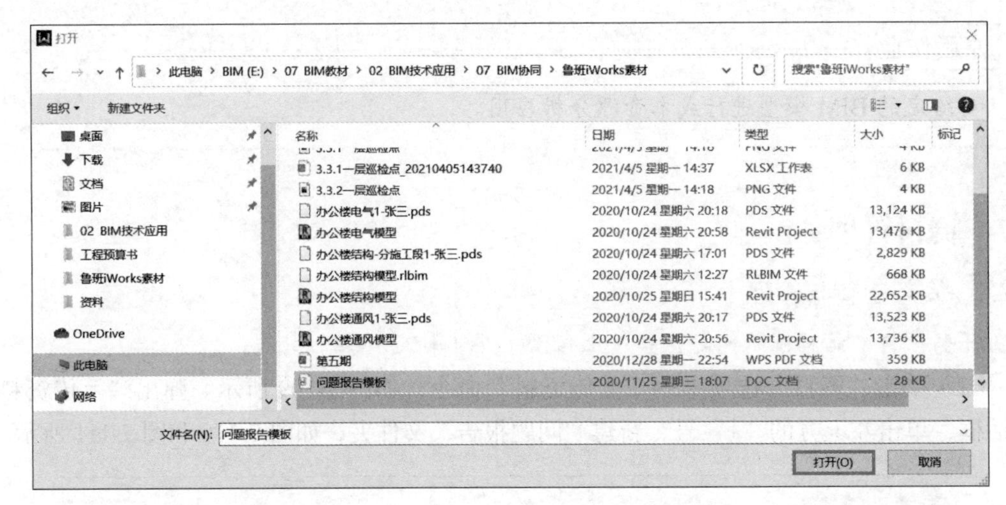

图 7-112

（3）单击“关联 BIM”按钮，如图 7-113 所示。切换至“关联构件”后，选择“办公楼结构”，单击“确定”按钮，如图 7-114 所示。只显示 1 层柱，选中构件后右击完成选择，如图 7-115 所示。

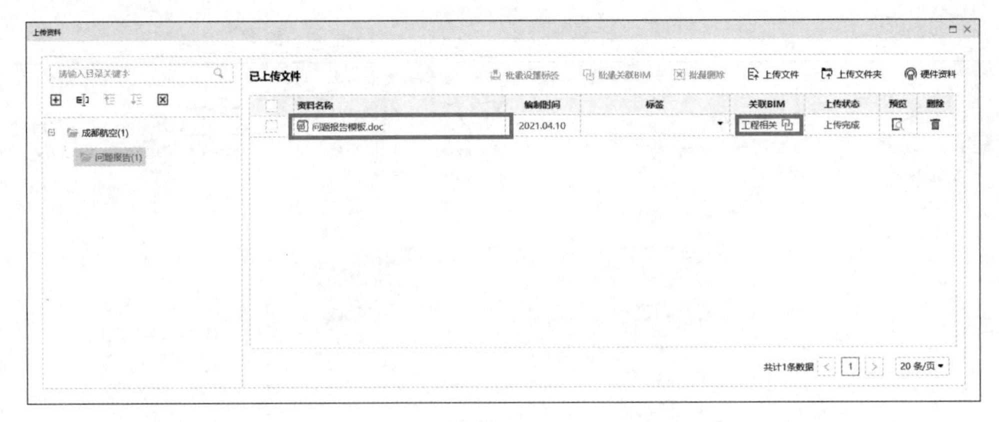

图 7-113

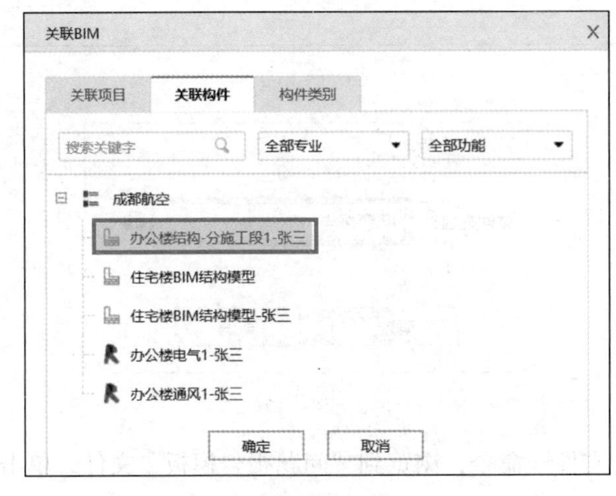

图 7-114

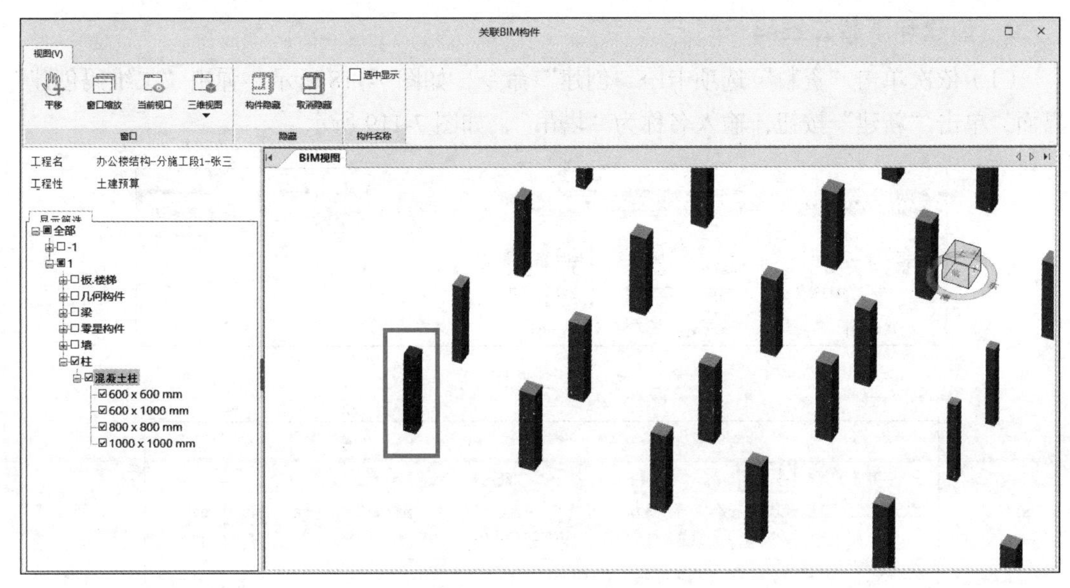

图　7-115

（4）切换至模型视图，选中步骤（3）添加资料的柱，右击查看资料，可查看或下载资料，如图 7-116 和图 7-117 所示。

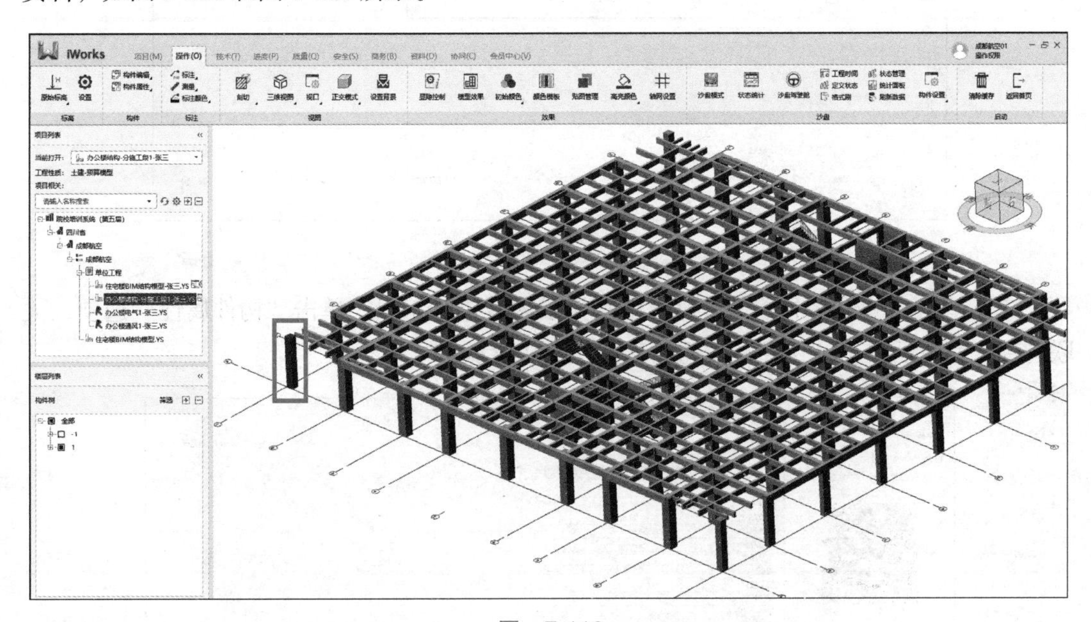

图　7-116

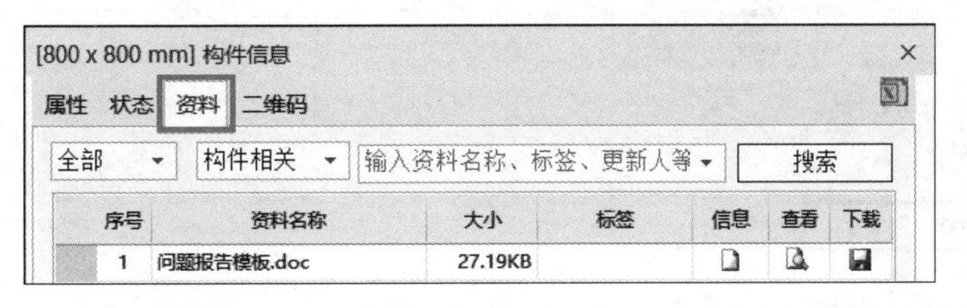
[800 x 800 mm] 构件信息

属性　状态　资料　二维码

全部　构件相关　输入资料名称、标签、更新人等　搜索

序号	资料名称	大小	标签	信息	查看	下载
1	问题报告模板.doc	27.19KB				

图　7-117

7.7.2 创建和下载二维码

（1）依次单击“资料”选项卡→“创建”命令，如图7-118所示。弹出“二维码创建”界面，单击“新建”按钮，输入名称为“塔吊”，如图7-119所示。

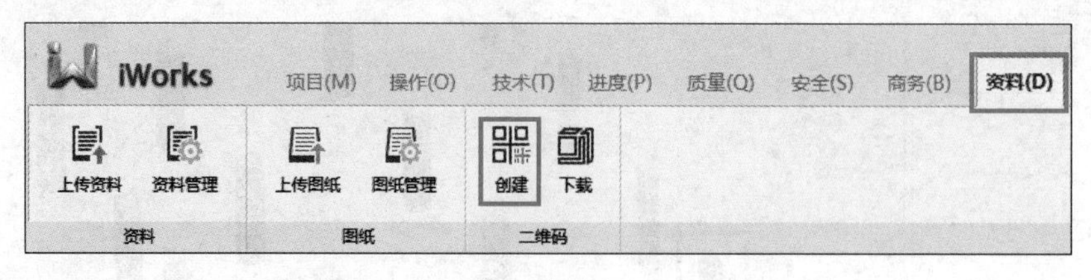

图 7-118

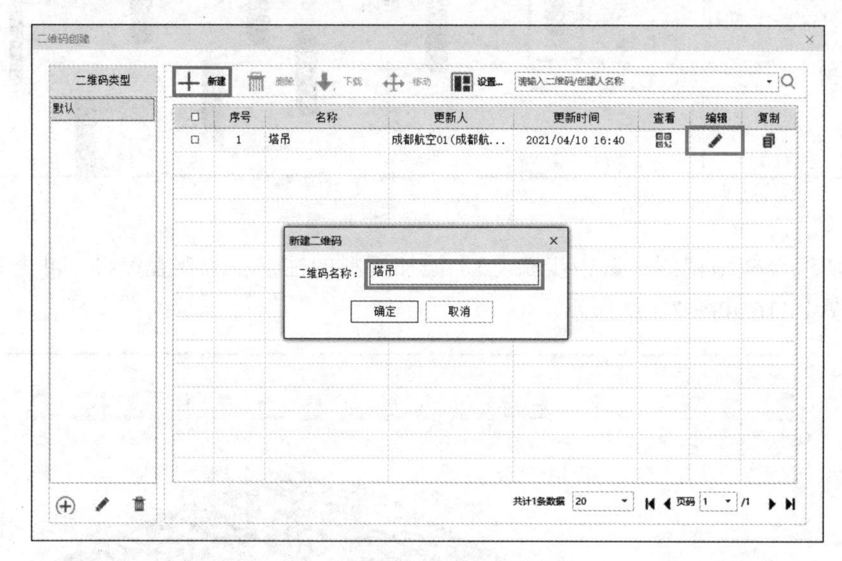

图 7-119

（2）单击“编辑”命令，可对二维码显示内容进行编辑。单击“构件属性”选项，关联构件，完成后单击“保存”按钮，如图7-120所示。

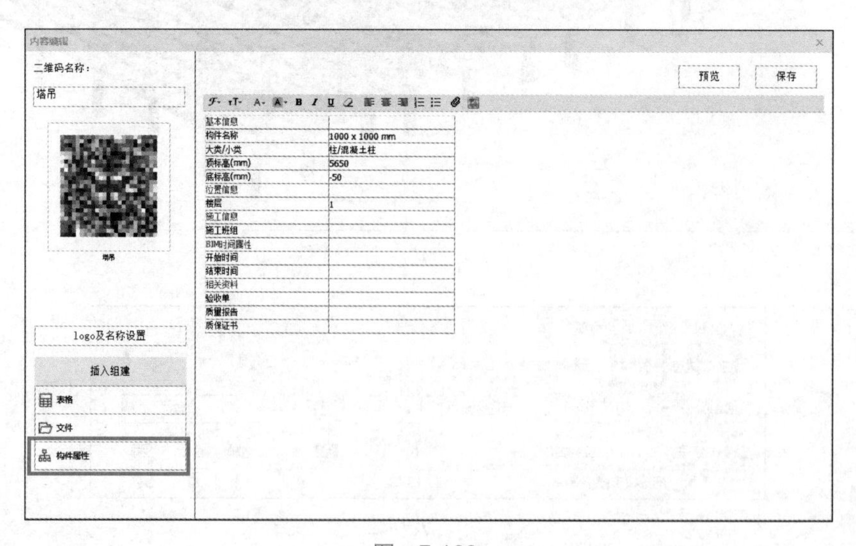

图 7-120

（3）单击“下载”命令，如图 7-121 所示，选中所需构件后右击完成选择，可以表格形式或者文件夹形式下载二维码，如图 7-122 所示。

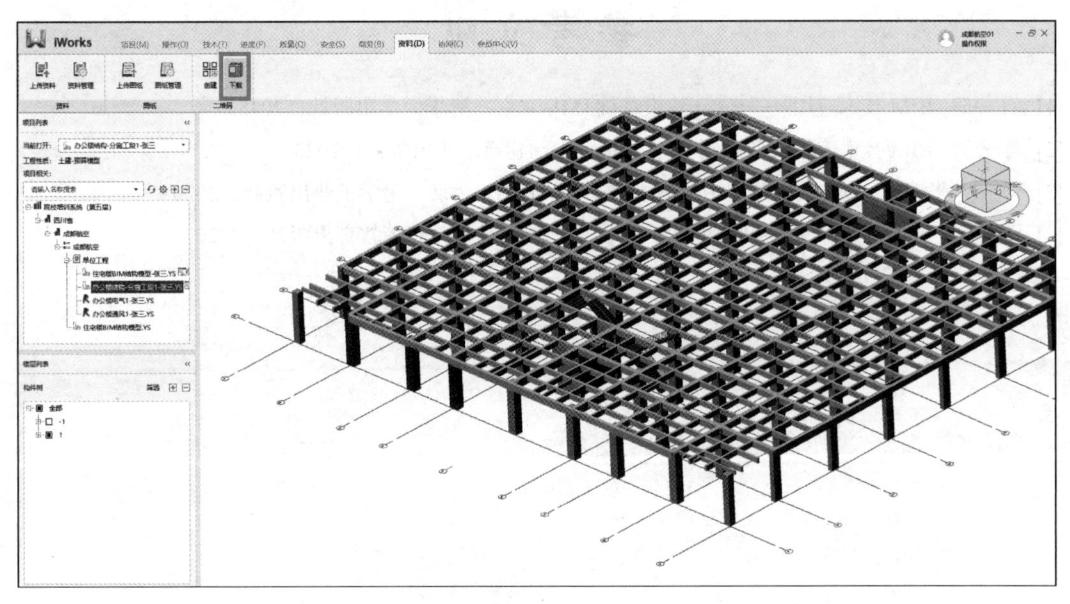

图 7-121

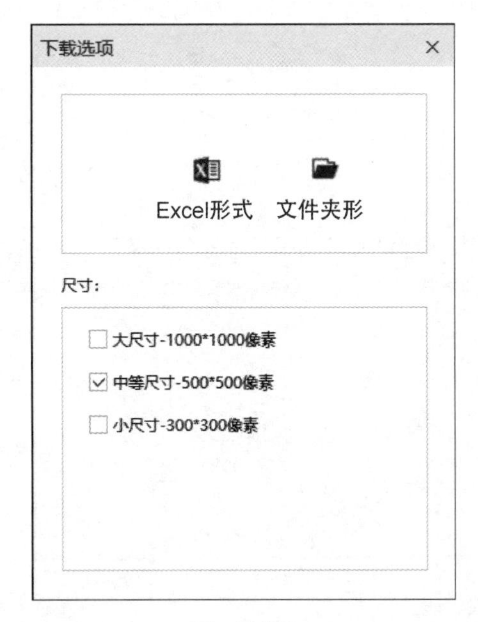

图 7-122

课后作业

对给定的 BIM 模型进行资料管理应用。

参考文献

[1] 孙仲健 . BIM 技术应用——Revit 建模基础 [M]. 北京：清华大学出版社，2018.

[2] 李云贵 . BIM 技术应用典型案例 [M]. 北京：中国建筑工业出版社，2020.

[3] 李伟，张洪军 . 施工项目管理中的 BIM 技术应用 [M]. 北京：化学工业出版社，2020.

[4] 王旭育，王成军 . 建设工程管理 BIM 技术应用 [M]. 北京：高等教育出版社，2020.